新编21世纪高等职业教育精品教材

电子与信息类

人大芸窗
RENDAYUNCHUANG

·数字教材版·

Web前端开发项目案例教程

主　编◎李洪建

副主编◎齐　慧　于兴平
王秀芳　于腾飞
王　玲　童得力
国海涛　曾　志

中国人民大学出版社

·北京·

图书在版编目（CIP）数据

Web 前端开发项目案例教程/李洪建主编．--北京：中国人民大学出版社，2025.1．--（新编 21 世纪高等职业教育精品教材）．-- ISBN 978-7-300-33457-8

Ⅰ．TP393.092.2

中国国家版本馆 CIP 数据核字第 20253Z41Q8 号

新编 21 世纪高等职业教育精品教材·电子与信息类

Web 前端开发项目案例教程

主　编　李洪建

副主编　齐　慧　于兴平　王秀芳　于腾飞　王　玲　童得力　国海涛　曾　志

Web Qianduan Kaifa Xiangmu Anli Jiaocheng

出版发行	中国人民大学出版社		
社　　址	北京中关村大街 31 号	**邮政编码**	100080
电　　话	010-62511242（总编室）		010-62511770（质管部）
	010-82501766（邮购部）		010-62514148（门市部）
	010-62515195（发行公司）		010-62515275（盗版举报）
网　　址	http://www.crup.com.cn		
经　　销	新华书店		
印　　刷	北京七色印务有限公司		
开　　本	787 mm×1092 mm　1/16	**版　　次**	2025 年 1 月第 1 版
印　　张	19.75	**印　　次**	2025 年 1 月第 1 次印刷
字　　数	440 000	**定　　价**	56.00 元

前　言 PREFACE

本书是职业教育国家在线精品课程“Web 前端开发基础”的配套教材，也是教育部职业教育软件技术专业教学资源库配套教材，依据 Web 前端工程师岗位技能要求，融入 Web 前端开发职业技能等级证书（中级）和世界技能大赛 Web 技术赛项标准，遵循学习规律，基于工作过程系统化，精心设计了课程内容结构和项目案例。本书以企业真实项目为载体，每个项目由任务组成，每个任务实现项目的部分效果，在任务实现的过程中，介绍涉及的知识储备内容，最后完成项目。本书通过实际项目案例的拆解与分析，帮助读者将理论知识转化为实践能力，从而全面掌握 HTML5 的网页构建、CSS3 的视觉设计与布局优化及 JavaScript 的动态交互技术，提升逻辑处理能力。

为了加快推进党的二十大精神进教材、进课堂、进头脑，在实训项目中融入了蔬菜科技展示、风筝展示、线上博物馆、科技资讯和多彩生活等，这些项目通过呈现我国在信息技术领域的创新发展与传统文化，培养学生的爱国主义精神和服务国家人民的理想信念，引导学生树立正确的世界观、人生观和价值观，提高学生的职业素养。编者依据书中的内容配套建设了数字课程，将现代信息技术与本课程的教育教学深度融合，提升课堂教学效果。

本书采用校企“双元”的编写模式，其中案例代码由企业工程师编写。全书分为 5 个项目。项目 1 蔬菜科技展示网制作，主要介绍了 HTML 常用标签的使用、页面布局、图文混排及超链接等内容；项目 2 风筝展示网制作，主要介绍了 CSS3 的样式引入方式、常用属性、基础选择器和复合选择器等内容；项目 3 线上博物馆制作，主要介绍了网页模块的命名规范、视口、百分比布局、Flex 结构、Flex 容器与项目属性、媒体查询、Rem 布局和 Grid 布局等内容；项目 4 科技资讯网制作，主要介绍了 JavaScript 的基础、DOM 对象、BOM 对象、定时器、事件对象、事件的调用和处理、常用的 JavaScript 事件，以及 ECMAScript 6.0 新特性等内容；项目 5 山东多彩生活网制作，该项目是一个综合项目，用于巩固前面项目学习的 HTML5、CSS3 和 JavaScript 的基础知识。

本书具有以下特色：

1. “岗课赛证”融通

本书对接 Web 前端开发工程师等岗位需求，融入世界技能大赛 Web 技术赛项、Web

前端开发职业技能等级证书（中级）等相关内容，采用行动导向、任务驱动的理念设计教学活动，依据“需求分析→知识储备→任务实现”的逻辑主线组织教学内容，重点培养学生的编码能力、项目实施能力及家国情怀、工匠精神、技术自信等职业素养，落实立德树人的根本任务。

2. 校企“双元”编写

本书由校内教师与华为技术有限公司、山东桥通天下网络科技有限公司的工程师共同编写，遵循学生的认知规律，基于“搭建网页结构→美化网页效果→添加网页交互”的 Web 前端开发工作过程，以真实网站项目、典型工作任务为载体，设计了 5 个项目、22 个任务。

3. 配套数字资源

本书基于数字资源融媒体、可视化及时效性等特点，配套国家在线精品课程资源，包含了综合实训项目微课视频、课程 PPT 和理论习题。并且，微课视频在书中以二维码的形式呈现，读者可以随扫随学。

本书由李洪建担任主编，由齐慧、于兴平、王秀芳、于腾飞、王玲、童得力、国海涛、曾志担任副主编。李洪建、齐慧负责教材的内容设计与编排，于兴平、王玲、童得力负责教材的编辑、修改与完善，李洪建、王秀芳、国海涛、于腾飞、曾志负责教材的统稿与全面审订。具体编写分工为：项目 1 由李洪建、于腾飞编写，项目 2 由齐慧、于兴平编写，项目 3 由王秀芳、王玲编写，项目 4 由李洪建、童得力、国海涛编写，项目 5 由李洪建、曾志编写，各位作者均承担了数字化教学资源建设工作。

华为技术有限公司、山东桥通天下网络科技有限公司的工程师对 Web 前端开发课程建设和教材编写提供了许多企业真实项目和解决方案，并对 Web 前端开发工程师学习技术路线进行分析，对教材实训项目实施提出许多宝贵意见，对本书的编写给予了大力支持。本书的编写得到了中国人民大学出版社张美丽编辑的悉心指导，在此一并表示衷心的感谢。

由于编者的水平有限，本书难免存在疏漏和不足之处，敬请广大读者批评、指正。

编者

视频

课程负责人说课

目　录 CONTENTS

视频

Web 前端知识体系（动画）

项目 1

蔬菜科技展示网制作

视频

项目 1　蔬菜科技展示网制作

- 任务 1　搭建蔬菜科技展示网站开发环境
- 任务 2　搭建蔬菜科技展示网站首页
- 任务 3　搭建蔬菜种植技术页面
- 任务 4　搭建病虫害防治方法页面
- 任务 5　搭建农业技术页面
- 任务 6　搭建农业技术调查页面
- 任务 7　搭建关于我们页面

学习目标

知识目标

- 掌握 Visual Studio Code 工具与插件的安装
- 掌握 HTML5 文档结构、标签与元素、语义化和结构标签
- 掌握 HTML5 的常用标签与标签属性
- 掌握表格、表单和列表的设置与属性

技能目标

- 熟练使用 Visual Studio Code 工具开发 Web 项目
- 熟练使用 HTML5 的常用标签搭建简单的网站页面
- 熟练使用表格与表单搭建简单的表格页面与技术调查页面

素质目标

- 培养对 Web 前端开发的兴趣和热情，不断学习和探索新技术
- 培养团队合作精神，能够与他人合作完成网页开发项目

项目描述

本项目将带领大家使用 HTML5 搭建一个蔬菜科技展示网，该网站将展示如何通过科技手段提高蔬菜产量、改善品质、降低生产成本，从而满足人们对健康、美味蔬菜的需求，提升人们的生活质量，使科技发展服务社会、造福人类。

蔬菜科技展示网包含首页、蔬菜种植技术页面、病虫害防治方法页面、农业技术页面、农业技术调查页面和关于我们页面，实现基本的网站结构和信息展示功能。通过本项目的学习，读者将掌握 HTML5 常用标签的使用、页面布局、图文混排及超链接等知识。

视频 前端开发技术简介

视频 前端开发准备

视频 Web 前端开发知识体系

任务1　搭建蔬菜科技展示网站开发环境

需求分析

在搭建网站开发环境之前，首先要了解Web网站的开发环境包括哪些内容，以及开发工具的下载、安装与使用。这些需求的具体介绍如下：

（1）Web网站开发需要明确开发工具版本，以及下载、安装与使用开发工具。

（2）本书使用的开发工具是Visual Studio Code 1.89.0。

（3）下载与安装Visual Studio Code工具。

（4）使用Visual Studio Code工具创建第一个HTML网页。

知识储备

在搭建蔬菜科技展示网站开发环境之前，我们首先需要了解一些Web前端的基础知识，包括初识Web前端、Web标准、Web前端的三大核心技术、浏览器，以及Visual Studio Code的下载与安装，同时使用Visual Studio Code创建第一个HTML网页，下面将对这些内容进行介绍。

视频

Web发展历史（动画）

视频

Web前端知多少（动画）

一、初识Web前端

1991年8月6日，来自欧洲核子研究中心的科学家启动了世界上第一个可以正式访问的网站，从此人类进入互联网时代。

1. Web 前端的发展演变

Web 前端开发是从网页制作发展而来，名称上有明显的时代特征。随着人们对用户体验的要求越来越高，前端开发的技术难度也越来越大，Web 前端开发这个职业也从设计与制作不分的局面中独立出来。

在互联网的发展过程中，Web 前端发展初期的 HTML（Hyper Text Markup Language，超文本标记语言）技术只能展示简单的网页，极其不易于开发者维护与更新网站。那个时期的网站受技术的局限，网站的内容基本都是静态的，用户使用网站的行为也以浏览为主，Web 前端发展初期被称为 Web 1.0 时代。

进入 Web 2.0 时代以后，涌现出大量的类似于桌面软件的 Web 应用，用户不仅能浏览网页，还能对网页上的内容进行操作。网站的前端页面因此发生变化，网页不再是单一地承载文字和图片，各种媒体的应用使网页内容变得更丰富，同时也提升了用户的体验。

2. 服务器端渲染和客户端渲染

越来越复杂的 UI 网页设计，意味着渲染工作变得更繁重。目前，网页渲染通常有两种方式，即服务器端渲染与客户端渲染。

（1）服务器端渲染。

在互联网早期，用户使用浏览器浏览的都是一些没有复杂逻辑的、简单的网页，这些网页都是经过后端服务器返回给前端的完整 HTML 文件，再由浏览器进行解析并展示整个网页，这便是所谓的服务器端渲染。

（2）客户端渲染。

伴随着前端网页的复杂性提升，前端不再只负责页面的简单展示，通过内置大量功能性组件大大提升了其复杂性。此外，伴随着 Ajax 的兴起，业界开始推崇前后端分离的开发模式，即后端不提供完整的 HTML 网页，而是提供一些 API 使得前端可以获取到 JSON 数据；前端获得 JSON 数据之后，在前端进行 HTML 网页的拼接，最后展示在浏览器上，这便是所谓的客户端渲染。如此，前端就可以专注于 UI 的开发，后端专注于逻辑的开发。

二、Web 标准

1998 年，Web 标准项目（Web Standards Project，简称 WSP）成立，其一直致力于实现不同浏览器的标准和基于标准的 Web 设计方法。Web 标准项目的目标是降低 Web 开发的成本与复杂性，使 Web 内容在不同设备和辅助技术之间具有一致性和兼容性，提高 Web 页面的可访问性。Web 标准项目人员说服浏览器和工具开发商进行改进，以支持 W3C 推荐的 Web 标准，如 HTML5、CSS3 等。

Web 标准不是某一个标准，而是一系列标准的集合。网页主要由结构化（Structure）、表现（Presentation）和行为（Behavior）3 个部分组成。对应的标准也分为 3 类，结构化标准语言主要包括 XHTML 和 XML，表现标准语言主要包括 CSS，行为标准主要包括对象模型（如 W3C DOM）、ECMAScript（JavaScript 语言的核心内容）等。这些标准大部分由 W3C 起草和发布，也有一些是其他标准组织制定的标准，如 ECMA（European Computer Manufacturers Association，原欧洲计算机制造商协会）的 ECMAScript 标准。

根据 W3C 标准，可以简单理解为一个网页主要由 3 个部分组成，即结构（HTML）、表现（CSS）和行为（JavaScript），HTML 实现页面结构，CSS 完成页面的表现与风格，JavaScript 实现一些客户端的功能与业务，三者和谐地存在于浏览器中。Web 网页构成如图 1-1 所示。

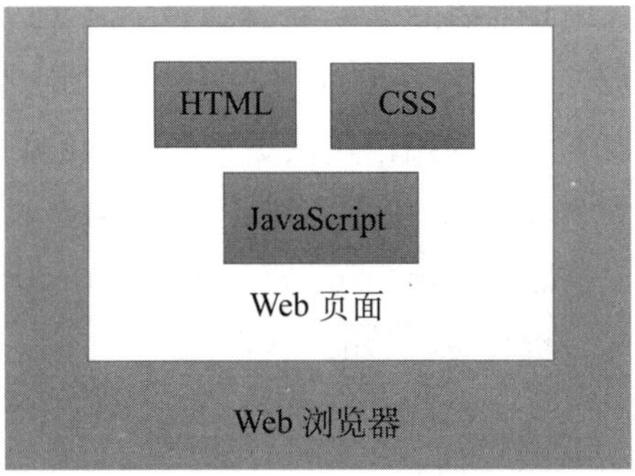

图 1-1　Web 网页构成

Web 标准的出现，主要是为了解决因浏览器版本不同、软硬件设备不同导致的许多版本开发问题。Web 标准提出的最佳体验方案是将结构、表现和行为分离开来，可以简单理解为：将结构写到 HTML 文件中，将表现写到 CSS 文件中，将行为写到 JavaScript 文件中。

Web 标准中的结构、表现和行为分离的方案有以下 5 个方面的优点：

（1）易于维护。只需更改 CSS 文件，就可以改变网站的样式。

（2）页面响应快。HTML 文档体积变小，响应时间短。

（3）可访问性。语义化的 HTML 开发的网页文件，更容易被屏幕阅读器识别。

（4）设备兼容性。不同的样式表可以让网页在不同的设备上呈现不同的样式。

（5）搜索引擎。语义化的 HTML 能更容易被搜索引擎解析，提升排名。

Web 标准一般是将结构、表现和行为独立分开，使其更具模块化。但一般网页产生交互行为时，就会有结构或者表现的变化，也使这三者的界限并不那么清晰。

三、Web 前端的三大核心技术

Web 前端开发所包含的三大核心技术，即 HTML、CSS、JavaScript，接下来将对其进行详细介绍。

1. HTML

HTML 是制作网页的标准语言。“超文本”指页面可以包含图片、链接，甚至音乐、程序等非文字元素。超文本标记语言是标准通用标记语言下的一个应用，也是一种规范和标准。

HTML 通过各类标签来标记需要显示的网页中的各个部分。网页文件本身是一种文本文件，通过在文本文件中添加标签，可以规定浏览器如何显示其中的内容，如文字如何处理、布局如何安排、图片如何显示等。

2. CSS

CSS（Cascading Style Sheets，层叠样式表）是一种用于表现 HTML 或 XML（标准通用标记语言的一个子集）等文件样式的语言，用于为 HTML 文档定义布局。CSS 不仅可以静态地修饰网页，还可以结合各种脚本语言动态地对网页各元素进行格式化。CSS 能够对网页中元素位置的排版进行像素级的精确控制，支持几乎所有的字体、字号和样式，拥有编辑网页对象和模型样式的能力。

3. JavaScript

JavaScript 是一种轻量级、解释型的 Web 开发语言，它已经被广泛应用于 Web 前端开发，常用来为网页添加各式各样的动态功能，为用户提供更流畅美观的浏览效果。它的解释器被称为 JavaScript 引擎，属于浏览器的一部分，因此 JavaScript 代码由浏览器边解释边执行。通常 JavaScript 脚本需要嵌入 HTML 中来实现自身的功能。

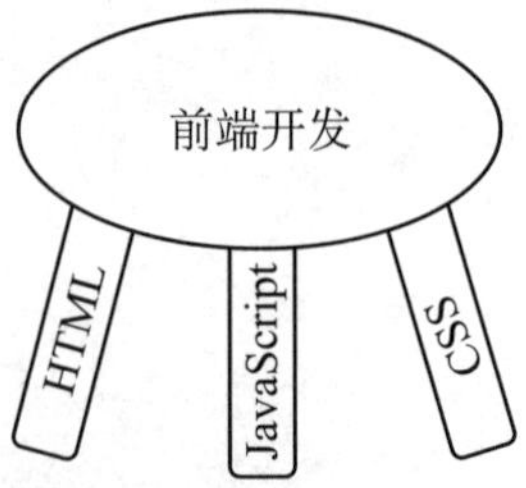

图 1-2　Web 前端的三大核心技术

Web 前端的三大核心技术就像板凳的三条腿，缺一不可，如图1 -2 所示。

四、浏览器

浏览器是网页的运行平台，是可以把 HTML 文件展示在其中，供用户浏览的一种软件。浏览器的作用主要是将网页渲染出来给用户查看，能够让用户通过浏览器与网页进行交互。目前主流浏览器包括 Chrome、Firefox、Safari、Opera、Edge 等，如图 1 -3 所示。本书所使用的浏览器为 Chrome 浏览器。

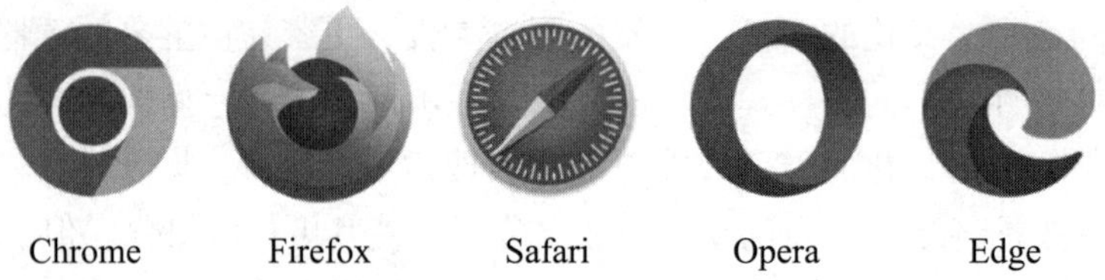

图 1-3　主流浏览器

1. 浏览器内核

浏览器内核就是浏览器所采用的渲染引擎，负责对网页语法进行解释并渲染网页。渲染引擎决定了浏览器如何显示网页的内容及页面的格式信息。不同的浏览器内核对网页编写语法的解释会有所不同，因此同一网页在不同内核的浏览器里的渲染（显示）效果也可能不同。

2. 主流浏览器的介绍

接下来对主流浏览器 Chrome、Firefox、Safari、Opera 和 Edge 进行具体介绍，如表 1 - 1 所示。

表 1-1　主流浏览器的具体介绍

浏览器	内核	说明
Chrome	Blink 内核	谷歌公司开发的设计简单、高效的 Web 浏览器，采用 JavaScript 引擎，可快速运行复杂的大型网站，是目前最流行的浏览器

续表

浏览器	内核	说明
Firefox	Gecko 内核	Mozilla 公司出品的开放源代码的 Web 浏览器，支持多种操作系统，如 Windows、Mac OS X 及 GNU/Linux 等
Safari	Webkit 内核	苹果公司出品的应用于苹果计算机操作系统 Mac OS X 中的浏览器，使用了 KDE 的 KHTML 作为浏览器的运算核心
Opera	Blink 内核	挪威 Opera Software ASA 公司制作的支持多页面标签式浏览的 Web 浏览器
Edge	Chromium 内核	微软开发的基于 Chromium 开源项目及其他开源软件的网页浏览器。IE 浏览器退役后，其功能由 Edge 浏览器接棒，Edge 浏览器会保留有 IE 模式，使其能够更好地兼容和进行其他方面的改进

五、Visual Studio Code 的下载与安装

目前市场上主流的 Web 前端开发工具有 WebStorm、Visual Studio Code、Sublime Text、HBuilder、Dreamweaver 等。本书选用常用的开发工具 Visual Studio Code（简称 VS Code），该工具的版本为版本 1.89.0。

VS Code 是微软开发的一个轻量级代码编辑器，软件功能非常强大，界面简洁明晰，操作方便快捷，设计很人性化。它支持常见的语法提示、代码高亮、Git 等功能，具有开源、免费、跨平台、插件扩展丰富、运行速度快、占用内存少、开发效率高等特点，网页开发中经常会用到该软件，非常灵活方便。下面介绍 VS Code 的下载与安装。

1. 下载 VS Code

首先在浏览器中访问下载 VS Code 的官方网站，如图 1－4 所示。单击“Download for Windows”按钮即可下载 VS Code 安装包。

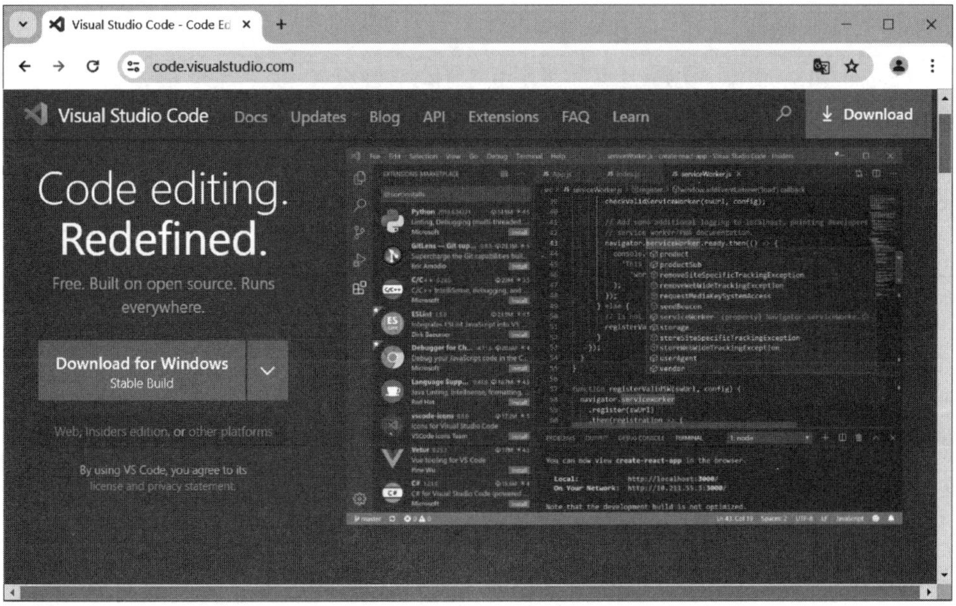

图 1－4　访问下载 VS Code 的官方网站

2. 安装 VS Code

下载完 VS Code 安装包后，双击该安装包即可开始安装 VS Code 工具。由于该工具的安装比较简单，只需按照页面引导，单击“下一步”按钮即可完成，此处不详细介绍安装过程。

六、安装插件

在 VS Code 工具中，安装插件能够极大地提升开发效率。以安装中文简体语言包为例，安装中文简体语言包插件的步骤如图 1－5 所示。

图 1－5　安装中文简体语言包插件的步骤

VS Code 工具中常用的插件如表 1－2 所示。

表 1－2　VS Code 工具中常用的插件

插件	作用
Chinese（Simplified）（简体中文）	中文简体语言包
Open in Browser	打开当前编辑的 HTML5 文件到默认的浏览器中
Auto Rename Tag	自动完成另一侧标签的同步修改
Live Server	在浏览器中实时预览和调试网页
Code Spell Checker	源代码拼写检查器，提示代码中单词拼写错误

七、Visual Studio Code 的使用

安装完 VS Code 工具后，下面介绍 VS Code 工具的使用。

1. 在 VS Code 中打开创建的 WEB 文件夹

首先在计算机任意磁盘上创建一个文件夹，将该文件夹命名为 WEB，用于存放创建 Web 项目使用的代码文件。打开 VS Code 工具，在菜单栏中单击 File（文件）→Open Folder（打开文件夹）或直接单击菜单栏下方显示的“Open Folder”按钮，即可在 VS Code 工具中

打开创建的WEB文件夹，然后在该文件夹中可以创建项目需要的文件或文件夹。在VS Code中打开创建的WEB文件夹如图1－6所示。

图1－6　在VS Code中打开创建的WEB文件夹

2. 活动栏功能

在默认设置下，VS Code的左侧一栏被称为活动栏。活动栏由5个主要部分组成，分别为资源管理器、搜索、源代码管理、运行和调试、扩展，如图1－7所示。

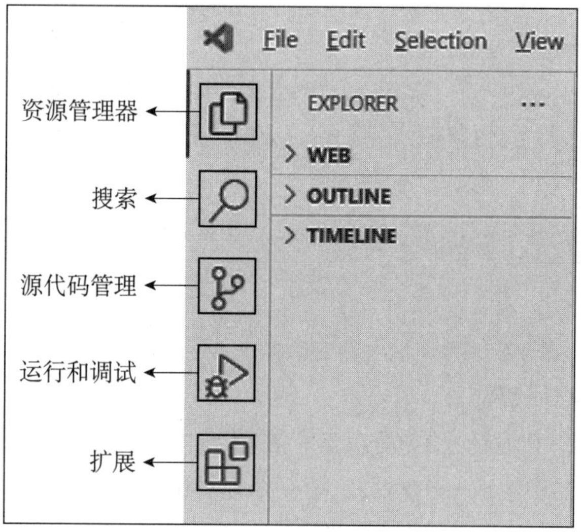

图1－7　活动栏的组成

活动栏中5个组件的功能如表1－3所示。

表1－3　活动栏中5个组件的功能

组件名称	说明
资源管理器	用于浏览及管理文件和文件夹
搜索	用于在当前文件夹内进行跨文件的搜索
源代码管理	对当前文件夹下的代码进行版本管理，VS Code支持的版本管理软件是Git
运行和调试	启动或者调试当前文件夹下的项目
扩展	管理VS Code里面的插件，可以进行安装、更新和卸载等操作

任务实现

1. 创建 HTML 文件

首先在前面创建的文件夹 WEB 中创建一个名为 chapter01 的文件夹，用于存放项目 1 中的所有代码文件，然后在 chapter01 文件夹中创建一个名为 index. html 的文件，该文件用于编写蔬菜科技展示网站首页的代码。

2. 编写 HTML 文件代码

首先在 index. html 文件中输入“!”（在英文状态下），按下“Tab”键或“Enter”键，此时 index. html 文件中会自动生成网页中的基础代码，然后将 index. html 文件中的 <title> 标签内的“Document”修改为“第一个 HTML 网页”，最后在 <body> 与 </body> 标签之间添加一段文本“探索绿色奥秘，创新种植未来!”，具体代码如下所示：

```
<!DOCTYPE html>
<html lang="en">
<head>
    <meta charset="UTF-8">
    <meta name="viewport" content="width=device-width, initial-scale=1.0">
    <title>第一个 HTML 网页</title>
</head>
<body>
    探索绿色奥秘，创新种植未来!
</body>
</html>
```

3. 运行 HTML 文件代码

在 index. html 文件中的任意位置右击，在弹出的菜单列表中选择“Open with Live Server”，即可在浏览器中生成一个网页，第一个 HTML 页面的效果如图 1－8 所示。

图 1－8 第一个 HTML 页面的效果

任务 2　搭建蔬菜科技展示网站首页

需求分析

在搭建网站首页之前，首先要了解网站首页需要由哪些部分组成，以及每个部分中需要包含哪些信息。这些需求的具体介绍如下：

（1）网站首页需要包含头部、导航栏、主要内容区域和底部。

（2）头部包含网站 logo 和名称。

（3）导航栏包含网站的主要栏目链接。

（4）主要内容区域用于展示蔬菜科技相关的图片和文字信息。

（5）底部包含版权信息。

通过这些需求实现的蔬菜科技展示网站首页的效果如图 1-9 所示。

（a）首页1

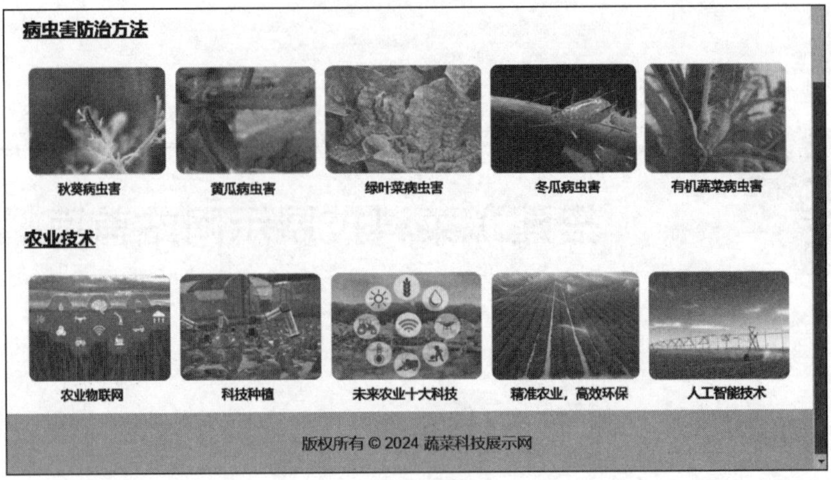

(b) 首页2

图 1-9　蔬菜科技展示网站首页的效果

知识储备

为了搭建蔬菜科技展示网站首页，我们首先需要学习一些 HTML 的基础知识，包括 HTML 发展历史、HTML 与 XHTML、HTML5 文档结构、HTML5 标签与元素、HTML5 语义化、HTML5 的结构标签和常用标签（如标题标签、段落标签、图片标签等），下面将对这些内容进行介绍。

视频　Web 页面效果

视频　创建第一个 HTML 页面

一、HTML 发展历史

目前在 Web 前端开发中，普遍使用的是 HTML 的最新版本 HTML5。HTML5 是一个网页的核心，在一些基本标签内添加内容便可完成一个简单的 HTML5 文件，运行之后即可在浏览器中显示网页。HTML5 的主要目标是将互联网语义化，以便更好地被人类和机器阅读，并同时更好地支持在网页中嵌入各种媒体。

HTML 自诞生以来便出现了许多版本，HTML 历史版本的具体说明如表 1-4 所示。

表 1-4　HTML 历史版本的具体说明

版本	发布时间	说明
HTML1.0	1993 年 6 月	作为互联网工程工作小组（IETF）工作草案发布
HTML2.0	1995 年 11 月	作为 RFC 1866 发布，于 2000 年 6 月被宣布已经过时

续表

版本	发布时间	说明
HTML3.2	1997年1月14日	W3C推荐标准
HTML4.0	1997年12月18日	W3C推荐标准
HTML4.01（微小改进）	1999年12月24日	W3C推荐标准
XHTML1.0	2000年1月26日	W3C推荐标准，后来经过修订于2002年8月1日重新发布
XHTML1.1	2001年5月31日	W3C推荐标准
XHTML2.0草案	2002年8月5日	2009年，XHTML 2.0被放弃，全面投入HTML5规格的发展
HTML5草案	2008年1月22日	2007年，W3C采纳了HTML5草案，并在2008年1月22日正式发布
HTML5.0	2014年10月28日	W3C正式发布HTML5.0推荐标准

二、HTML与XHTML

HTML和XHTML（eXtensible Hyper Text Markup Language）之间的关系主要在于它们都是用于创建网页的标记语言，但它们在语法规范性和用途上有所不同。

HTML是一种用于描述网页结构和内容的标记语言，它通过标签（Tag）来定义网页中的元素，如段落、标题、链接、图片等。HTML的语法相对较为宽松，允许一些非标准的写法，因此在早期的Web开发中得到了广泛应用。

XHTML是HTML的一个更为严格和规范化的版本，它是HTML的一个子集，但遵循XML的语法规则。这意味着XHTML文档必须具有良好的结构，包括所有标签都必须正确嵌套、所有标签都必须有闭合标签、属性必须用引号括起来等。这些规则使XHTML文档更容易被计算机解析和处理，特别是在使用XML工具进行解析时。

值得注意的是：XML（eXtensible Markup Language）指可扩展标记语言，用于传输和存储数据。XML语言也可以作为多种语言的基础语言，如XHTML、SVG等。

不同版本的HTML中<！DOCTYPE>写法有所不同。

HTML4.01中<！DOCTYPE>写法：

```
<!DOCTYPE HTML PUBLIC "-//W3C//DTD HTML 4.01 Transitional//EN"
"http://www.w3.org/TR/html4/loose.dtd">
```

XHTML1.01中<！DOCTYPE>写法：

```
<!DOCTYPE html PUBLIC "-//W3C//DTD XHTML 1.0 Transitional//EN"
"http://www.w3.org/TR/xhtml1/DTD/xhtml1-transitional.dtd">
```

HTML5中<！DOCTYPE>写法：

```
<! DOCTYPE HTML>
```

视频

网页基本结构

建议都采用最新的 HTML5 版本 <! DOCTYPE >写法。

三、HTML5 文档结构

HTML5 文档的基本结构包括 5 个部分内容，分别是文件声明、HTML 根标签、文件头部、文件主体和文档注释。

1. 文件声明

<! DOCTYPE >声明必须在 HTML5 文档的第一行，位于 <html>标签之前。<! DOCTYPE >声明不是 HTML5 标签，它用于向浏览器说明当前文件属于哪种规范，如 HTML 或 XHTML 标准规范。<! DOCTYPE >声明与浏览器的兼容性有关，如果没有<! DOCTYPE >，就会由浏览器决定如何展示 HTML 页面。

2. HTML 根标签

<html> </html>是 HTML 文件的文档标签，<html>是 HTML 文件的开始标签，也被称为根标签，是指文件的最外层；</html>是 HTML 文件的结束标签。网页的所有内容都需要写在<html> </html>标签中。

3. 文件头部

<head> </head>是 HTML 文件的头部标签，<head>是 HTML 文件开始标签，</head>是HTML 文件结束标签。它用于定义文档的头部信息，是所有头部元素的容器，描述了文件的各种属性和信息。

头部元素中的常用标签包括<meta> <title> <script> <style> <link>等，这些标签的说明如表 1－5 所示。

表 1－5　头部元素中的常用标签

标签	说明
<meta>	辅助标签，用于定义页面的相关信息，如描述页面的作者、摘要、关键词、版权、自动刷新等页面信息
<title> </title>	标题标签，用于定义页面的标题
<script> </script>	用于定义客户端脚本语言，如 JavaScript
<style> </style>	用于定义 HTML 文件的样式文档
<link>	用于定义文件与外部资源之间的关系

4. 文件主体

<body> </body>是主体标签，<body>是正文内容开始标记，</body>是正文内容结束标记。它用于定义文件的内容，可包含图片、文本、视频、音频、超链接、表格、列表等各种内容。

5. 文档注释

在 HTML 文件中，<! --注释内容-->是 HTML 文件的注释，用于标注网页内容的注释部分，它的主要作用是对代码进行解释，给开发人员做参考，且不会被浏览器解析和执行。

下面创建一个 HTML5 文件来查看其基本结构，首先在 chapter01 文件夹中创建一个名为 example 的文件夹，该文件夹用于存放项目 1 中的知识点案例，然后在 example 文件夹中创建一个名为 basic_structure. html 的文件，该文件是一个基本的 HTML5 文件，具体代码如下所示：

```
<!DOCTYPE html>
<html lang="en">
<head>
    <meta charset="UTF-8">
    <title>HTML5 文件</title>
</head>
<body>
    <!--html5 文件的注释，在网页中不会被解析出来-->
    一个 HTML5 文件的基本结构
</body>
</html>
```

上述代码中，<meta charset="UTF-8">中的 charset 属性规定 HTML5 文件的字符编码，"UTF-8" 属于国际通用编码方式，可以防止出现中文乱码。

HTML5 文件的运行效果如图 1－10 所示。

图 1－10　HTML5 文件的运行效果

四、HTML5 标签与元素

1. HTML5 标签

HTML5 标签是 HTML5 语言中最基本的单位。HTML5 标签是由尖括号包围的关键词，如<html>。HTML5 标签分为单标签和双标签，单标签是由一个标签组成的，如<meta><img><input>
<link>等。HTML5 标签大多数为双标签，双标签由首标签和尾标签构成，首标签格式为<标签名称>，尾标签格式为</标签名称>。HTML5 双标签的语法格式如下所示：

```
<标签名称>内容</标签名称>
```

HTML5 标签的示例代码如下所示：

```
<p>今天是美好的一天</p>
```

2. HTML5 元素

HTML5 元素指的是从开始标签（Start Tag）到结束标签（End Tag）的所有代码。HTML5 元素的语法格式如下所示：

```
<标签名称  属性名1="值1" 属性名2="值2"... >内容</标签名称>
```

HTML5 元素的示例代码如下所示：

```
<div  title="sun">今天的阳光十分明媚</div>
```

大多数 HTML5 元素可以嵌套其他 HTML5 元素，示例代码如下所示：

```
<div>
    <p>大多数 HTML5 元素可以嵌套其他 HTML5 元素</p>
    <img src="1.png" alt="">
</div>
```

HTML5 文件便是由嵌套的 HTML5 元素构成的，整个 HTML5 文件就像是一个元素集合，里面包含了许多元素。

五、HTML5 语义化

HTML5 语义化指的是根据网页中内容的结构，选择适合的 HTML5 标签编写内容。HTML5 语义化的意义主要有以下 4 点：

（1）在没有 CSS3 的情况下，页面也能呈现出很好的内容结构和代码结构。

（2）有利于 SEO，让搜索引擎爬虫更好地理解网页，从而获取更多有效信息，提升网页的权重。

（3）方便其他设备解析（如屏幕阅读器、盲人阅读器、移动设备）以语义的方式来渲染网页。

（4）便于团队开发和维护，语义化的 HTML 可以让开发者更容易看明白，从而提高团队的效率和协调能力。

所有 HTML5 标签都具备语义化，根据网页展示的内容结构，选择正确的 HTML5 标签进行解析与编码。

需要注意的是，SEO 是指在了解搜索引擎自然排名机制的基础上，对网站进行内部及外部的调整优化，改进网站在搜索引擎中关键词的自然排名，获得更多展现量，吸引更多目标客户访问网站，从而达到互联网营销及品牌建设的目的。

六、HTML5 的结构标签

HTML5 提供了定义页面不同区域的结构标签，包括 <header> <nav> <section>

<article> <aside> <footer>等。这些标签有助于更清晰地描述文档的结构，从而使网页更易于被搜索引擎理解，同时也提高了网页的可访问性。结构标签示意图如图 1-11 所示。

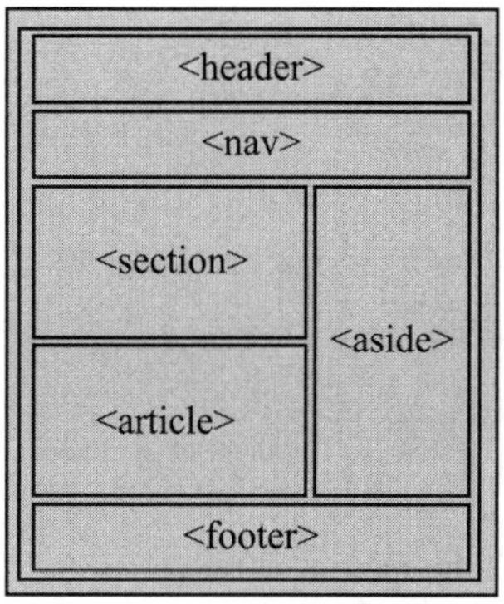

图 1-11　结构标签示意图

HTML5 新增的结构标签使页面的内容结构化，具体说明如表 1-6 所示。

表 1-6　HTML5 新增的结构标签

名称	说明
<header>	定义文档的头部区域，描述网页结构中的页眉部分，包含布局中的头部信息
<nav>	定义文档的导航，描述页面的导航结构部分
<hgroup>	用于对网页或区段的标题进行组合，即一个标题和一个子标题，或者标语的组合
<article>	定义页面独立的内容区域，描述独立的内容部分，可包含其他语义化标签
<section>	定义文档中的节、区段，描述页面上的板块，划分页面上的不同区域
<figure>	用于描述图像或视频，其包含的子标签<figcaption>用于描述图像或视频的标题部分
<aside>	定义页面的侧边栏内容，一般用于辅助信息或侧边栏
<footer>	定义文档的尾部区域，包含布局中的尾部信息

七、标题标签

标题是由<h1>至<h6>标签定义的，<h1>定义最大的标题，依次递减至<h6>，<h6>定义最小的标题，浏览器会自动在标题的前后添加空行。标题能够体现文档结构，搜索引擎通过标题能为网页的结构和内容编制索引，有利于优化网页搜索引擎，用户也可通过标题来快速浏览网页。

标题标签的语法格式如下所示：

```
<h1>标题文字</h1>
```

下面通过一个例子演示标题标签的使用。首先在 example 文件夹中创建一个名为 h_label. html 的文件，在该文件中使用<h1>至<h6>标题标签来显示农业技术信息，具体代码如下所示：

```
<!DOCTYPE html>
<html lang="en">
<head>
    <meta charset="UTF-8">
    <title>标题标签</title>
</head>
<body>
    <h1>农业技术</h1>
    <h2>农产品加工技术</h2>
    <h3>农业信息化管理技术</h3>
    <h4>农业机械技术</h4>
    <h5>土壤改良与水土保持技术</h5>
    <h6>农产品质量与安全技术</h6>
</body>
</html>
```

标题标签的运行效果如图 1 - 12 所示。

图 1 - 12　标题标签的运行效果

由图 1 - 12 可以看出，在默认情况下标题文字的显示方式是加粗且左对齐，并且从 <h1> 至 <h6> 标签其字号为依次递减。通常情况下，一个页面只能有一个 <h1> 标签，而 <h2> 至 <h6> 标签在页面中可以有多个。

动画

以新闻网页为例学习段落标签

八、段落标签

段落是通过 <p> 标签来定义的，用于在网页中将文本内容有条理地显示出来。

段落标签的语法格式如下所示：

```
<p>段落文字</p>
```

下面通过一个例子演示段落标签的使用。首先在 example 文件夹中创建一个名为 p_label. html 的文件，在该文件中使用 <p> 标签显示常见花的花语，具体代码如下所示：

```
<!DOCTYPE html>
<html lang="en">
<head>
    <meta charset="UTF-8">
    <title>段落标签</title>
</head>
<body>
    <h2>常见花的花语</h2>
    <p>百合花:纯洁、高雅、祝福、百年好合。在婚礼上常用作新娘捧花,象征纯洁与高贵。</p>
    <p>向日葵:忠诚、爱慕、勇敢地去追求自己想要的幸福、沉默的爱。向日葵的金色花朵象征着太阳,因此也代表着阳光、活力和希望。</p>
    <p>风信子:胜利、竞技、喜悦、爱意、幸福、浓情、倾慕、顽固、生命、得意、永远的怀念。风信子的花色丰富,每种颜色都有其独特的花语。</p>
</body>
</html>
```

段落标签的运行效果如图 1-13 所示。

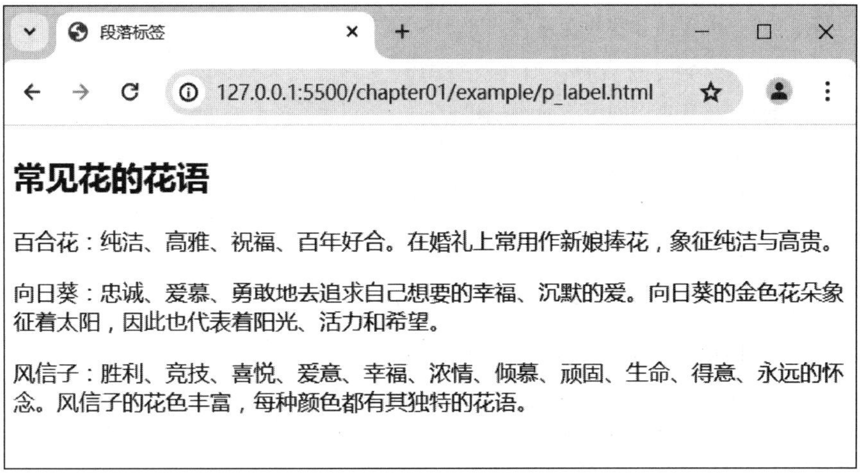

图 1-13　段落标签的运行效果

九、图片标签

在 HTML5 中的图片是由 <img> 标签定义的，图片标签属于单标签，没有闭合标签，并且是一个空元素，只包含属性，不包含文本内容。图片标签表示向网页中嵌入一张图片，创建的是引用图像的占位空间。

在网页中加载图像时，如果图片太大则会造成网页加载速度变慢，如果图片太小则会显示不清晰，因此在网页中选择合适的图片格式进行加载显得尤为重要。常用的图片格式主要有 jpg、png 和 gif 格式，这 3 种格式的具体说明如表 1－7 所示。

表 1－7　常见的图片格式

图片格式	说明
jpg	该格式是一种有损压缩的图像格式，即每次修改图片都会造成一些图像数据的丢失
png	该格式的图片体积小，支持 Alpha 透明（全透明、半透明、全不透明），是可以很好地处理透明类型的图片
gif	该格式的图片支持动画与透明（全透明和全不透明），该格式是一种无损的图像格式，修改图片几乎不会造成图像数据的丢失，但是 gif 格式的图片只能处理 256 种颜色

图片标签的语法格式如下所示：

```
<img src = "图片文件地址" alt = "提示文本" >
```

如果想要设置图片标签中图片的不同样式，需要通过图片标签的属性来设置。

1. src 属性

src 属性在 <img> 标签中是必须存在的，引用要嵌入的图片路径，这个路径可以是相对路径，也可以是绝对路径。相对路径是被引入的文件相对于当前页面的路径；绝对路径是文件在网络或本地的绝对路径。

相对路径有 3 种使用方式，具体代码如下所示：

```
<! --第 1 种: 当前页面和图片在同一个目录下 -- >
<img src = "1. jpg"/ >
<! --第 2 种: 图片在页面同级的 image 文件夹中 -- >
<img src = "image/li. png"/ >
<! --第 3 种: 图片在页面上一级的 image 文件夹中 -- >
<img src = ". . /image/hu. jpg"/ >
```

绝对路径有 2 种使用方式，具体代码如下所示：

```
<! --第 1 种: 图片在本地 D 盘的相应文件下 -- >
<img src = "file: ///D: /images/tu. png"/ >
<! --第 2 种: 图片在网络中的相应文件下 -- >
<img src =
"http: //www. mobiletrain. org//images/index/qianfeng. jpg"/ >
```

2. alt 属性

alt 为文本提示属性，用户可为图片定义一串预备的、可替换的文本，它的值是对图片进行描述的文字，用于图片无法显示或不能被用户看到的情况。若图片正常显示，则看不到任何效果；若图片无法显示或不能被用户看到，则显示提示文本。当图片仅用于装饰网页，而不作为主体重点内容的一部分时，可以写一个空的 alt（alt = " "），这是一个较佳的处理方法。

3. title 属性

title 属性是光标移动到图片上时显示的提示文字。设置 title 属性后，若光标移动到图片上，则会显示出 title 里的提示信息。

4. width 属性和 height 属性

width 属性为宽度属性，height 属性为高度属性，可分别用于设置图片的宽度和高度，属性值常用单位为像素（px）。

下面通过一个例子演示图片标签的使用。首先在 chapter01 文件夹中创建一个 images 文件夹，用于存放案例中需要的图片，然后将本案例需要的图片 fruit_basket. png 导入 images 文件夹中，同时在 example 文件夹中创建一个名为 img_label. html 的文件，在该文件中使用 <img> 标签显示一张水果篮图片，具体代码如下所示：

```
<!DOCTYPE html>
<html lang = "en" >
<head>
    <title>图片标签</title>
</head>
<body>
    <!--嵌入图片,并添加 title 和 alt 属性的属性值,以及设置图片的宽高-->
    <img src = "../images/fruit_basket.png" title = "水果篮" alt = "图片不存在或图片路径错误" width = "250" height = "350" >
</body>
</html>
```

图片正常显示时的运行效果如图 1 - 14 所示。

图 1 - 14　图片正常显示时的运行效果

图片无法显示时，一般有 2 种情况出现。

第 1 种情况为图片不存在，导致其出现的因素可能是图片名称拼写错误，示例代码如下所示：

```
<img src = "../images/fruit_baske.png" title = "水果篮" alt = "图片不存在或图片路径错误" width = "250" height = "350" >
```

第 2 种情况为图片路径错误，导致其出现的因素可能是图片路径漏写，示例代码如下所示：

```
<img src = "fruit_basket.png" title = "水果篮" alt = "图片不存在或图片路径错误" width = "250" height = "350" >
```

因图片不存在或图片路径错误而导致图片无法显示时，图片标签的运行效果如图 1 - 15 所示。

图 1 - 15　图片无法显示时图片标签的运行效果

视频

以个人相册页面为例介绍超链接

十、超链接标签

超链接（Uniform Resource Locator，URL）就是统一资源定位器，标签为 < a >。超链接标签可以通过 href 属性创建通向其他网页、文件、同一页面内的位置、电子邮件地址或任何其他 URL 的超链接。超链接的效果是单击网页上的某个超链接，程序会自动跳转到另外一个链接。

超链接标签的语法格式如下所示：

```
<a href = "目标 URL"  target = "目标窗口" >内容</a>
```

1. 标签属性

href（Hypertext Reference，链接目标地址）是指示链接的目标。

target 指打开新窗口的方式，主要有以下 4 种方式：

（1）_self 在同一个窗口打开（默认值）。

（2）_blank 新建一个窗口打开。

（3）_parent 在父窗口打开。

（4）_top 在浏览器整个窗口打开。

2. 超链接功能分类

（1）外部链接。

超链接可实现网页跳转功能，href 属性值为目标链接地址。示例代码如下所示：

```
<a href="https://www.tmall.com/" target="_self">学习强国</a>
```

（2）内部链接。

内部链接是网站内部页面之间的相互链接，直接链接内部页面名称即可。示例代码如下所示：

```
<a href="active.html">活动页</a>
```

（3）功能链接。

超链接可创建邮件链接、电话链接等功能链接，邮件链接是使用 mailto 链接将用户的电子邮件程序打开，发送新邮件。电话链接是使用 tel 链接查看连接到手机的网络文档和笔记本电脑。示例代码如下所示：

```
<a href="mailto:abcde@qq.com">发送邮件</a>
<a href="tel: +123456"> +123456</a>
```

（4）下载链接。

在超链接中，如果 href 属性里的目标链接地址是一个文件或者压缩包，并添加 download 属性，则会下载该文件，实现下载功能。示例代码如下所示：

```
<a href="./images/1.jpg" download>图片</a>
```

（5）锚点链接。

锚点链接具有锚点功能，href 属性值为锚点 id，单击锚点可跳转至对应 id 的元素所在位置，可以是同一个网页内，也可以是其他网页内。示例代码如下所示：

```
<ahref="#index">首页</a>
<a id="index">首页</a>
<p>内容概要......</p>
```

（6）回到顶部。

当 href 属性值为“#”时，可实现跳转返回到顶部的功能。示例代码如下所示：

```
<a href="#index">首页</a>
<a id="index">首页</a>
<p>内容概要......</p>
<a href="#">回到顶部</a>
```

3. 超链接伪类

超链接有 4 种常用的伪类，分别是 link、visited、hover 和 active，它们是一种动态伪类标签，使用冒号（:）可以表示 4 种不同的状态，具体说明如表 1-8 所示。

表 1-8　超链接伪类

名称	说明
link	表示单击超链接之前
visited	表示单击超链接之后
hover	表示光标放到某个标签上时
active	表示单击某个标签没有释放鼠标时

伪类标签使用的状态顺序为 link、visited、hover、active。值得注意的是，静态伪类只能使用 link 和 visited 两个状态，并且只能用于超链接。

下面通过一个例子演示超链接标签的使用。首先在 example 文件夹中创建一个名为 a_label. html 的文件，在该文件中使用超链接的多种功能，如锚点功能、网页跳转功能、回到顶部功能等，展示中秋节的定义、由来和习俗，具体代码如下所示：

```
<!DOCTYPE html>
<html lang="en">
<head>
    <title>超链接标签</title>
</head>
<body>
    <h3>中秋节</h3>
    <p>
        <!--锚点链接-->
        <a href="#definition">1. 中秋节的定义</a><br>
        <a href="#origin">2. 中秋节的由来</a><br>
        <a href="#mores">3. 中秋节的习俗</a><br>
    </p>
    <!--1. 锚点 id-->
    <p><a id="definition">1. 中秋节的定义</a></p>
    <p>
            中秋节,又称祭月节、月光诞、月夕、秋节、仲秋节、拜月节、月娘节、月亮节、团圆节等,是中国民间传统节日,也是流行于中国众多民族与汉字文化圈诸国的传统文化节日。该节日在农历八月十五,因其恰值三秋之半,故名中秋节。
    </p>
    <a href="#">回到顶部</a>
    <!--2. 锚点 id-->
    <p><a id="origin">2. 中秋节的由来</a></p>
    <p>
```

```
        中秋节的由来有多种说法，其中最为流传的是由古代祭月的习俗演变而来。古代人们认为中秋之夜是月亮最圆的时候，因此也被称为月圆节或圆月节。在这一天，人们会举行各种庆祝活动，如赏月、吃月饼、猜灯谜等，以祈求家庭和睦、团圆幸福。
    </p>
    <a href="#">回到顶部</a>
    <!--3. 锚点 id-->
    <p><a id="mores">3. 中秋节的习俗</a></p>
    <p>
        在中秋节期间，还有一些特定的习俗和活动，如祭月、赏月、吃月饼等。其中，祭月是中秋节的重要传统之一，人们在这一天会向月亮祈祷，祈求平安和幸福。同时，人们也会准备各种美食，如月饼、柚子等，来庆祝这个重要的节日。
    </p>
    <a href="#">回到顶部</a>
    <!--外部链接，跳转功能-->
    <p>更多详情可以<a href="https://www.baidu.com/" target="_blank">百度一下</a></p>
</body>
</html>
```

超链接标签的运行效果如图 1－16 所示。

图 1－16　超链接标签的运行效果

十一、层次标签

层次标签是 <div> 标签，div 全称为 division，具有“分割、分区”的意思。<div> 标签被称为 <div> 块元素或内容划分元素，是一个块级元素，在 HTML 中独占一行，可以设置宽度和高度，支持所有全局属性。

<div> 标签用来划分一个区域，相当于一块区域容器，可以容纳段落、标题、表格、图片等各种网页元素。即 HTML5 中大多数的标签都可以嵌套在 <div> 标签中。在 <div> 标签中，还可以嵌套多层 <div> 标签，可将网页分割成独立的、不同的部分，从而实现网页的规划和布局。<div> 标签作为一个“纯粹的”容器，它在语义上不表示任何特定类型的内容，可以使用 class 或 id 属性便捷地定义内容的格式，将内容进行分组。

下面通过一个例子演示 <div> 标签的使用。首先将本案例需要的图片 div_flower. png、div_vegetable. png、div_fruit. png 导入 images 文件夹中，然后在 example 文件夹中创建一个名为 div_label. html 的文件，在该文件中使用 3 个 <div> 标签分别展示花的区域、蔬菜的区域和水果的区域，具体代码如下所示：

```
<!DOCTYPE html>
<html lang="en">
<head>
    <title>层次标签</title>
</head>
<body>
    <div>展示花的区域<br>
        <img src="../images/div_flower.png" title="花" alt="图片不存在或图片路径错误" width="675" height="211">
    </div>
    <div>展示蔬菜的区域<br>
        <img src="../images/div_vegetable.png" title="蔬菜" alt="图片不存在或图片路径错误" width="802" height="211">
    </div>
    <div>展示水果的区域<br>
        <img src="../images/div_fruit.png" title="水果" alt="图片不存在或图片路径错误" width="790" height="211">
    </div>
</body>
</html>
```

层次标签的运行效果如图 1 - 17 所示。

图1-17　层次标签的运行效果

任务实现

1. 实现首页的头部

在 chapter01/index. html 文件中实现首页的头部效果，首先将首页头部需要的图片 logo. png 导入 images 文件夹中，然后将首页标题设置为“蔬菜科技展示网”，在 <body> 标签中添加头部标签 <header>，在 <header> 标签中添加 1 个 <img> 标签用于显示蔬菜科技展示网的 logo，具体代码如下所示：

```
<!DOCTYPE html>
<html lang="en">
<head>
```

```
4.    <meta charset="UTF-8">
5.    <meta name="viewport" content="width=device-width, initial-scale=1.0">
6.    <title>蔬菜科技展示网</title>
7.    <style>
8.      /* CSS 样式可以放在 <style> 标签内或者外部的 CSS 文件中 */
9.      body {
10.       font-family: Arial, sans-serif;
11.       margin: 0;
12.       padding: 0;
13.     }
14.     header {
15.       background-color: #f9f9f9;
16.     }
17.   </style>
18. </head>
19. <body>
20.   <header>  <!--网站 logo-->
21.     <img src="images/logo.png" alt="网站 logo" height="100px">
22.   </header>
23. </body>
24. </html>
```

上述代码中，第 9 ~ 13 行代码用于为 <body> 标签中的内容添加样式，其中第 10 行代码用于设置文本使用的字体，如果浏览器中没有安装字体 Arial，此时浏览器中会显示字体族 sans-serif 中的一个字体。

第 11 ~ 12 行代码分别用于设置 <body> 标签中内容的外边距与内边距为 0 像素。

第 14 ~ 16 行代码用于为 <header> 标签的内容添加背景颜色。

需要注意的是，<style> 标签中的内容为 CSS 样式，该知识点会在后面详细讲解，此处只简单了解与使用即可。

2. 实现首页的导航栏

导航栏下方需要显示一张广告图片 banner.png，增加对用户的吸引力，因此首先将 banner.png 图片导入 images 文件夹中，然后在 index.html 文件中添加导航栏部分，使用 <nav> 标签定义导航栏，并在其中插入超链接标签，分别链接到首页、蔬菜种植技术页面、病虫害防治方法页面、农业技术页面和关于我们页面。具体代码如下所示：

```
...
nav {
  background-color: #eff1dc;
  padding: 10px;
```

```
5.     text-align: center;
6. }
7. nav a {
8.     color: #333;
9.     text-decoration: none;
10.    margin: 0 10px;
11. }
12. ...
13. <nav>
14.       <a href="index.html">首页</a>
15.       <a href="planting.html">蔬菜种植技术</a>
16.       <a href="pest.html">病虫害防治方法</a>
17.       <a href="technology.html">农业技术</a>
18.       <a href="about_us.html">关于我们</a>
19. </nav>
20. <img src="images/banner.png" alt="网站 banner" width="100%" height="auto">
```

上述代码中，第 2 ~ 6 行代码设置了导航栏的样式，第 3 行代码用于设置导航栏的背景颜色，第 4 行代码用于设置导航栏的内边距为 10 像素，第 5 行代码用于设置导航栏中的内容居中显示。

第 7 ~ 11 行代码设置了导航栏中超链接的样式，第 8 行代码用于设置超链接的文本颜色，第 9 行代码用于移除超链接文本下方的下画线，第 10 行代码用于设置超链接的上外边距与下外边距为 0 像素，左外边距与右外边距为 10 像素。

第 14 ~ 18 行代码中的 index.html、planting.html、pest.html、technology.html 和 about_us.html 文件是后续搭建首页、蔬菜种植技术页面、病虫害防治方法页面、农业技术页面和关于我们页面时需要创建的。

3. 实现首页的主要内容区域

在 index.html 的文件中添加主要内容区域，使用 <main> 标签定义主要内容区域，并在其中添加 <h2> 标签显示蔬菜科技展示网的标题，然后使用 <p> 标签、<a> 标签、<h3> 标签、<div> 标签和 <img> 标签显示蔬菜种植技术、病虫害防治方法及农业技术。具体代码如下所示：

```
...
h2 {
    padding-left: 20px;
}
h3 {
    padding-left: 20px;
```

```
7. }
8. p {
9.     padding-left: 20px;
10. }
11. div {
12.   padding-left: 20px;
13.   padding-right: 20px;
14. }
15. ...
16. <main>
17.       <!--主要内容区域-->
18.       <h2>欢迎来到蔬菜科技展示网</h2>
19.       <p>在这里,您可以了解到最新的蔬菜种植技术、病虫害防治方法以及农业科技动态。</p>
20.       <a href="planting.html">
21.         <h3>蔬菜种植技术</h3>
22.     </a>
23.  <div class="image-planting">
24.    <img src="images/planting.png" alt="Image planting" width="100%" height="auto">
25.  </div>
26.  <a href="pest.html">
27.    <h3>病虫害防治方法</h3>
28.  </a>
29.  <div class="image-pest">
30.    <img src="images/pest.png" alt="Image planting" width="100%" height="auto">
31.  </div>
32.  <a href="technology.html">
33.    <h3>农业技术</h3>
34.  </a>
35.  <div class="image-technology">
36.    <img src="images/technology.png" alt="Image planting" width="100%" height="auto">
37.  </div>
38. </main>
```

上述代码中，第 2 ~4 行代码设置 <h2> 标签显示的标题样式，第 3 行代码用于设置标题的左内边距为 20 像素。

第 5 ~7 行代码设置 <h3> 标签显示的标题样式，第 6 行代码用于设置标题的左内边距为 20 像素。第 8 ~10 行代码设置 <p> 标签显示的文本样式，第 9 行代码用于设置文本的左内边距为 20 像素。第 11 ~ 14 行代码设置 <div> 标签显示的区域样式，第 12 ~ 13 行代码分别设置区域的左内边距与右内边距为 20 像素。

4. 实现首页的底部

在 index. html 的文件中添加网页底部，使用 <footer> 标签定义网页底部，并在其中使用 <p> 标签显示蔬菜科技展示网的版权信息，具体代码如下所示：

```
1. ...
2. footer {
3.     background-color: #eff1dc;
4.     color: #333;
5.     padding: 5px;
6.     text-align: center;
7. }
8. ...
9. <footer>
10.        <!--底部-->
11.        <p>版权所有 &copy; 2024 蔬菜科技展示网</p>
12. </footer>
```

上述代码中，第 2 ~ 7 行代码设置 <footer> 标签显示的首页底部样式，第 3 ~ 6 行代码分别设置首页底部的背景颜色、文本颜色、内边距和文本位置居中。

任务 3　搭建蔬菜种植技术页面

需求分析

蔬菜种植技术页面主要用于展示蔬菜的种植技术与方法，该页面主要包括蔬菜种植的图片、技术与方法等信息。蔬菜种植技术页面效果如图 1 - 18 所示。

图 1－18　蔬菜种植技术页面效果

知识储备

在搭建蔬菜种植技术页面之前，我们首先需要掌握换行标签、水平线标签和文本格式化标签的使用，通过使用这些标签搭建蔬菜种植技术页面，下面将对这些标签进行介绍。

一、换行标签

标签可在文本中生成一个换行（回车）符号，它是一个空元素，也是一个单标签，其内不可携带内容。在 HTML5 中，归属于同一段落的文字会从左到右依次进行排列，直至浏览器窗口的最右端，才会自动换行。若想要将某段文字强制换行显示，则需要使用
标签。

换行标签的语法格式如下所示：

```
<p>内容<br>内容</p>
```

下面通过一个例子演示
标签的使用。首先在 example 文件夹中创建一个名为 br_label. html 的文件，在该文件中通过 HTML 代码实现显示蔬菜按农业生物学可分为 7 类的内容，并在每个分类后换行，具体代码如下所示：

```
<!DOCTYPE html>
<html lang="en">
<head>
    <meta charset="UTF-8">
    <title>蔬菜按农业生物学分类</title>
</head>
<body>
    <p>
        蔬菜按农业生物学可分为 7 类:<br>1. 叶菜类: 如菠菜、芹菜等。<br>2. 瓜类: 如黄瓜、冬瓜等。<br>3. 茄果类: 如番茄、茄子等。<br>4. 豆荚类: 如豌豆、菜豆等。<br>5. 根菜类: 如土豆、胡萝卜等。<br>6. 水生菜类: 如茭白、慈姑等。<br>7. 海洋蔬菜: 如紫菜、海带等。
    </p>
</body>
</html>
```

蔬菜按农业生物学分类网页的运行效果如图 1－19 所示。

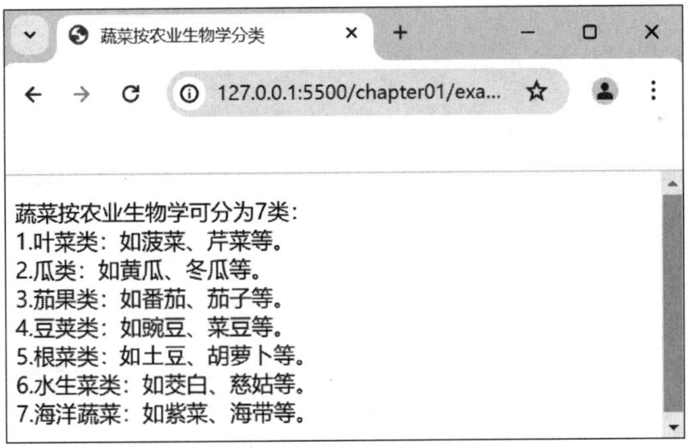

图 1－19　蔬菜按农业生物学分类网页的运行效果

二、水平线标签

水平线是由 <hr> 标签定义的，在 HTML 文件中使用 <hr> 标签创建横跨网页的水平线，将段落与段落之间分隔开，使文档结构更加层次分明。

<hr> 标签是一个单标签，一般添加在两个段落之间，可以是一个单独的 <hr> 标签，也可以加入它所支持的一些属性，实现更加美观的设计效果。水平线标签的语法格式如下所示：

```
<hr align="对齐方式" color="颜色值" size="粗细值" width="宽度值">
```

<hr> 标签常用属性的具体说明如表 1－9 所示。

表 1-9　<hr>标签常用属性

属性	说明
align	设置水平线的对齐方式，属性值有 center（居中对齐，默认值）、left（左对齐）、right（右对齐）
color	设置水平线的颜色，属性值可以是颜色的英文单词、十六进制值或 RGB 值
size	设置水平线的粗细，属性值为数值，以像素（px）为单位，默认值为 2px
width	设置水平线的宽度，属性值为像素值或浏览器窗口的百分比（默认为 100%）

下面通过一个例子演示 <hr> 标签的使用。首先在 example 文件夹中创建一个名为 horizontal_label. html 的文件，在该文件中使用 <hr> 标签显示有机蔬菜作用的内容，每条作用下方都添加一条灰色水平线，具体代码如下所示：

```
<!DOCTYPE html>
<html lang="en">
<head>
    <meta charset="UTF-8">
    <title>有机蔬菜的作用</title>
</head>
<body>
    <h2 align="center">有机蔬菜的作用</h2>
    <hr align="center" color="#2b73af" size="3" width="150px">
    <!--作用一-->
    <h4>营养价值高</h4>
    <p>
        有机蔬菜在生长过程中更多地依靠自然规律和生态循环来生长,因此含有更多的营养成分。
    </p>
    <hr color="#aaa" size="2">
    <h4>改善口感和风味</h4>
    <p>
        由于有机蔬菜在生长过程中不使用化肥和农药,没有残留物,因此其口感和风味也更好。
    </p>
    <hr color="#aaa" size="2">
    <h4>增强体质</h4>
    <p>
        有机蔬菜含有更多对人体有益的矿物质,常吃有机蔬菜有助于增强体质。
    </p>
    <hr color="#aaa" size="2">
    <h4>环保效益</h4>
    <p>
        有机蔬菜的生产注重环保和可持续发展,采用更多的环保技术和循环农业模式。
    </p>
    <hr color="#aaa" size="2">
</body>
</html>
```

有机蔬菜的作用页面的运行效果如图 1－20 所示。

图 1－20　有机蔬菜的作用页面的运行效果

三、文本格式化标签

视频

艺术字体设计制作

文本格式化标签是针对文本进行各种格式化的标签，如加粗、斜体、上标、下标等，文本格式化标签的具体说明如表 1－10 所示。

表 1－10　文本格式化标签

标签	说明
<em>	呈现为被强调的文本，显示效果为斜体
<i>	其显示效果为斜体，与<em>效果完全相同，但不具备语义化强调的作用
<strong>	加粗标签，定义重要的文本，显示效果为加粗
<b>	其显示效果为加粗，与<strong>效果完全相同，但不具备语义化强调的作用
<del>	定义文档中已删除的文本，添加删除线
<ins>	定义已经被插入文档中的文本，添加下画线
<sup>	定义上标文本
<sub>	定义下标文本
<blockquote>	定义块引用，一般嵌套<p>标签，用于标记被引用的文本，会在左、右两边进行缩进（增加外边距）
<q>	用于简短的行内引用，文本会被添加双引号（“”）
<cite>	表示所包含的文本对某个参考文献的引用，如书籍或杂志的标题，显示效果为斜体

下面演示使用上述文本格式化标签定义文本。首先在 example 文件夹中创建一个名为 format_label. html 的文件，在该文件中使用文本格式化标签定义文本，具体代码如下所示：

```html
<!DOCTYPE html>
<html lang="en">
<head>
    <title>文本格式化标签</title>
</head>
<body>
    <em>em 元素效果</em><br>
    <i>i 元素效果</i><br>
    <strong>strong 元素效果</strong><br>
    <b>b 元素效果</b><br>
    <del>del 元素效果</del><br>
    <ins>ins 元素效果</ins><br>
    <p>5 的平方:5<sup>2</sup></p>
    <p>CO<sub>2</sub></p>
    <p>块引用:<blockquote>有机蔬菜的生产成本较高。</blockquote></p>
    <p>短引用:<q>有机蔬菜通常比普通蔬菜更耐放。</q></p>
    <cite>--消费者可以根据自己的需求和预算来购买不同的蔬菜。</cite>
</body>
</html>
```

文本格式化标签的运行效果如图 1－21 所示。

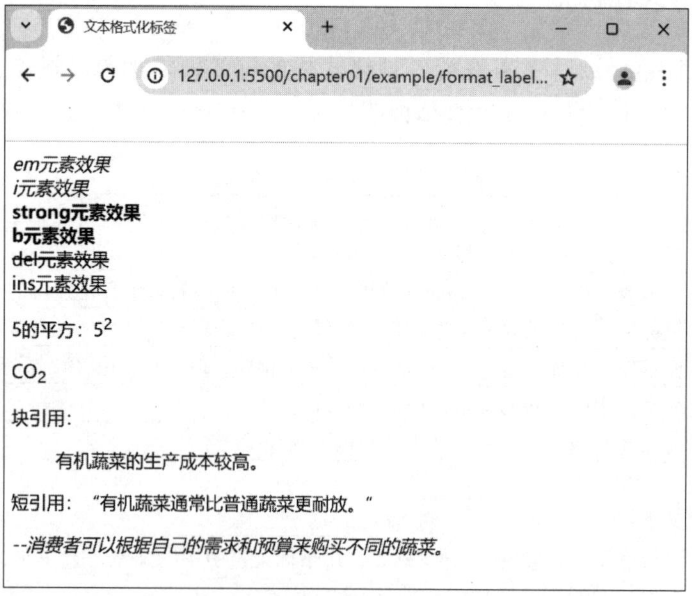

图 1－21　文本格式化标签的运行效果

任务实现

首先在 chapter01 文件夹中创建一个名为 planting. html 的文件，该文件用于搭建蔬菜种植技术页面，然后在 planting.html 文件中使用 <h3>标签、<div>标签、<p>标签、<hr>标签和
标签显示蔬菜种植技术的内容，具体代码如下所示：

```
<!DOCTYPE html>
<html lang="en">
<head>
    <meta charset="UTF-8">
    <meta name="viewport" content="width=device-width, initial-scale=1.0">
    <title>蔬菜种植技术</title>
</head>
<body>
    <h3>蔬菜种植技术</h3>
    <div>
        <p>2024.05    蔬菜种植技术与方法</p>
    </div>
    <hr align="left" color="#aaa" >
    <div class="img">
        <img src="images/planting.png" width="100%" height="auto" alt="">
    </div>
    <p>
        科技蔬菜种植在提高产量和质量、节约资源、环保可持续、应对气候变化、促进农业现代化以及满足市场需求等方面具有重要作用。因此，大力推广科技蔬菜种植技术对于促进农业可持续发展、保障国家粮食安全具有重要意义。下面介绍种植蔬菜的技术与方法。<br>
        1. 选择适合的种子<br>
        根据种植区域的气候、土壤等条件选择适合生长的蔬菜种子。<br>
        2. 土壤准备<br>
        确保土壤肥沃、排水良好，并在种植前进行必要的施肥和翻耕。<br>
        3. 播种与育苗<br>
        按照种子的种植说明进行播种，或进行育苗后再移栽。<br>
        4. 灌溉与施肥<br>
        根据蔬菜生长的需要，适时进行灌溉和施肥，确保水肥供应充足。<br>
        5. 病虫害防治<br>
        定期检查蔬菜的生长情况，及时发现并处理病虫害问题。<br>
        6. 采收与储存<br>
        在蔬菜成熟后及时进行采收，并采取适当的储存方法以延长保鲜期。<br>
    </p>
    <p>通过科学的种植技术与方法，蔬菜能够获得充足的养分和水分，从而促进生长发育，提高产量。同时，合理的种植密度和病虫害防治措施能够减少病虫害的发生，提高蔬菜的质量。</p>
</body>
</html>
```

任务 4　搭建病虫害防治方法页面

需求分析

病虫害防治方法页面主要用于展示病虫害防治方法信息，该页面主要包括蔬菜种植中防治病虫害的方法分类、防治手段和具体措施等信息。病虫害防治方法页面效果如图 1－22 所示。

蔬菜种植中防治病虫害的方法

方法分类	防治手段	具体措施
农业防治	选用抗病品种	选择适应当地气候和生态环境、具有抗病虫害特性的蔬菜品种。
	合理轮作	通过轮作不同的蔬菜种类，减少病虫害的累积和传播。
	加强田间管理	及时清除杂草、残株和病虫害植株，保持田间整洁；合理灌溉，避免积水。
物理防治	种子消毒	使用晒种、温汤浸种、盐水浸种等方法对种子进行消毒处理。
	太阳能消毒	利用太阳能对蔬菜大棚或土壤进行高温消毒。
	诱杀害虫	设置黄油板、利用颜色和光线等诱杀害虫。
化学防治	选择环境友好型农药	使用低毒、低残留、环境友好型的化学农药。
	合理使用农药	按照规定的剂量、时间和方法使用农药，避免滥用和误用。

图 1－22　病虫害防治方法页面效果

知识储备

由于病虫害防治方法页面中的信息是由表格显示的，因此在搭建病虫害防治方法页面之前，需要掌握表格的基础知识，包括表格基本结构、语义化标签、单元格边距与间距、合并行与列和表格的其他常用属性。下面将对表格的这些基础知识进行介绍。

一、表格基本结构

视频

以课程信息表页面为例介绍表格标签 1

<table>标签用于定义一个表格。<tr>标签用于定义表格中的行，可以有一行或多行，嵌套在<table>标签中。<td>标签用于定义表格中的单元格（列），一行里可以有一个或多个单元格（列），此标签须嵌套在<tr>标签中。

一个最基本的表格由<table>、<tr>和<td>这 3 个标签构成，其语法格式如下：

```
<table>
  <tr>
     <td>单元格内容 1</td>
     <td>单元格内容 2</td>
     ...
  </tr>
     ...
</table>
```

除了以上 3 个基础标签之外，表格的基本标签还有<caption><th>等。<caption>标签用于定义表格的标题，标签必须紧随<table>标签之后，且每个表格只能定义一个标题，通常这个标题会被居中显示于表格之上。<th>标签用于定义表格内的表头单元格，需要在<tr>标签内部使用。

<th>和<td>是两种不同类型的单元格。<th>是表头单元格，用于存放表头信息，<th>内部的文本通常显示为居中的粗体文本。<td>是标准单元格，用于存放表格数据，<td>内部的文本通常显示为左对齐的普通文本。

下面演示创建表格的方式。首先在 example 文件夹中创建一个名为 flower_table. html 的文件，在该文件中使用表格显示常见花的种类、描述与花语，具体代码如下所示：

```
<!DOCTYPE html>
<html lang="en">
<head>
    <meta charset="UTF-8">
```

```
    <title>创建表格</title>
</head>
<body>
    <!--定义表格,并添加边框-->
    <table>
        <!--定义表格的标题-->
        <caption>常见花的种类、描述与花语</caption>
        <!--定义表格内的行-->
        <tr>
            <!--定义表格内的表头单元格-->
            <th>序号</th>
            <th>花的种类</th>
            <th>描述</th>
            <th>花语</th>
        </tr>
        <tr>
            <!--定义表格内的标准单元格-->
            <td>01</td>
            <td>玫瑰花</td>
            <td>鲜艳美丽的花卉,常用作爱情的象征</td>
            <td>红玫瑰:热恋,我爱你;粉玫瑰:初恋,灿烂的笑容;白玫瑰:我足以与你相配</td>
        </tr>
        <tr>
            <td>02</td>
            <td>百合</td>
            <td>花朵优雅,纯洁无瑕,常用于婚礼场合</td>
            <td>白色百合:真情、纯洁;粉色百合:热爱、高贵</td>
        </tr>
        <tr>
            <td>03</td>
            <td>康乃馨</td>
            <td>热情、魅力的花朵,适合送给母亲</td>
            <td>热情、母爱、祝福、真挚</td>
        </tr>
        <tr>
            <td>04</td>
            <td>牡丹</td>
            <td>春季开花,花色丰富,被誉为"花中之王"</td>
```

```
                <td>富贵、华丽、高贵</td>
            </tr>
        </table>
</body>
</html>
```

使用表格基本标签创建表格，并使用 border 属性为表格添加边框，通过该表格显示常见花的种类、描述与花语等信息的运行效果如图 1-23 所示。

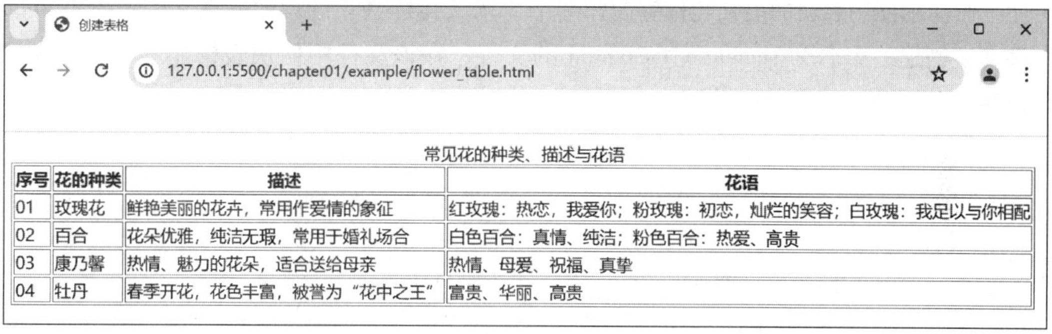

图 1-23　带边框的表格显示常见花信息的运行效果

若去掉 border 属性，则可去除表格的边框，运行效果如图 1-24 所示。

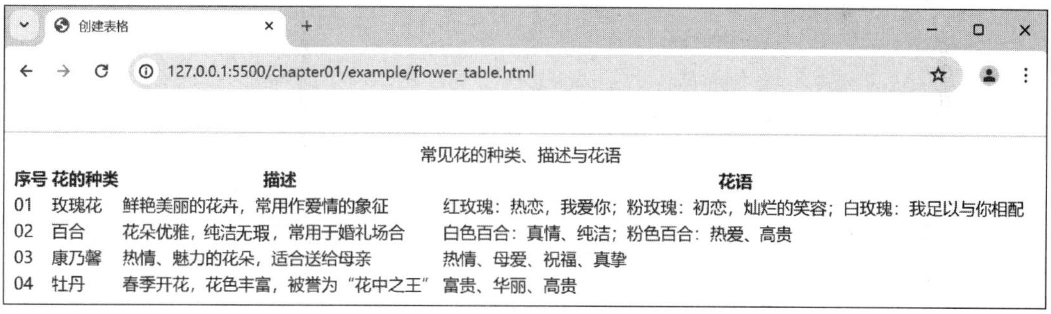

图 1-24　不带边框的表格显示常见花信息的运行效果

二、语义化标签

一个完整的表格包括 <table> <caption> <tr> <th> <td> 等标签。在使用表格进行布局时，为了更深入地对表格进行语义化，使网页内容更好地被搜索引擎理解，HTML 中引入了 <thead>、<tbody> 和 <tfoot> 这 3 个语义化标签。<thead>、<tbody> 和 <tfoot> 标签将表格分别划分为头部、主体和页脚 3 个部分。使用这 3 个语义化标签来定义网页中不同的内容，能够使结构更清晰，代码更具逻辑性，也更具可读性和可维护性。

视频

以个人主页为例介绍语义化标签

表格的语义化标签的具体说明如表 1-11 所示。

表 1－11　表格的语义化标签的具体说明

标签	说明
< thead >	用于定义表格的头部，一般包含网页的 logo 和导航等头部信息
< tbody >	用于定义表格的主体，位于 < thead > < /thead > 标签之后，一般包含网页中除头部和底部以外的其他内容
< tfoot >	用于定义表格的页脚，位于 < tbody > < /tbody > 标签之后，一般包含网页底部的企业信息等

下面演示使用表格的语义化标签制作一个“语义化标签”的说明表格。首先在 example 文件夹中创建一个名为 semantic_tags. html 的文件，在该文件中使用表格显示一个“语义化标签”的说明表格，具体代码如下所示：

```
<! DOCTYPE html >
<html lang = "en" >
<head >
    < meta charset = "UTF-8" >
    < title >语义化标签 </title >
</head >
<body >
    < table border = "1" >
        <! --定义表格的标题-- >
        < caption >语义化标签 </caption >
        <! --定义表格的表头-- >
        < thead >
            <! --定义表格内的行-- >
            < tr >
                <! --定义表格内的表头单元格-- >
                < th >标签 </th >
                < th >说明 </th >
            </tr >
        </thead >
        <! --定义表格的主体-- >
        < tbody >
            < tr >
                <! --定义表格内的标准单元格-- >
                < td > thead </td >
                < td >用于定义表格的头部,一般包含网页的 logo 和导航等头部信息 </td >
            </tr >
            < tr >
```

```
                <td>tbody</td>
                <td>用于定义表格的主体,一般包含网页中除头部和底部以外的其他内容</td>
            </tr>
            <tr>
                <td>tfoot</td>
                <td>用于定义表格的页脚,一般包含网页底部的企业信息等</td>
            </tr>
        </tbody>
        <!--定义表格的页脚-->
        <tfoot>
            <tr>
                <!--在表格的页脚内合并 2 个单元格-->
                <td colspan="2">语义化标签让表格语义更加良好,结构更加清晰</td>
            </tr>
        </tfoot>
    </table>
</body>
</html>
```

语义化标签的运行效果如图 1-25 所示。

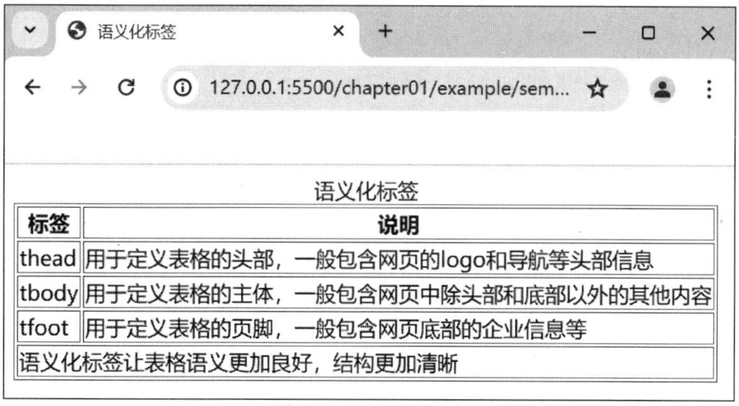

图 1-25　语义化标签的运行效果

三、单元格边距与间距

在制作一个表格时，有时需要设计表格的单元格内容与单元格边框之间的空白间距，以及单元格之间的空间，使表格更美观，这就需要用到 cellpadding 属性和 cellspacing 属性。

1. cellpadding 属性

cellpadding 属性规定单元格内容与单元格边框之间的空白间距，即控制单元格的边距。cellpadding 属性通常在 <table> 标签中使用，其属性值为数值类型，常用单位是像素（px），这个数值代表单元格内容与单元格边框之间的空白间距，即内边距，默认值为 1px。

cellpadding 属性的语法格式如下：

```
<table cellpadding = "pixels" >
```

如果将 cellpadding 属性添加到“语义化标签”的说明表格的第 8 行代码的 <table> 标签中，更改的代码如下：

```
<! --定义表格，并添加边框、单元格的边距-- >
<table border = "1" cellpadding = "8" >
```

为表格添加 cellpadding 属性，运行效果如图 1-26 所示。

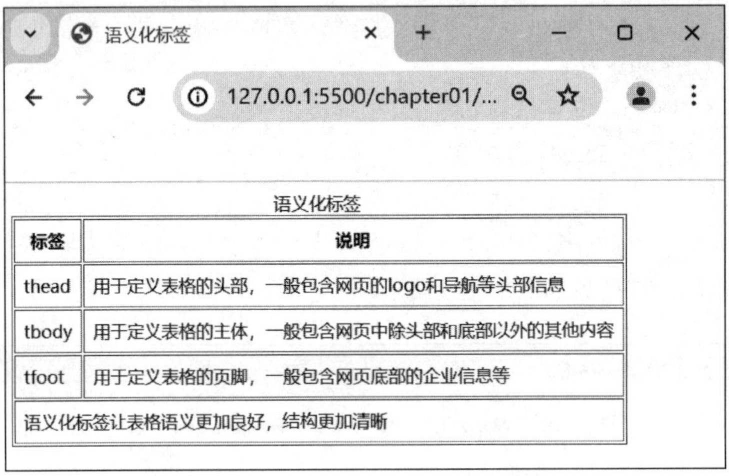

图 1-26　为表格添加 cellpadding 属性的运行效果

2. cellspacing 属性

cellspacing 属性规定单元格之间的空间，即控制单元格的间距。cellspacing 属性通常在 <table> 标签中使用，其属性值为数值类型，常用单位是像素（px），这个数值代表单元格之间的空白间距，即外边距，默认值为 2px。

cellspacing 属性的语法格式如下：

```
<tablecellspacing = "pixels" >
```

如果将 cellspacing 属性添加到“语义化标签”的说明表格的第 8 行代码的 <table> 标签中，更改的代码如下：

```
<! --定义表格，并添加边框、单元格的边距、单元格的间距-- >
<table border = "1" cellpadding = "8" cellspacing = "5" >
```

为表格添加 cellspacing 属性的运行效果如图 1-27 所示。

在 <table> 标签中，设置 cellspacing 的值为 0，表示单元格之间的空白间距为 0，即表

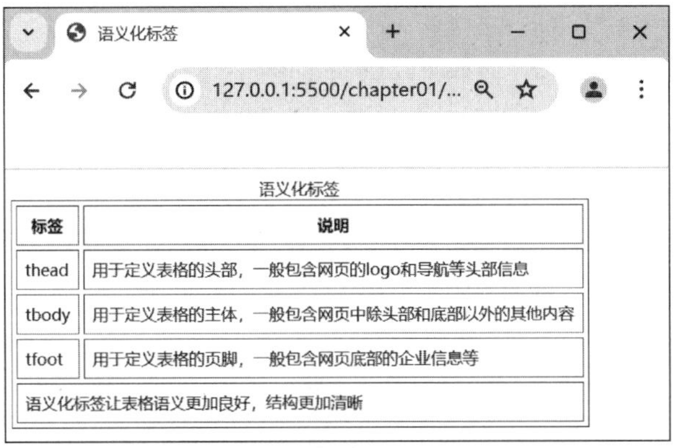

图 1－27　为表格添加 cellspacing 属性的运行效果

格变为单线框，但这种方式并不推荐使用。在实际开发中，通常使用 CSS 中的 border-collapse 属性来决定表格的边框是分开还是合并。border-collapse 属性将会在后面进行详细讲解和应用。

值得注意的是，请勿将 cellpadding 属性与 cellspacing 属性混淆，需要分清它们的用途。从实用角度出发，最好不要规定 cellpadding 属性，而是使用 CSS 来添加内边距。

四、合并行与列

在制作一个表格时，有时需要对表格的单元格进行合并行或合并列的操作，把两个或多个相邻单元格合并成一个单元格，这就需要使用到 rowspan 属性和 colspan 属性。

rowspan 属性和 colspan 属性合并行与列的具体说明如表 1－12 所示。

表 1－12　rowspan 属性和 colspan 属性合并行与列的具体说明

属性	语法格式	说明
rowspan	< td rowspan = "数值" >	规定单元格可横跨的行数，即合并表格的列。rowspan 属性通常应用在 < td > 和 < th > 标签中，其属性值为数值类型，这个数值代表所要合并的单元格行数
colspan	< td colspan = "数值" >	规定单元格可横跨的列数，即合并表格的行。colspan 属性通常应用在 < td > 和 < th > 标签中，其属性值为数值类型，这个数值代表所要合并的单元格列数

下面通过一个食物分类表的例子演示 rowspan 属性和 colspan 属性的使用。首先在 example 文件夹中创建一个名为 rows_cols. html 的文件，在该文件中使用表格显示一个食物分类表，具体代码如下所示：

```
< ! DOCTYPE html >
< html lang = "en" >
< head >
```

```
    <meta charset="UTF-8">
    <meta name="viewport" content="width=device-width, initial-scale=1.0">
    <title>食物分类表</title>
</head>
<body>
    <h2>食物分类表</h2>
    <table border="1" cellpadding="2" cellspacing="2">
        <tr>
            <!--合并表格的行,可横跨2行-->
            <th rowspan="2">食物类别</th>
            <!--合并表格的列,可横跨2列-->
            <th colspan="2">蔬菜水果</th>
            <th colspan="2">主食</th>
        </tr>
        <tr>
            <th>蔬菜</th>
            <th>水果</th>
            <th>米饭</th>
            <th>面食</th>
        </tr>
        <tr>
            <td>类别1</td>
            <td>胡萝卜</td>
            <td>苹果</td>
            <td>白米饭</td>
            <td>馒头</td>
        </tr>
        <tr>
            <td>类别2</td>
            <td>菠菜</td>
            <td>香蕉</td>
            <td>糙米饭</td>
            <td>面条</td>
        </tr>
    </table>
</body>
</html>
```

食物分类表的运行效果如图 1-28 所示。

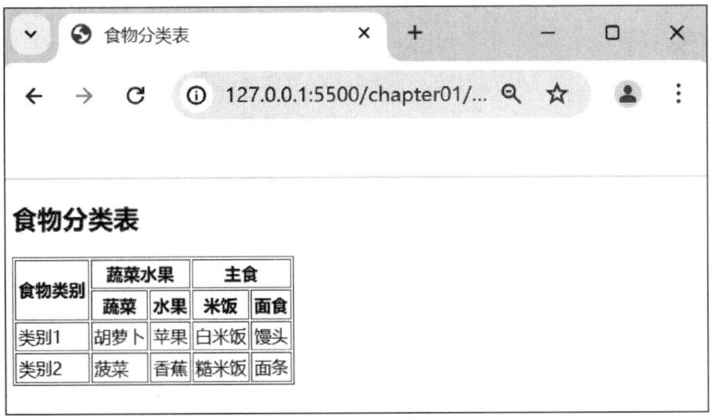

图 1 - 28　食物分类表的运行效果

五、表格的其他常用属性

视频：以课程信息表页面为例介绍表格标签 2

HTML5 为表格提供了一系列属性用于控制表格的样式，如 border 属性、bordercolor 属性、align 属性、width 属性、bgcolor 属性、background 属性等。这些属性的具体说明如表 1 - 13 所示。

表 1 - 13　表格的常用属性

属性	说明
border	表示是否设置边框，可以取值为 1 和 0，1 代表有边框，0 代表无边框（通常省略不写）
bordercolor	用于设置边框颜色，在 <table> 标签中，需配合 border 属性使用，可对表格的整体边框进行颜色设置
cellpadding	设置单元格内容与单元格边框之间的空白间距，其属性值为数值类型，常用单位是像素（px）
cellspacing	设置单元格之间的间距，其属性值为数值类型，常用单位是像素（px）
rowspan	设置单元格可横跨的行数，即合并表格的列。其属性值为数值类型，这个数值代表所要合并的单元格行数
colspan	规定单元格可横跨的列数，即合并表格的行。其属性值为数值类型，这个数值代表所要合并的单元格列数
align	设置单元格内容的水平对齐方式，在 <tr> 和 <td> 标签中，align 属性默认值为左对齐（left）；在 <th> 标签中，align 属性默认值为居中对齐（center）；而在 <table> 标签中，align 属性用于设置表格在网页中的水平对齐方式
valign	设置单元格内容的垂直对齐方式，默认值为居中对齐（center）
width	设置单元格的宽度，当一列单元格中有不同 width 属性值时，取最大值作为这一列的宽度
height	设置单元格的高度，当一行单元格中有不同 height 属性值时，取最大值作为这一行的高度
bgcolor	规定表格的背景颜色。在 HTML4.01 中，表格的 bgcolor 属性已废弃，HTML5 已不支持表格的 bgcolor 属性，但该属性在浏览器中仍能识别出来。当需要设置表格背景颜色时，一般在 CSS 样式中设置
background	设置表格的背景图片，属性值为一个有效的图片地址，不推荐使用。在实际开发中，通常使用 CSS 属性设置表格的背景图片

任务实现

首先在 chapter01 文件夹中创建一个名为 pest. html 的文件，该文件用于搭建病虫害防治方法页面，然后在 pest. html 文件中使用表格显示蔬菜种植中防治病虫害的方法，具体代码如下所示：

```
<!DOCTYPE html>
<html lang="en">
<head>
    <meta charset="UTF-8">
    <meta name="viewport" content="width=device-width, initial-scale=1.0">
    <title>病虫害防治</title>
</head>
<body>
    <!--定义表格,并添加边框、单元格的边距、单元格的间距-->
    <table border="1" cellpadding="10" cellspacing="6">
        <!--定义表格的标题-->
        <caption>蔬菜种植中防治病虫害的方法</caption>
        <!--定义表格的表头-->
        <thead>
            <!--定义表格内的行-->
            <tr>
                <!--定义表格内的表头单元格-->
                <td>方法分类</td>
                <td>防治手段</td>
                <td>具体措施</td>
            </tr>
        </thead>
        <!--定义表格的主体-->
        <tbody>
            <!--设置单元格内容为水平居中对齐方式-->
            <tr align="center">
                <!--定义表格内的标准单元格-->
                <td rowspan="3">农业防治</td>
                <td>选用抗病品种</td>
                <td>选择适应当地气候和生态环境、具有抗病虫害特性的蔬菜品种。</td>
            </tr>
            <tr align="center">
```

```
                < td >合理轮作 < /td >
                < td >通过轮作不同的蔬菜种类,减少病虫害的累积和传播。 < /td >
            < /tr >
            < tr align = "center" >
                < td >加强田间管理 < /td >
                < td >及时清除杂草、残株和病虫害植株,保持田间整洁;合理灌溉,避免积水。
                < /td >
            < /tr >
            < tr align = "center" >
                < ! -- 定义表格内的标准单元格 -- >
                < td rowspan = "3" >物理防治 < /td >
                < td >种子消毒 < /td >
                < td >使用晒种、温汤浸种、盐水浸种等方法对种子进行消毒处理。 < /td >
            < /tr >
            < tr align = "center" >
                < td >太阳能消毒 < /td >
                < td >利用太阳能对蔬菜大棚或土壤进行高温消毒。 < /td >
            < /tr >
            < tr align = "center" >
                < td >诱杀害虫 < /td >
                < td >设置黄油板、利用颜色和光线等诱杀害虫。 < /td >
            < /tr >
            < tr align = "center" >
                < ! -- 定义表格内的标准单元格 -- >
                < td rowspan = "2" >化学防治 < /td >
                < td >选择环境友好型农药 < /td >
                < td >使用低毒、低残留、环境友好型的化学农药。 < /td >
            < /tr >
            < tr align = "center" >
                < td >合理使用农药 < /td >
                < td >按照规定的剂量、时间和方法使用农药,避免滥用和误用。 < /td >
            < /tr >
        < /tbody >
    < /table >
< /body >
< /html >
```

任务 5　搭建农业技术页面

需求分析

农业技术页面主要用于展示农业技术列表信息，该页面主要包括农业物联网、科技种植、农业科技和人工智能在农业中的应用等信息。农业技术页面效果如图 1－29 所示。

图 1－29　农业技术页面效果

知识储备

由于农业技术页面中的信息是由无序列表和有序列表显示的，因此在搭建农业技术页面之前，需要掌握无序列表标签、有序列表标签和自定义列表标签的使用。下面将对这些内容进行介绍。

视频

地域分级列表制作

一、无序列表标签

无序列表（Unordered-list）的各个列表项之间没有顺序级别之分，各个列表项是并列关系。

无序列表使用<ul>标签定义，包含一个或多个<li>列表项目，其语法格式如下所示：

```
<ul>
  <li>列表项目1</li>
...
  <li>列表项目n</li>
</ul>
```

<ul>无序列表标签通常使用type属性修改其显示效果，type属性取值如表1-14所示。

表1-14　type属性取值表

属性取值	显示效果
disc（默认值）	实心小黑圆点
circle	空心小圆点
square	实心小黑方块

下面演示无序列表的使用。首先在example文件夹中创建一个名为unordered_list. html的文件，在该文件中使用无序列表显示科学种植蔬菜在现代农业中的重要意义，具体代码如下所示：

```
<!DOCTYPE html>
<html lang="en">
<head>
    <title>无序列表</title>
</head>
<body>
    <p>科学种植蔬菜在现代农业中的重要意义</p>
```

```
    <! --设置无序列表的项目列表标记为空心小圆点-- >
    < ul type = "circle" >
        < li >通过科学种植技术,可以显著提高蔬菜的产量,同时保证蔬菜的品质。</li >
        < li >精准施用水和肥料,避免资源浪费,通过滴灌、喷灌等节水灌溉技术,提高水资源利用效率。</li >
        < li >减少化学农药的使用,降低对环境的污染,合理的轮作和间作制度,促进生态系统的健康循环。</li >
        < li >科学种植蔬菜注重农药和化肥的安全使用,保障食品安全和人体健康。</li >
        < li >科学种植蔬菜可以促进农业发展和农民增收。</li >
        < li >科学种植蔬菜可以应对气候变化和灾害风险,保障蔬菜供应的稳定性。</li >
    </ul >
</body >
</html >
```

无序列表的运行效果如图 1－30 所示。

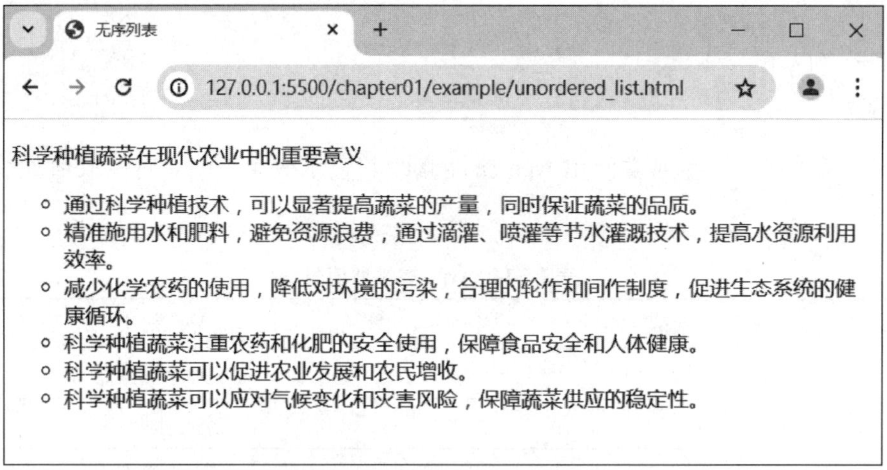

图 1－30　无序列表的运行效果

二、有序列表标签

有序列表（Ordered-list）是具有排列顺序的列表，其各个列表项按照一定的顺序排列。

1. 语法格式

有序列表使用 < ol > 标签定义，包含一个或多个 < li > 列表项目，其语法格式如下所示：

```
< ol >
    < li >列表项目 1 </li >
```

```
...
  <li>列表项目 n</li>
</ol>
```

2. 标签属性

<ol>有序列表标签的常用属性的具体说明如表 1－15 所示。

表 1－15　<ol>有序列表标签的常用属性

属性	说明
type	定义列表中使用的标记类型，属性值有 1（默认值）、A、a、I、i
start	定义有序列表的起始值，属性值为数值，表示从第 N 个数开始
reversed	定义列表顺序为降序

下面演示有序列表的使用。首先在 example 文件夹中创建一个名为 ordered_list. html 的文件，在该文件中使用有序列表显示寿光蔬菜的新品种，具体代码如下所示：

```
<!DOCTYPE html>
<html lang="en">
<head>
    <meta charset="UTF-8">
    <title>有序列表</title>
</head>
<body>
    <h3>寿光蔬菜的新品种</h3>
    <!--有序列表将诗句从第 7 个开始，降序排列-->
    <ol type="I" start="7" reversed>
        <li>番茄：又名西红柿，六月柿，属茄科一年生蔬菜。</li>
        <li>甜椒：属茄科一年生蔬菜。</li>
        <li>辣椒：又名海椒，番椒，辣茄。属茄科一年生蔬菜。</li>
        <li>密刺黄瓜：又名胡瓜、王瓜，葫芦科甜瓜属，一年生草本生攀缘植物。</li>
        <li>薄皮甜瓜：别名香瓜，属葫芦科一年生蔬菜。</li>
        <li>厚皮甜瓜：别名香瓜，属葫芦科一年生蔬菜。</li>
        <li>西瓜：又名水瓜，为葫芦科西瓜属，一年生蔓生草本植物。</li>
    </ol>
</body>
</html>
```

有序列表的运行效果如图 1－31 所示。

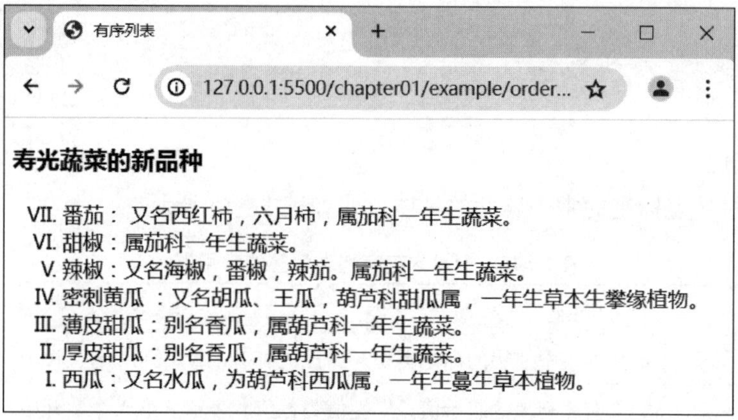

图 1－31　有序列表的运行效果

三、自定义列表标签

自定义列表（Definition-list）常用于对术语或名词进行解释和描述，列表项目的前面没有任何项目符号。自定义列表使用 <dl> 标签定义，列表中并列嵌套 <dt> 标签和 <dd> 标签，<dt> 标签用于定义名词，<dd> 标签用于定义名词的解释和描述。一对 <dt> </dt> 可以对应多对 <dd> </dd>，即一个名词可有多个解释和描述。

自定义列表的语法格式如下所示：

```
<dl>
    <dt>名词 1 </dt>
    <dd>名词 1 描述一 </dd>
    <dd>名词 1 描述二 </dd>
    <dt>名词 2 </dt>
    <dd>名词 2 描述一 </dd>
    <dd>名词 2 描述二 </dd>
</dl>
```

下面演示自定义列表的使用。首先在 example 文件夹中创建一个名为 custom_list. html 的文件，在该文件中使用自定义列表显示中国五大蔬菜基地，具体代码如下所示：

```
<!DOCTYPE html>
<html lang="en">
<head>
    <meta charset="UTF-8">
    <meta http-equiv="X-UA-Compatible" content="IE=edge">
    <meta name="viewport" content="width=device-width, initial-scale=1.0">
    <title>自定义列表</title>
</head>
```

```
<body>
    <h3>中国五大蔬菜基地</h3>
    <!-- <dl>标签定义自定义列表 -->
    <dl>
        <!-- 在<dt>标签里定义名词 -->
        <dt>山东聊城莘县:</dt>
        <!-- 在<dd>标签里对名词进行解释和描述 -->
        <dd>被誉为"中国蔬菜第一县",是全国最大的蔬菜生产基地之一。</dd>
        <dt>山东潍坊寿光:</dt>
        <dd>被誉为"蔬菜之乡",是中国最大的蔬菜出口基地之一,主要生产各种蔬菜,如西红柿、黄瓜、辣椒、西兰花等。</dd>
        <dt>河北张北:</dt>
        <dd>是中国最大的错季蔬菜基地,也是秋淡蔬菜生产基地之一。</dd>
        <dt>四川彭州:</dt>
        <dd>是西南地区最大的蔬菜基地之一。</dd>
        <dt>云南元谋:</dt>
        <dd>是反季节蔬菜基地,得益于其独特的地理位置和气候条件,可以种植出许多在其他地方难以种植的蔬菜。</dd>
    </dl>
</body>
</html>
```

自定义列表的运行效果如图1－32所示。

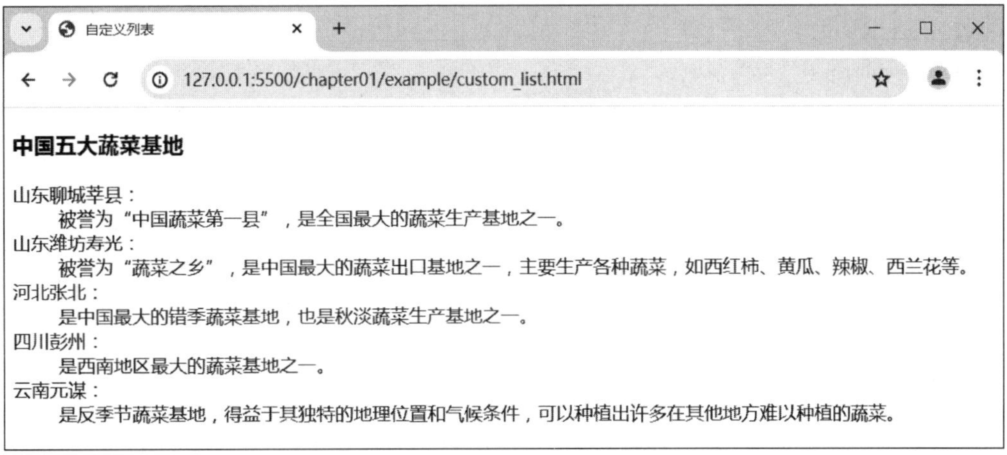

图1－32　自定义列表的运行效果

任务实现

首先在chapter01文件夹中创建一个名为technology.html的文件，该文件用于搭建农业技术页面，然后在 technology. html 文件中使用有序列表和无序列表显示农业技术信息，具体代码如下所示：

```
<! DOCTYPE html>
<html lang = "en">
<head>
    <meta charset = "UTF-8">
    <meta name = "viewport" content = "width = device-width, initial-scale = 1. 0">
    <title>农业技术</title>
</head>
<body>
    <h1>农业技术列表</h1>
    <h2>农业物联网</h2>
    <ol>
        <li>智能监测: 通过传感器实时监测土壤湿度、温度、光照等环境参数。</li>
        <li>远程控制: 使用手机或电脑远程操控灌溉、施肥、通风等设备。</li>
        <li>数据分析: 收集的数据通过云计算进行分析, 优化农业生产管理。</li>
    </ol>
    <h2>科技种植</h2>
    <ol type = "I" >
        <li>温室种植: 利用温室技术控制环境, 实现全年无休的蔬菜生产。</li>
        <li>无土栽培: 通过营养液和基质代替土壤进行作物栽培。</li>
        <li>垂直农业: 在城市中利用垂直空间进行农业生产, 提高土地利用率。</li>
    </ol>
    <h2>农业科技</h2>
    <ul type = "circle">
        <li>精准农业: 通过卫星定位、遥感等技术实现精准播种、施肥、灌溉。</li>
        <li>智能农机: 使用自动化和机器人技术提高农业生产的效率和精度。</li>
        <li>生物农业: 利用生物技术改良作物品种, 提高抗病性和产量。</li>
    </ul>
    <h2>人工智能在农业中的应用</h2>
    <ul>
        <li>图像识别: 通过 AI 算法识别作物病虫害, 提供及时的防治建议。</li>
        <li>预测模型: 利用历史数据和机器学习预测作物产量和市场价格。</li>
        <li>自动化决策: 基于 AI 的决策支持系统帮助农民做出更科学的种植决策。</li>
    </ul>
</body>
</html>
```

任务6　搭建农业技术调查页面

需求分析

农业技术调查页面主要用于展示需要调查的人员姓名、邮箱、当前使用的农业技术、对农业技术的建议或需求和1个“提交”按钮（图中未显示），如图1-33所示。

视频

表单制作登录页面1

视频

表单制作登录页面2

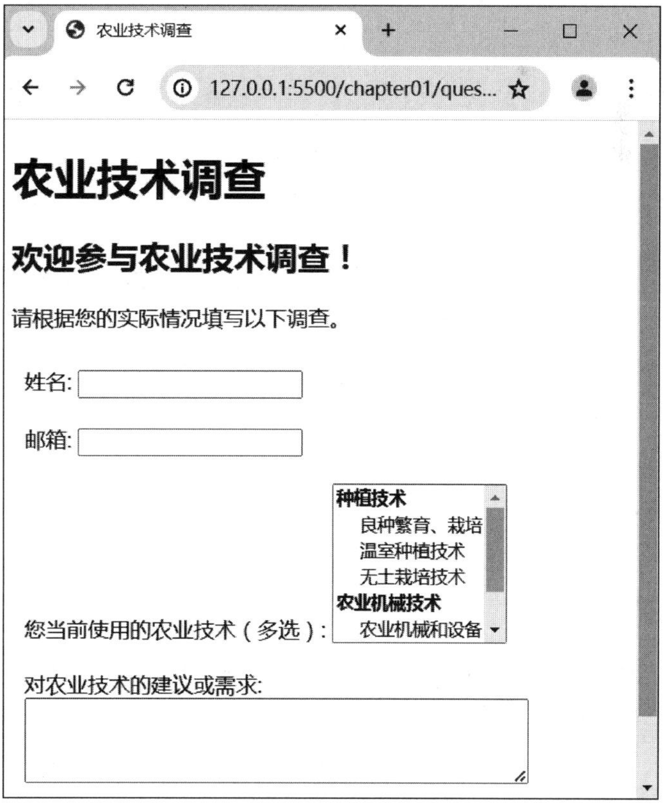

图1-33　农业技术调查页面效果

知识储备

由于农业技术调查页面中的信息是由表单、表单输入标签、标记标签、下拉列表标签、多行文本框标签显示的，因此在搭建农业技术调查页面之前，需要掌握表单、表单输入标签、标记标签、下拉列表标签、多行文本框标签的使用。下面将对这些内容进行介绍。

一、表单简介

表单（Form）是网页中用于收集用户输入信息的重要元素。它允许用户通过填写字段（如文本框、复选框、单选按钮、下拉列表等）来提交数据。这些数据随后可以被网站服务器处理，用于各种目的，如注册新用户、处理订单、发送反馈等。

在 HTML5 中，一个完整的表单通常由表单元素、提示信息和表单域 3 个部分组成。

（1）表单元素：包含表单的具体功能项，如文本输入框、下拉列表框、复选框、密码输入框、登录按钮等。

（2）提示信息：表单中通常还需要包含一些说明性的文字，提示用户要进行的操作。

（3）表单域：用来容纳表单元素和提示信息，可以通过它定义处理表单数据所用程序的 URL 地址，以及数据提交到服务器的方法。如果未定义表单域，表单中的数据就无法传送到后台服务器。

表单元素是表单的核心，常用的表单元素包括 <input>标签、<select>标签、<textarea>标签、<label>标签。

二、创建表单

为了实现用户与 Web 服务器的交互，需要让表单中的数据传送给服务器，这就必须定义表单域。定义表单域与<table>标签定义表格类似，在 HTML5 中<form>标签用于定义表单域，即创建一个表单，用来实现用户信息的收集和传递，<form> </form>标签中的所有内容都会提交给服务器。

<form>标签的语法格式如下所示：

```
<form action="URL 地址" method="数据提交方式">
    表单元素和提示信息
</form>
```

<form>标签常用的属性包括 action、method、enctype 和 target 属性，这些属性的具体说明如表 1-16 所示。

表 1-16　<form>标签常用的属性

属性	说明
action	定义表单数据的提交地址，即一个 URL 地址

续表

属性	说明
method	定义表单数据的提交方式，常用的有 get（默认）和 post 这 2 种方式。以 get 方式提交数据时，数据会直接显示在浏览器的地址栏中，保密性差，且存在数据量限制。以 post 方式提交数据时，保密性好，且无数据量限制，使用 method = "post" 可以批量提交大量数据
enctype	设置在发送到服务器之前应该如何对表单数据进行编码，enctype 属性的可取值为 application/x-www-form-urlencoded、multipart/form-data 和 text/plain
target	定义提交地址的打开方式，常用的打开方式有_self（默认）和_blank。_self 可在当前页打开，_blank 可在新页面打开

enctype 属性的可取值的具体说明如表 1－17 所示。

表 1－17　enctype 属性的可取值的具体说明

属性值	说明
application/x-www-form-urlencoded	在发送到服务器之前，所有字符都会进行编码（空格转换为"+"，特殊符号转换为 ASCII HEX 值）
multipart/form-data	不对字符编码。在使用包含文件上传控件的表单时，必须使用该值
text/plain	空格转换为"+"，但不对特殊字符编码

下面演示如何创建表单。首先在 example 文件夹中分别创建一个名为 create_form. html 的文件与名为 result. html 的文件，在 create_form. html 文件中使用 <form> 标签及其属性创建一个用户账号信息提交表单，提交表单后的结果信息显示在 result. html 文件中。这两个文件的具体代码如下所示：

```
<!DOCTYPE html>
<html lang="en">
<head>
    <meta charset="UTF-8">
    <title>创建表单</title>
</head>
<body>
    <!--添加表单域，设置表单数据提交地址、数据提交方式、数据提交地址打开方式、数据提交内容方式-->
    <form action="result.html" method="get" target="_blank" enctype="multipart/form-data">
        用户名：<input type="text" name="user">
        密码：<input type="password" name="pass">
        <input type="submit" value="提交">
        </form>
</body>
</html>
```

```
<!DOCTYPE html>
<html lang="en">
<head>
    <meta charset="UTF-8">
    <meta http-equiv="X-UA-Compatible" content="IE=edge">
    <meta name="viewport" content="width=device-width, initial-scale=1.0">
    <title>数据提交</title>
</head>
<body>
    <p>提交成功!</p>
</body>
</html>
```

创建的用户账号信息提交表单的运行效果如图 1－34 所示。

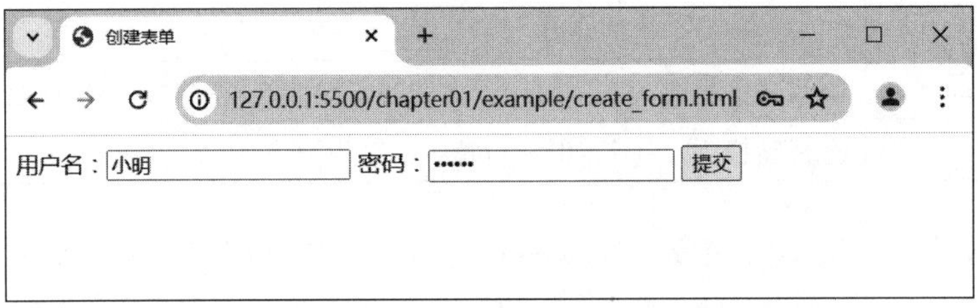

图 1－34　用户账号信息提交表单的运行效果

在图 1－34 中，单击“提交”按钮，表单数据会提交到 result. html 页面进行处理，数据提交的运行效果如图 1－35 所示。

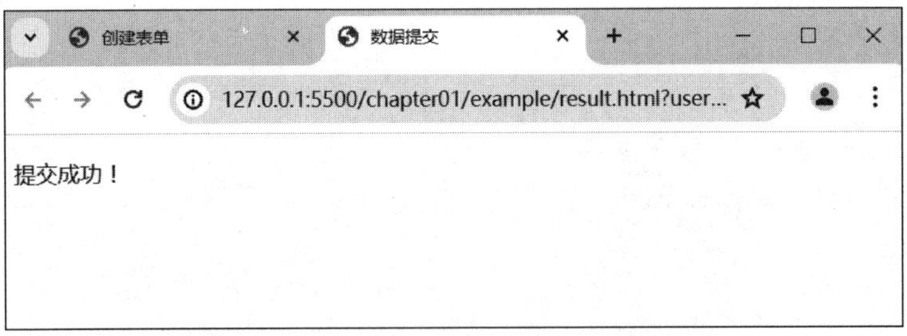

图 1－35　数据提交的运行效果

需要注意的是，用户名和密码作为 URL 的查询参数发送到 result. html 中，由于 result. html 文件是静态的页面，它不会显示这些参数。如果想要在页面上显示这些参数，需要将 result. html 替换为一个能够处理 GET 请求的服务器端脚本（如 result. php）。由于此项目还没有学习服务器端脚本，所以我们暂时用 result. html 文件显示提交成功的文本信息。

三、表单输入标签

表单输入标签是 <input> 标签，该标签用于收集用户信息，是一个单标签。网页中经常会用到单行文本框、密码文本框、单选框、提交按钮等，要想定义这些表单元素就需要使用 <input> 标签。

<input> 标签的语法格式如下所示：

```
<input type = "控件类型" >
```

1. <input> 标签中的 type 属性

<input> 标签根据 type 属性的取值不同，可以展现出不同的表单控件类型，如 text 单行文本框、password 密码文本框、submit 提交按钮等。在网页中收集用户信息时，部分信息通常会有严格的限制，不能任由用户自行输入而只能进行选择，这就需要使用 radio 单选框或 checkbox 复选框。<input> 标签中 type 属性值的说明如表 1－18 所示。

表 1－18　<input> 标签中 type 属性值的说明

属性值	说明
text	单行文本框。可以输入任何类型的文本，如文字、数字等，输入的内容以单行显示。如 <input type = "text" name = "" value = "" >
password	密码文本框。定义密码字段，该字段中的字符被掩码，显示为“＊”。如 <input type = "password" name = "" value = "" >
button	普通按钮。定义可点击的按钮。如 <input type = "button" name = "" value = "" >
submit	提交按钮。提交按钮会把表单数据发送到服务器。如 <input type = "submit" name = "" value = "" >
image	定义图片形式的提交按钮。需要结合 src 属性和 alt 属性使用，src 属性定义图片的来源，alt 属性定义当前图片无法显示时的提示文字。如 <input type = "image" src = "图片地址" alt = "提示文字" >
reset	重置按钮。重置按钮会清除表单中的所有数据。如 <input type = "reset" name = "" value = "" >
radio	单选框。多个 name 属性值相同的单选框控件可成为一组，让用户进行选择，单选框只能选择其中 1 个选项，不可多选。如 <input type = "radio" name = "" value = "" >
checkbox	复选框。多个 name 属性值相同的复选框控件可成为一组，让用户进行选择，复选框允许选择多个选项。值得注意的是，一组单选框或复选框中，name 属性值必须相同。如 <input type = "checkbox" name = "" value = "" >
email	邮箱。限制用户输入必须为邮箱类型，即输入内容必须含有@符号，并且@前后内容不能为空。如果不满足邮箱验证，则默认会产生提示信息，并且程序会阻止提交表单
url	URL 地址。限制用户输入必须为 URL 地址，即输入内容必须含有“http://”或“https://”，并且内容不能为空
tel	电话号码。限制用户输入必须为电话号码类型
hidden	隐藏域。可用于隐藏向后台服务器发送的一些数据，如正在被请求或编辑的内容的 id 名。隐藏域是一种不影响页面布局的表单控件。值得注意的是，尽量不要将重要信息上传至隐藏域，避免信息泄露。如 <input type = "hidden" name = "" >
file	文件域。可用于上传文件，用户可以选择 1 个或多个元素以提交表单的方式上传到服务器上，如文档文件上传和图片文件上传。如 <input type = "file" name = "" >

值得注意的是，使用文件域时，<form>标签的 method 属性值必须设置成 post，enctype 属性值必须设置成 multipart/form-data。

文件域不仅支持<input>元素共享的公共属性，还支持自身的一些特定属性，如 accept、capture、multiple 和 files。文件域的特定属性具体说明如表 1-19 所示。

表 1-19 文件域的特定属性具体说明

属性	说明
accept	文件域允许接受的文件类型，多种文件类型以逗号（,）为分隔
capture	捕获图像或视频数据的源
multiple	允许用户选择多个文件
files	列出已选择的文件

2. <input>标签中其他常用属性

<input>标签除了 type 属性之外，还有一些其他常用属性，如 name 属性、value 属性、placeholder 属性、readonly 属性、disabled 属性、checked 属性等。<input>标签其他常用属性的说明如表 1-20 所示。

表 1-20 <input>标签其他常用属性的说明

属性	说明
name	规定<input>元素的名称，提交给服务器端。name 属性值通常与 value 属性值配合成一对使用，后台服务器可通过 name 值找到对应的 value 值
value	规定<input>元素的值，提交给服务器端
placeholder	输入框提示文本
readonly	定义元素内容为只读（不能修改编辑）
disabled	禁用，定义该元素不可用（显示为灰色），提交表单时不会被提交给服务器
checked	默认选择项，定义选择元素被默认选中的项，适用于单选框和多选框
required	必填项，具有该属性的<input>标签，在提交时若没有填写内容，则会提示此为必填项
size	宽度，设置输入框的宽度
maxlength	最大长度，设置输入框的最大长度

四、标记标签

<label>标签可用于定义<input>元素的标记，主要作用是辅助表单元素，可更好地提升用户的体验。当用户单击<label>标签内的文本时，会自动将焦点转到与标签相关的表单控件上。<label>标签中的 for 属性用于指出当前文本标签与哪个元素关联，其属性值一定要与<input>标签中的 id 属性值保持一致才能找到相应控件。

下面演示<label>标签的使用。首先在 example 文件夹中创建一个名为 label.html 的文件，在该文件中使用<input>标签与<label>标签创建一个基本的表单，在表单中添加两个单行文本框和“提交”按钮，具体代码如下所示：

```
<!DOCTYPE html>
<html lang="en">
<head>
    <meta charset="UTF-8">
    <title>表单控件</title>
</head>
<body>
    <!--添加表单,并在<form>标签中添加相关属性-->
    <form action=" " method="get"  target="_self">
        <!--为表单添加标记,for属性关联单行文本框-->
        <label for="lb_vName">蔬菜名称: </label>
        <!--添加单行文本框控件,设置相关属性,如输入框提示文本、必选项等-->
        <input type="text" name="vName" value="" id="vName" placeholder="输入蔬菜名称" required>
        <br>
        <label for="lb_vNum">蔬菜数量: </label>
        <!--添加单行文本框控件,设置相关属性,如输入框提示文本、必选项等-->
        <input type="text" name="vNum" value="" id="vNum" placeholder="输入蔬菜数量" required>
        <br>
        <!--添加"提交"按钮控件,将数据提交给服务器-->
        <input type="submit" name="but" value="提交" >
    </form>
</body>
</html>
```

表单控件的运行效果如图 1－36 所示。

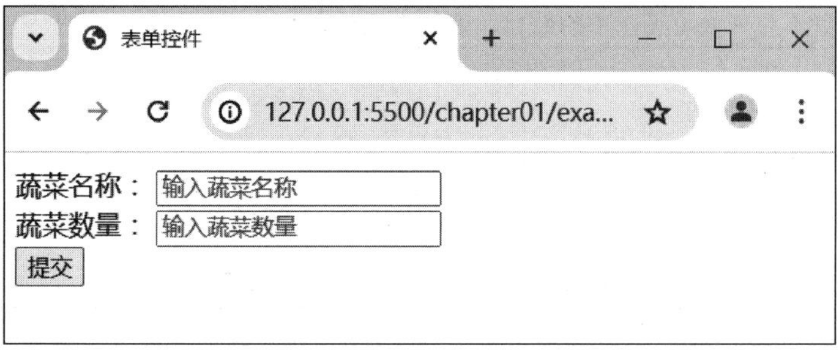

图 1－36　表单控件的运行效果

上述代码中，单行文本框设置了 required 属性，为必填项。当任意一个输入框未填写内容，单击“提交”按钮时，会提示指定的输入框必须填写内容，此时其他输入框中已填写的数据不会传送至服务器。

五、下拉列表标签

<select>标签可定义表单中的下拉列表。网页中经常会看到多个选项的下拉菜单，如选择城市、日期、科目等。在<select>标签中包含一个或多个<option>标签，<option>标签可创建选择项。<select>标签需要与<option>标签组合使用，这个特点与列表类似，如无序列表是由<ul>标签和<li>标签配合使用。为了更好地理解，可将下拉列表看作一个特殊的无序列表。

1. 语法格式

<select>标签的语法格式如下所示：

```
<select name = "下拉列表的名称" >
        <option value = "选择项 1" >选择项 1 </option>
        ...
        <option value = "选择项 n" >选择项 n </option>
    </select>
```

需要注意的是，需要在<select>标签中设置 name 属性，每个<option>标签中也需要设置 value 属性，这样可便于服务器获取选择框，以及用户获取选择项的值。如果在<option>标签里省略 value 值，则包含的文本就是选择项的值。

2. <select>标签属性

<select>标签可通过添加属性来改变下拉列表的外观显示效果。<select>标签的常用属性有 multiple 属性和 size 属性，这 2 种属性的具体说明如表 1－21 所示。

表 1－21　<select>标签的常用属性

属性	说明
multiple	设置多选下拉列表。默认下拉列表只能选择一项，而设置 multiple 属性后下拉列表可选择多项（按住“Ctrl”键即可选择多项）。多选下拉列表在选择项的数目超过列表框的高度时，会显示滚动条，通过拖动滚动条可查看并选择多项
size	设置下拉列表可见选项的数目，取值为正整数

3. <option>标签属性

<option>标签的常用属性有 value 属性、selected 属性和 disabled 属性，可用于设置下拉列表中的各个选择项。<option>标签的常用属性具体说明如表 1－22 所示。

表 1－22　<option>标签的常用属性

属性	说明
value	定义送往服务器的选项值
selected	默认此选项（首次显示在列表中时）表现为选中状态
disabled	规定此选项应在首次加载时便被禁用

在<select>标签和<option>标签之间，可以使用<optgroup>标签对选择项进行分

组，即把相关选择项组合在一起。<optgroup>标签的 label 属性可用于设置分组项的标题。

下面来制作一个下拉列表。首先在 example 文件夹中创建一个名为 dropdown_list. html 的文件，在该文件中定义单选下拉列表和多选下拉列表，在单选下拉列表中使用 selected 属性设置默认选中值，在多选下拉列表中使用<optgroup>标签对选择项进行分组，具体代码如下所示：

```
<!DOCTYPE html>
<html lang="en">
<head>
    <meta charset="UTF-8">
    <title>下拉列表</title>
</head>
<body>
    <form>
        <p>常见的蔬菜种类
            <label for="class">
                <!--定义单选下拉列表-->
                <select name="type" id="class">
                    <!--selected 属性将"绿叶蔬菜"设置为默认选中值-->
                    <option value="green" selected>绿叶蔬菜</option>
                    <option value="root">根茎类蔬菜</option>
                    <option value="solanaceous">茄果类蔬菜</option>
                    <option value="mushroom">菌类蔬菜</option>
                </select>
            </label>
        </p>
        <p>茄果类蔬菜与根茎类蔬菜
            <label for="vegetable">
                <!--定义多选下拉列表,设置 multiple 和 size 属性-->
                <select name="veg" id="vegetable" multiple size="6">
                    <!--利用<optgroup>标签对选择项进行分组操作-->
                    <optgroup label="茄果类蔬菜">
                        <option value="tomato">番茄</option>
                        <option value="eggplant">茄子</option>
                        <option value="capsicum">辣椒</option>
                        <option value="okra">秋葵</option>
                        <option value="sweetPepper">甜椒</option>
                    </optgroup>
```

```
                <optgroup label="根茎类蔬菜">
                    <option value="lotusRoot">莲藕</option>
                    <option value="radish">萝卜</option>
                    <option value="yam">山药</option>
                    <option value="potato">土豆</option>
                    <option value="sweetPotato">红薯</option>
                    <option value="taro">芋头</option>
                </optgroup>
            </select>
          </label>
      </p>
    </form>
</body>
</html>
```

下拉列表的运行效果如图 1－37 所示。

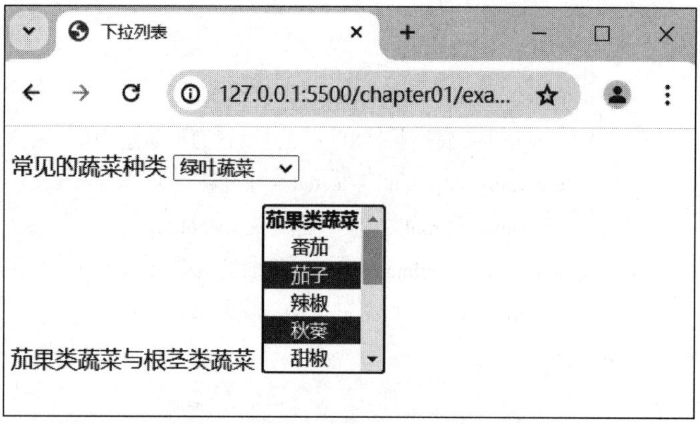

图 1－37　下拉列表的运行效果

在多选下拉列表中，需要按住“Ctrl”键＋鼠标左键才可以选择多个选项。

六、多行文本框标签

<textarea>标签可定义多行文本框（文本域），用户可在多行文本框内输入多行文本。文本区域内可容纳无限数量的文本，文本的默认字体是等宽字体（通常是 Courier）。使用 rows 和 cols 属性能够规定多行文本框的尺寸，不过更好的办法是使用 CSS 的 height 属性和 width 属性。

多行文本框的语法格式如下所示：

```
<textarea name="文本框名称" rows="文本框行数" cols="文本框列数"></textarea>
```

<textarea>标签的常用属性有 name 属性、rows 属性和 cols 属性等，这些属性的具体

说明如表1－23所示。

表1－23 <textarea>标签的常用属性

属性	说明
name	定义多行文本框的名称，由于存储文本时必须使用此项，因此name属性不可省略
rows	定义多行文本框的水平列，表示可显示的行数
cols	定义多行文本框的垂直列，表示可显示的列数，即一行中可容纳下的字节数
autofocus	规定在页面加载后文本区域自动获得焦点

下面演示<textarea>标签的使用。首先在example文件夹中创建一个名为textarea.html的文件，在该文件中使用<textarea>标签制作一个留言板的多行文本框，具体代码如下所示：

```
<!DOCTYPE html>
<html lang="en">
<head>
    <meta charset="UTF-8">
    <title>多行文本框</title>
</head>
<body>
    <h3>留言板</h3>
    <form action="" method="post">
        <!--定义多行文本框,设置列数为30,行数为8-->
        <textarea name="content" id="content" cols="30" rows="8">请在此输入内容</textarea>
    </form>
</body>
</html>
```

多行文本框的运行效果如图1－38所示。

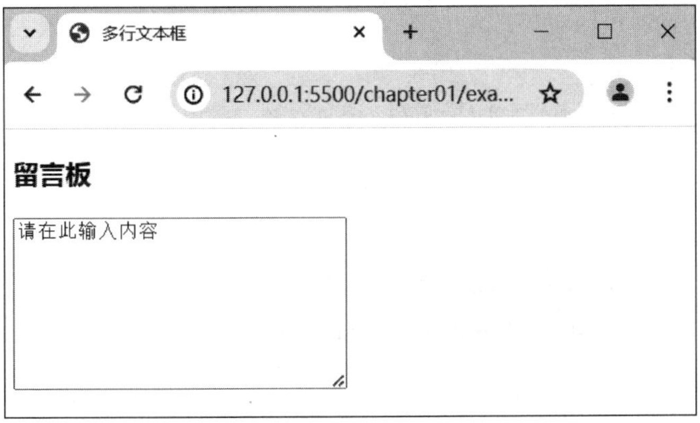

图1－38 多行文本框的运行效果

任务实现

在 chapter01 文件夹中分别创建一个名为 questionnaire. html 的文件与名为 success. html 的文件，questionnaire. html 文件用于搭建农业技术调查页面，在该文件中使用 <form>标签、<input>标签、<label>标签、<select>标签、<textarea>标签创建一个调查农业技术信息的提交表单，提交表单后的结果信息显示在 success. html 文件中。questionnaire. html 文件的具体代码如下所示：

```
<!DOCTYPE html>
<html lang="en">
<head>
    <meta charset="UTF-8">
    <meta name="viewport" content="width=device-width, initial-scale=1.0">
    <title>农业技术调查</title>
    <style>
        div {
            padding: 10px;
        }
    </style>
</head>
<body>
    <header>
        <h1>农业技术调查</h1>
    </header>
    <h2>欢迎参与农业技术调查!</h2>
    <p>请根据您的实际情况填写以下调查。</p>
    <!-- 调查表单 -->
    <form id="agricultureSurveyForm" action="success.html" method="get" target="_blank" enctype="multipart/form-data">
        <div>
            <label for="name">姓名:</label>
            <input type="text" id="name" name="name" required>
        </div>
        <div>
            <label for="email">邮箱:</label>
            <input type="email" id="email" name="email" required>
        </div>
        <div>
```

```
30.                 <label for="techUsed">您当前使用的农业技术(多选):</label>
31.                 <select name="agr" id="agricultural" multiple size="6">
32.                     <!--利用<optgroup>标签对选择项进行分组操作-->
33.                     <optgroup label="种植技术">
34.                         <option value="goodSeeds">良种繁育、栽培</option>
35.                         <option value="greenhouse">温室种植技术</option>
36.                         <option value="soilless">无土栽培技术</option>
37.                     </optgroup>
38.                     <optgroup label="农业机械技术">
39.                         <option value="mechanical">农业机械和设备</option>
40.                         <option value="unmanned">农业无人机</option>
41.                         <option value="iot">农业物联网</option>
42.                     </optgroup>
43.                 </select>
44.             </div>
45.             <div>
46.                 <label for="suggestions">对农业技术的建议或需求:</label><br>
47.                 <textarea id="suggestions" name="suggestions" rows="4" cols="50"></textarea>
48.             </div>
49.             <div>
50.                 <input type="submit" value="提交" />
51.             </div>
52.         </form>
53. </body>
54. </html>
```

上述代码中，第 7 ~ 11 行代码用于给 <div> 标签添加样式，此样式表示的是所有 <div> 标签中的内容距离，即 <div> 上、下、左、右边界的距离为 10 像素。

success. html 文件的具体代码如下所示：

```
<!DOCTYPE html>
<html lang="en">
<head>
    <meta charset="UTF-8">
    <meta http-equiv="X-UA-Compatible" content="IE=edge">
    <meta name="viewport" content="width=device-width, initial-scale=1.0">
    <title>数据提交</title>
</head>
<body>
    <p>提交成功!</p>
```

```
</body>
</html>
```

需要注意的是，由于此时还没有学习服务器端脚本，所以我们暂时用 success. html 文件显示提交成功的文本信息。

任务 7 搭建关于我们页面

需求分析

关于我们页面主要用于展示公司简介与版权声明信息，关于我们页面效果如图 1－39 所示。

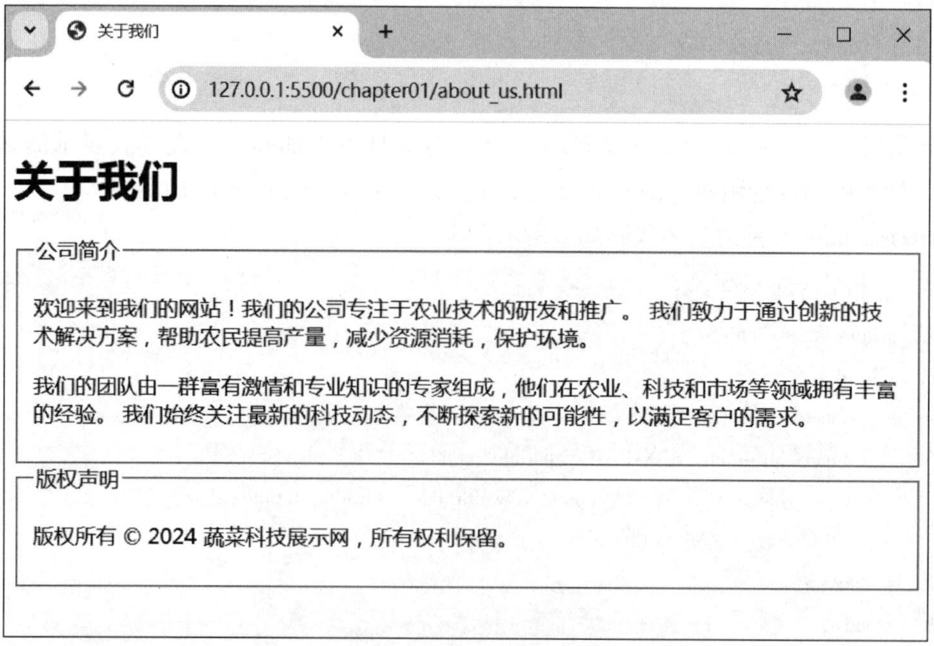

图 1－39　关于我们页面效果

知识储备

由于关于我们页面中的信息用到了特殊字符、< span >标签和< fieldset >标签，因此在搭建关于我们页面之前，需要掌握特殊字符、< span >标签和< fieldset >标签的使用。

一、特殊字符

在编写一些网页中的文本时，经常会遇到输入法无法输入的字符，如®（注册标志）、©（版权标志）等，以及需要在一段文字中加入多个空格时，页面并不会解析出多个空格。这些无法输入的字符都属于特殊字符。常用的特殊字符如表1－24所示。

表1－24　常用的特殊字符

字符	代码	说明
		空格
&	&	与
>	>	大于
<	<	小于
⩾	≥	大于等于
≠	≠	不等于
⩽	≤	小于等于
×	×	乘号
÷	÷	除号
±	±	加减（正负）
²	²	上标2
→	→	右箭头
↓	↓	下箭头
↔	↔	左右箭头
¥	¥	人民币
©	©	版权标志
®	®	注册标志
™	™	商标标志

下面演示特殊字符的使用。首先在example文件夹中创建一个名为special_characters.html的文件，在该文件中使用表1－24中的特殊字符，展示其样式效果，具体代码如下所示：

```
<!DOCTYPE html>
<html lang="en">
<head>
```

```
    <title>特殊字符</title>
</head>
<body>
    <p>" 空格"、"&amp;与"、"&gt;大于"、"&lt;小于"</p>
    <p>"&ge;大于等于"、"&ne;不等于"、"&le;小于等于"</p>
    <p>"&times;乘号"、"&divide;除号"、"&plusmn;加减"、"&sup2;上标 2"</p>
    <p>"&rarr;右箭头"、"&darr;下箭头"、"&harr;左右箭头"</p>
    <p>"&yen;人民币"、"&copy;版权标志"、"&reg;注册标志"、"&trade;商标标志"</p>
</body>
</html>
```

特殊字符的运行效果如图 1-40 所示。

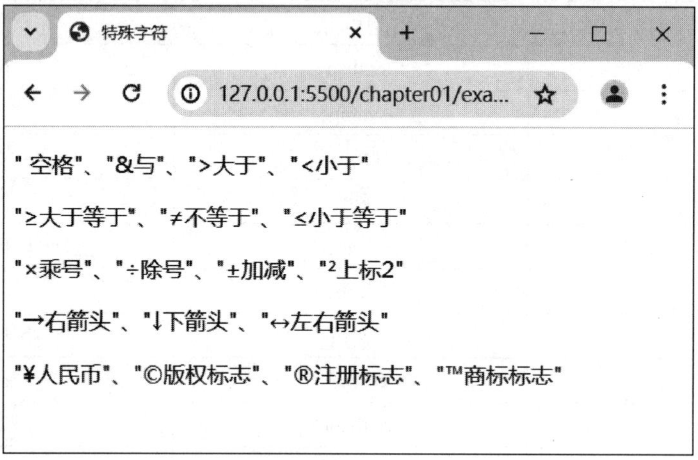

图 1-40　特殊字符的运行效果

二、<span>标签

<span>标签也称为内联元素或行内元素，可用来修饰文字。<span>标签在行内定义一个区域，也就是一行内可以被<span>标签划分成好几个区域，从而实现某种特定的行内效果。<span>标签本身是没有任何属性的。

三、<fieldset>标签

<fieldset>标签可将表单内的相关元素进行分组，并绘制边框。<legend>标签被包含在<fieldset>标签内，用于定义分组表单的标题。<fieldset>标签可以使表单域的层次更加清晰，更易于用户理解。

下面演示<fieldset>标签的使用。首先在 example 文件夹中创建一个名为 group_form. html 的文件，在该文件中使用<fieldset>标签制作一个账号注册和邮箱注册的分组表单，具体代码如下所示：

```
<!DOCTYPE html>
<html lang="en">
<head>
    <meta charset="UTF-8">
    <title>分组表单</title>
</head>
<body>
    <form action="#" method="post">
        <!--分组-->
        <fieldset>
            <!--分组表单的标题-->
            <legend>账号注册</legend>
            <label for="user">账户名</label>
            <input type="text" name="ming" id="user"><br>
            <label for="word">密码</label>
            <input type="password" name="pass" id="word">
        </fieldset>
        <fieldset>
            <legend>手机号注册</legend>
            <label for="phone">手机号</label>
            <input type="tel" name="tel" id="phone"><br>
            <label for="code">验证码</label>
            <input type="number" name="num" id="code">
        </fieldset>
    </form>
</body>
</html>
```

分组表单的运行效果如图1-41所示。

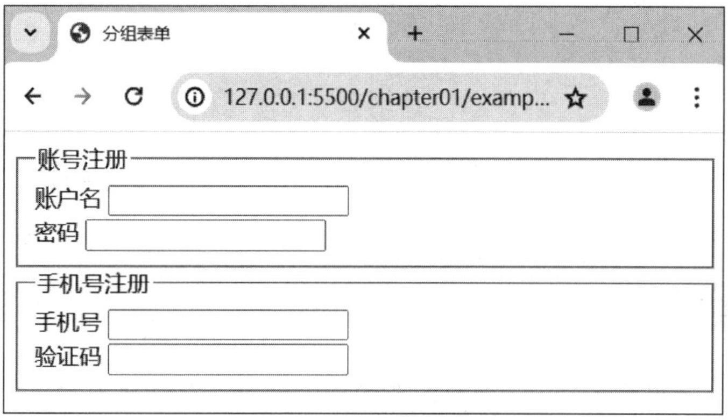

图1-41　分组表单的运行效果

任务实现

在 chapter01 文件夹中创建一个名为 about_us. html 的文件，该文件用于搭建关于我们页面，在该文件中使用特殊字符与 < fieldset > 标签显示公司简介和版权声明信息，具体代码如下所示：

```
<! DOCTYPE html >
< html lang = "en" >
< head >
    < meta charset = "UTF-8" >
    < meta name = "viewport" content = "width = device-width, initial-scale = 1. 0" >
    < title > 关于我们 < /title >
< /head >
< body >
    < h1 > 关于我们 < /h1 >
    < fieldset >
        < legend > 公司简介 < /legend >
        < p >
            < span > 欢迎来到我们的网站! 我们的公司专注于农业技术的研发和推广。 < /span >
            我们致力于通过创新的技术解决方案, 帮助农民提高产量, 减少资源消耗, 保护环境。
        < /p >
        < p >
            我们的团队由一群富有激情和专业知识的专家组成, 他们在农业、科技和市场等领域拥有丰富的经验。我们始终关注最新的科技动态, 不断探索新的可能性, 以满足客户的需求。
        < /p >
    < /fieldset >
    < fieldset >
        < legend > 版权声明 < /legend >
        < p >
            版权所有 &copy; 2024 蔬菜科技展示网, 所有权利保留。
        < /p >
    < /fieldset >
< /body >
< /html >
```

项目小结

蔬菜科技展示网项目整合了大量蔬菜种植领域的最新科技成果和先进技术，为用户提供了有价值的信息资源。本项目的开发工具使用的是 VS Code。在开发本项目的过程中，使用了HTML5的常用标签、表格、列表、表单等分别搭建项目中的各个页面。通过对本项目中知识点的学习与应用，读者能够快速编写一个简单的Web项目，并为后续学习其他Web项目奠定基础。

习 题

一、填空题

1. 浏览器内核就是浏览器所采用的________。

2. 一个HTML5文件的基本结构主要由文件声明、________、________、________和文件主体（<body>）5个部分构成。

3. 列表可分为无序列表、________、________3种类型。

4. 一个完整的表单通常由表单元素、________和________3个部分构成。

5. <select>标签需要与________标签配合使用。

二、选择题

1. 下列选项中，（　　）不属于HTML5文件的基本结构。

A. <meta>　　B. <head>

C. <body>　　D. <html>

2. 下面用来定义文档标题的标签是（　　）。

A. <style>　　B. <link>

C. <script>　　D. <title>

3. 下列选项中，（　　）标签可以将某段文字进行强制换行显示。

A. <img>　　B. <hr>

C. <a>　　D.

4. 下列不属于图片标签的属性的是（　　）。

A. href　　B. title

C. src　　D. alt

5. 下列（　　）属性值可以将<input>标签用于定义单选框。

A. checkbox　　B. reset

C. radio　　D. file

三、简答题

1. 简述表单的组成部分。

2. 简述无序列表、有序列表和自定义列表的定义。

项目 2

风筝展示网制作

视频

项目 2　风筝展示网制作

- 任务 1　设置风筝展示网页面的基础样式
- 任务 2　改进风筝展示网页面样式
- 任务 3　完成风筝展示网页面布局

学习目标

知识目标

- 掌握 CSS3 样式的三种引入方式
- 掌握 CSS3 基础属性、显示或隐藏属性、新增文本和背景属性的使用
- 掌握 CSS3 基础选择器和复合选择器的使用
- 掌握边框常用属性、新增边框属性、内边距属性和外边距属性的使用
- 掌握清除浮动的方式与定位属性的使用
- 掌握相对定位、绝对定位和固定定位的使用

技能目标

- 熟练使用 CSS3 常用属性和选择器搭建风筝展示网页面的基础样式
- 熟练使用边框属性、内边距属性和外边距属性改进风筝展示网页面样式
- 熟练使用定位与浮动完成风筝展示网页面布局

素质目标

- 培养运用 CSS3、浮动、定位等技能进行复杂网页布局和交互设计的能力
- 激发创新思维，在 CSS3、浮动、定位等技术的应用中探索新方法和新思路

项目描述

本项目将带领大家使用 CSS3 样式与 HTML5 的基础知识搭建一个风筝展示网页面，该页面通过展示风筝的种类和样式，来显示风筝传统制作工艺的不断创新。风筝从最初的简单形态到如今的多样化设计，每一步都凝聚着匠人的智慧和汗水，这种创新精神正是我们现代社会所需要学习的。在未来的发展中，我们应继续传承和弘扬中华传统文化，推动创新与发展，促进人与自然和谐共生。

风筝展示网页面实现基本的页面结构和信息展示功能，包括展示风筝的种类、图片和描述信息。通过对风筝信息展示样式的学习，读者将掌握 CSS3 的样式引入方式、常用属性、基础选择器和复合选择器等知识的运用。

视频

了解 CSS 选择器 1

视频

了解 CSS 选择器 2

任务1　设置风筝展示网页面的基础样式

需求分析

在搭建风筝展示网页面之前，首先要了解该页面由哪些部分组成，以及每个部分需要包含哪些信息。这些需求的具体介绍如下：

（1）风筝展示网页面需要包含头部、主要内容区域和底部。

（2）头部包含页面的名称。

（3）主要内容区域用于展示风筝相关的图片和文字信息。

（4）底部包含版权信息。

通过上述4点需求实现的风筝展示网部分页面的效果如图2－1所示。

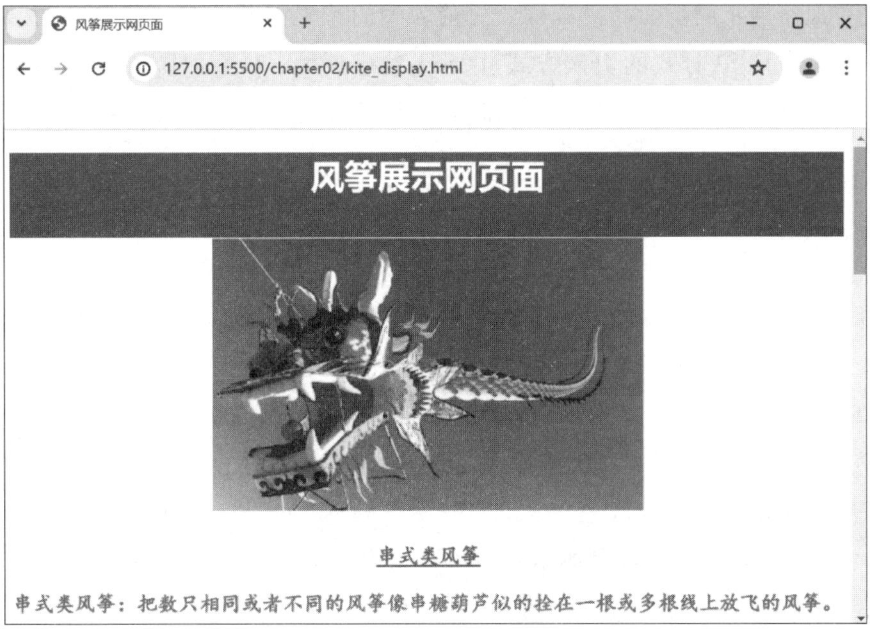

（a）风筝展示网部分页面1

（b）风筝展示网部分页面2

图 2-1　风筝展示网部分页面的效果

知识储备

在设置风筝展示网页面的基础样式之前，我们首先需要了解一些 CSS 的基础知识，包括 CSS 概述、CSS3 样式的引入方式、CSS3 基础属性、CSS3 显示或隐藏属性、CSS3 新增文本与背景属性、CSS3 基础选择器和 CSS3 复合选择器。下面将对这些内容进行介绍。

一、CSS 概述

伴随着 HTML 的快速发展，为了满足页面设计者的要求，HTML 添加了很多显示功能。但是这些功能的增加，使 HTML 变得越来越杂乱，HTML 页面也越来越臃肿，由此便诞生了 CSS。CSS 这门语言是由 W3C 创建和维护的，也是 W3C 推荐的 Web 相关标准。CSS 可用于简化 HTML 标签，把关于样式部分的内容提取出来，进行单独控制，使结构与样式进行分离式开发。

CSS 在不同时期对应不同的版本，1996 年发布了 CSS1.0，这个版本只提供一些简单的功能，并没有得到广泛的应用。直到 CSS2.0 的诞生才真正把结构和样式进行分离，CSS2.0 在此时得到了快速发展。CSS2.1 版本是 CSS2.0 版本的修正版，在 CSS2.0 的基础上做了些许改动，删除了许多不被浏览器所支持的属性。伴随着互联网的快速发展，网页样式产生了更多需求。早在 2001 年，W3C 就着手开始准备开发 CSS 的第 3 个版本，CSS3 在 CSS2.1 的基础上提供了更多实用且强大的功能。目前，CSS3 还没有发布正式版本，但是它的很多功能已经可以得到很好的支持与应用。

二、CSS3 样式的引入方式

CSS3 样式用于辅助 HTML5 进行页面布局。CSS3 有三种引入方式，即行内样式、内嵌样式和外链样式。不同的引入方式对于后期代码维护难度的影响是不同的，内容与样式的关联性也是不同的，而关联性的强弱会影响后期代码的维护。

1. 行内样式

行内样式需要使用 HTML5 标签中的 style 属性引入 CSS3 属性，此方式能够直接在 HTML5 标签中设置样式。使用行内样式引入 CSS3 的示例代码如下：

```
<! -- 使用行内样式引入 CSS3 -- >
<h3 style = "color: darkgreen" >行内样式引入 CSS3 </h3 >
<div style = "width: 100px; height: 50px; background-color: coral" > </div >
```

下面演示行内样式的引入方式。首先在 WEB 文件夹中创建一个名为 chapter02 的文件夹，用于存放项目 2 中的所有代码文件，然后在 chapter02 文件夹中创建一个名为 example 的文件夹，用于存放项目 2 中知识点案例的代码文件。在 example 文件夹中创建一个名为 inline_style.html 的文件，在该文件中演示行内样式的引入方式，具体代码如下所示：

```
<! DOCTYPE html >
<html lang = "en" >
<head >
    <meta charset = "UTF-8" >
    <title >行内样式 </title >
</head >
<body >
    <! -- 使用行内样式引入 CSS -- >
    <h3 style = "color: rgb(239, 12, 23) " >行内样式引入 CSS </h3 >
    <div style = "width: 350px; height: 200px; background-color: rgb(112, 80, 255) " > </div >
</body >
</html >
```

使用行内样式引入 CSS3 代码的运行效果如图 2 - 2 所示。

2. 内嵌样式

内嵌样式需要使用 <style>标签包裹 CSS3 代码，而 <style>标签一般情况下都会添加

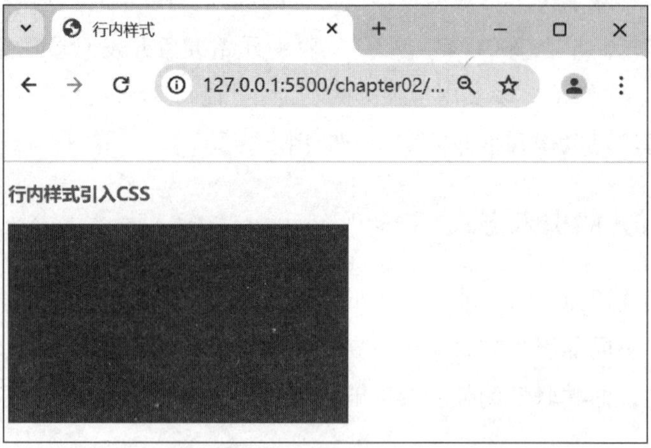

图 2-2　使用行内样式引入 CSS3 代码的运行效果

到 <head> 标签中。使用内嵌样式引入 CSS3 的示例代码如下：

```
<head>
    <meta charset="UTF-8">
    <title>内嵌样式</title>
    <!--使用内嵌样式引入 CSS3-->
    <style>
        h3{
            color: darkgreen;
        }
        div{
            width: 100px;
            height: 50px;
            background-color: plum;
        }
    </style>
</head>
```

下面演示内嵌样式的引入方式。首先在 example 文件夹中创建一个名为 embedded_style.html 的文件，在该文件中演示内嵌样式的引入方式，具体代码如下所示：

```
<!DOCTYPE html>
<html lang="en">
<head>
    <meta charset="UTF-8">
    <title>内嵌样式</title>
    <!--使用内嵌样式引入 CSS-->
    <style>
```

```
        h3 {
            color: rgb(235, 8, 8);
        }
        div {
            width: 350px;
            height: 200px;
            background-color: rgb(6, 164, 19);
        }
    </style>
</head>
<body>
    <h3>内嵌样式引入 CSS</h3>
    <div> </div>
</body>
</html>
```

使用内嵌样式引入 CSS3 代码的运行效果如图 2-3 所示。

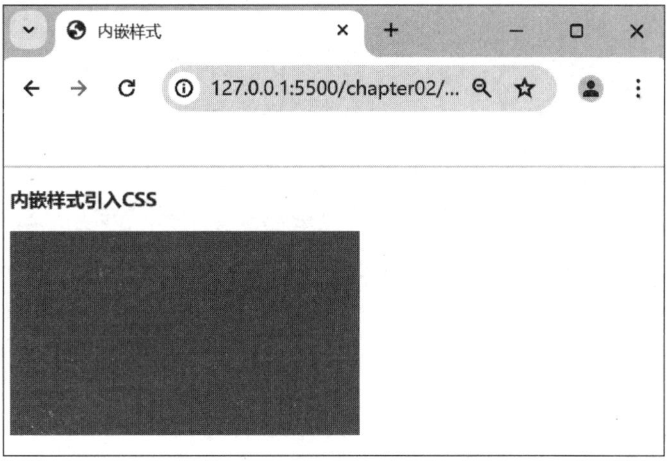

图 2-3　使用内嵌样式引入 CSS3 代码的运行效果

3. 外链样式

外链样式需要将 CSS3 代码保存在扩展名为 . css 的样式表中。外链样式有链接式和导入式两种方式。

(1) 链接式。

链接式是在 HTML5 文件中使用 <link> 标签引用扩展名为 . css 的样式表，在 href 属性中引入 CSS3 文件路径。链接式的语法格式如下所示：

```
<link href="mystyle.css(CSS 文件路径)" rel="stylesheet" type="text/css"/>
```

在上述语法中必须指定 <link> 标记的 3 个属性，其中 href 用于定义样式表文件的

URL，URL 可以是相对路径或绝对路径；rel 用于定义当前文档与被链接文档之间的关系，该处指定为 stylesheet，表示被链接的文档是样式表文件；type 用于定义链接文档的类型，该处类型指定为 text/css，表示链接的外部文件为 CSS3 样式表。

（2）导入式。

导入式是采用@ import 语句导入 CSS3 样式表，要在 <head> 标签中添加 <style> 标签，并在 <style> 标签中的开头处使用@ import 语句，即可导入外部样式表文件。导入式的语法格式如下所示：

```
<style type="text/css">
    @import url(CSS 文件路径);
</style>
```

导入式会在整个网页加载完后再加载 CSS3 文件，如果网页较大则会先出现页面无样式的情况，待加载 CSS3 文件完成之后，才会显示出页面的样式，这是导入式固有的一个缺陷，因此大多数网站采用链接式引入方式。

下面演示外链样式的引入方式。首先在 example 文件夹中创建一个名为 outer_chain_introduction. html 的文件，在该文件中演示外链样式的引入方式，具体代码如下所示：

```
<!DOCTYPE html>
<html lang="en">
<head>
    <meta charset="UTF-8">
    <title>外链样式</title>
    <!--链接式,推荐使用-->
    <link type="text/css" rel="stylesheet" href="style.css">
    <!--导入式,不推荐使用-->
    <style type="text/css">
        @import url(style.css)
    </style>
</head>
<body>
    <h3>外链样式引入 CSS</h3>
    <div></div>
</body>
</html>
```

在上述代码中引入的 style. css 文件，其代码如下所示：

```
h3{
    color: darkgreen;
}
```

```
div{
    width: 150px;
    height: 100px;
    background-color: red;
}
```

使用外链样式引入 CSS3 代码的运行效果如图 2－4 所示。

图 2－4　使用外链样式引入 CSS3 代码的运行效果

三、CSS3 基础属性

CSS3 属性能够设置或修改指定的 HTML5 元素的样式，如改变 HTML5 元素的尺寸样式、字体样式等。CSS3 基础属性包括尺寸属性、字体属性、背景属性和文本属性。

1. 尺寸属性

CSS3 尺寸属性指的是元素的宽度和高度属性。CSS3 的尺寸属性如表 2－1 所示。

表 2－1　CSS3 的尺寸属性

属性	说明
width	设置元素的宽度
height	设置元素的高度
max-width	设置元素的最大宽度
min-width	设置元素的最小宽度
max-height	设置元素的最大高度
min-height	设置元素的最小高度

在 CSS3 中，width 和 height 属性常用的单位为像素（px）和百分比（%）。像素指的是在由一个数字序列表示的图像中的一个最小单位，可以理解为是计算机屏幕上最小的点。百分比是一个相对于父元素的单位，通常在嵌套标签中使用。

2. 字体属性

在 CSS3 中，字体属性支持字体样式的设置，主要包括字体的风格、粗细、大小、名称等。常用的字体属性如表 2－2 所示。

表 2-2　常用的字体属性

属性	说明
font-style	设置字体的风格。属性值有 oblique（偏斜体）、italic（斜体）、normal（正常）
font-weight	设置字体的粗细。属性值有 bold（粗体）、bolder（特粗）、lighter（细体）、normal（正常），以及 100～900 的数值
font-size	设置字体的大小。属性值为数值，常用单位是像素（px）
font-family	设置字体的名称。常用属性值有“宋体”“楷体”“Arial”等

字体属性（font）可以进行连写，连写顺序为字体的风格（font-style）、字体的粗细（font-weight）、字体的大小（font-size）和字体的名称（font-family）。字体连写的示例代码如下所示：

```
font: italic bold 18px "楷体";
```

下面演示字体属性的使用。首先在 example 文件夹中创建一个名为 font_style. html 的文件，在该文件中使用字体属性设置字体样式，具体代码如下所示：

```
<!DOCTYPE html>
<html lang="en">
<head>
    <meta charset="UTF-8">
    <title>字体属性</title>
    <style>
        .box{
            font: oblique bold 24px "楷体";  /* 设置字体样式 */
        }
    </style>
</head>
<body>
    <!--默认样式-->
    <p>山东风筝作为中国传统文化的瑰宝,具有悠久的历史和独特的艺术魅力。</p>
    <!--字体属性设置样式-->
    <p class="box">山东风筝作为中国传统文化的瑰宝,具有悠久的历史和独特的艺术魅力。</p>
</body>
</html>
```

使用字体属性设置字体样式的运行效果如图 2-5 所示。

3. 背景属性

在 CSS3 中，背景属性支持背景样式的设置，主要包括背景颜色、背景图片、背景图片的重复性、背景图片位置、背景图片滚动情况等，常用的背景属性如表 2-3 所示。

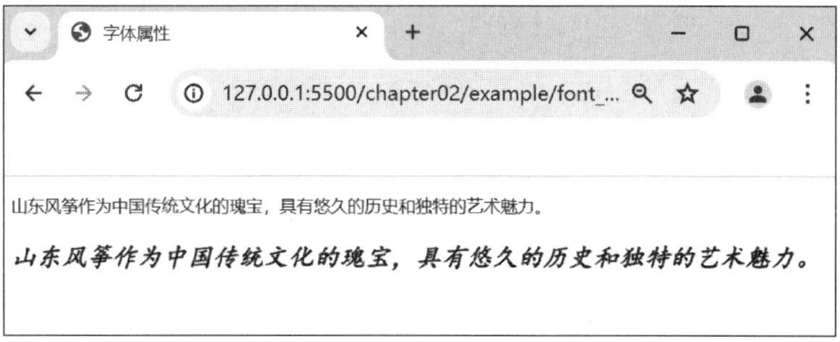

图 2-5　使用字体属性设置字体样式的运行效果

表 2-3　常用的背景属性

属性	说明
background-color	设置背景颜色。属性值可以是颜色的英文单词、十六进制值或 RGB 值
background-image	设置背景图片。属性值是图片的绝对路径或相对路径表示的 URL
background-repeat	设置背景图片是否重复及如何重复。属性值有 no-repeat（不重复）、repeat-x（横向平铺）、repeat-y（纵向平铺）
background-position	设置背景图片位置。属性值有精确的数值或 top（垂直向上）、bottom（垂直向下）、left（水平向左）、right（水平向右）、center（居中）
background-attachment	设置背景图片滚动情况。属性值有 scroll（图片随内容滚动）、fixed（图片固定）

背景属性可以进行连写，连写顺序为 background-color、background-image、background-repeat、background-attachment、background-position。背景连写的示例代码如下所示：

```
background: #ccc url("image/3.jpg") repeat-x scroll center;
```

下面演示背景属性的使用。首先把需要的风筝背景图片 kite_background. png 导入创建的 images 文件夹中，然后在 example 文件夹中创建一个名为 background_style. html 的文件，在该文件中使用背景属性设置背景样式，具体代码如下所示：

```
<!DOCTYPE html>
<html lang="en">
<head>
    <meta charset="UTF-8">
    <meta http-equiv="X-UA-Compatible" content="IE=edge">
    <meta name="viewport" content="width=device-width, initial-scale=1.0">
    <title>背景属性</title>
    <style>
        div{
            width: 500px;
            height: 250px;
            /* 设置背景图像、背景图像重复性、背景图像滚动情况 */
            background: url(../images/kite_background.png) no-repeat fixed;
```

```
        }
    </style>
</head>
<body>
    <div>潍坊风筝历史悠久，工艺精湛，是中国风筝的重要代表。</div>
</body>
</html>
```

使用背景属性设置背景样式的运行效果如图 2－6 所示。

图 2－6　使用背景属性设置背景样式的运行效果

4. 文本属性

在 CSS3 中，文本属性支持文本样式的设置，主要包括文本的颜色、水平对齐方式、行高、修饰、大小写转换、首行缩进等，常用的文本属性如表 2－4 所示。

表 2－4　常用的文本属性

属性	说明
color	设置文本颜色，属性值可以是颜色的英文单词、十六进制值或 RGB 值
text-align	设置文本内容水平对齐方式，属性值有 left（左对齐，默认值）、right（右对齐）、center（居中对齐）、justify（文字相对于图像对齐）
line-height	设置行高，属性值是数值，单位为像素（px）
text-decoration	用于修饰文本，属性值有 none（无修饰，默认值）、line-through（删除线）、underline（下画线）、overline（上画线）、blink（闪烁）
text-transform	用于控制文本大小写转换，属性值有 none（不转换，默认值）、capitalize（首字母大写）、uppercase（大写）、lowercase（小写）
text-indent	设置文本首行缩进，属性值有数值或 inherit（继承父元素属性）
direction	规定文本的方向，属性值有 ltr（从左到右，默认值）、rtl（从右到左）

下面演示文本属性的使用。首先在 example 文件夹中创建一个名为 text_style. html 的文件，在该文件中使用文本属性设置文本样式，具体代码如下所示：

```
<!DOCTYPE html>
<html lang="en">
<head>
    <meta charset="UTF-8">
    <title>文本属性</title>
    <style>
        p{
            color: #ef171e;    /* 设置文本颜色 */
            font-size: 20px;    /* 设置字体大小 */
            text-decoration: underline;    /* 文本修饰,添加下画线 */
            text-indent: 32px; /* 设置首行缩进 2 个字符 */
        }
    </style>
</head>
<body>
    <p>潍坊风筝不仅是中国的传统文化符号,也是世界文化交流的桥梁。</p>
</body>
</html>
```

使用文本属性设置文本样式的运行效果如图 2-7 所示。

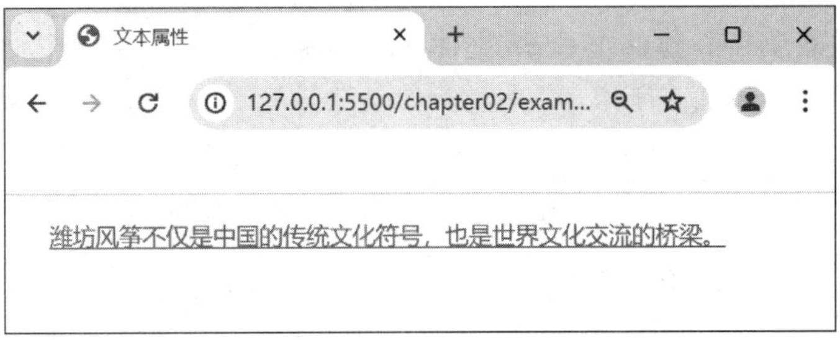

图 2-7　使用文本属性设置文本样式的运行效果

下面演示 CSS3 常用属性的使用。首先在 example 文件夹中创建一个名为 common_attributes. html 的文件，在该文件中使用 CSS3 常用属性展示“来潍坊，上春山”的风筝旅游页面，具体代码如下所示：

```
<!DOCTYPE html>
<html lang="en">
<head>
    <meta charset="UTF-8">
    <title>潍坊风筝旅游</title>
    <link type="text/css" rel="stylesheet" href="attributes.css">
</head>
```

```
<body>
    <h3>来潍坊，上春山</h3>
    <div class="msg">
        <span>2024.02.29 </span>
    </div>
    <hr align="left" color="#aaa">
    <p class="info">
        "二月天杨柳醉春烟，三月三来山青草漫漫"<br>
        朗朗上口的«上春山»在春节期间爆火<br>
        雨水节气已过，春日可盼<br>
        你可知，潍坊的春意最是迷人<br>
    </p>
    <div class="img">
        <img src="images/travel_kite.png" width="200" height="150" alt="">
        <img src="images/spring.png" width="200" height="150" alt="">
    </div>
    <p>攀临一座座春山，看春花开遍，诉说，好久不见，潍坊想念<a href="http://fzh.weifang.gov.cn/" target="_blank">潍坊国际风筝会</a>！</p>
</body>
</html>
```

在 example 文件夹中新建一个 CSS3 文件 attributes.css，在该文件中加入设置页面样式的 CSS3 代码，具体代码如下所示：

```
/* 使用通用选择器选取所有元素 */
*{
    text-align: center; /* 文本居中对齐 */
}
/* 使用类选择器选取 class 值为"msg"的元素，并利用样式的继承，设置其后代元素样式 */
.msg{
    color: #888; /* 设置元素颜色 */
    font-size: 15px; /* 设置字体大小 */
}
/* 使用标签选择器选取所有 p 元素 */
p{
    line-height: 30px; /* 设置行高 */
    font-size: 18px;
}
.poem{
    /* 连写形式，设置字体的风格、粗细、大小、名称 */
```

```
    font: italic 600 20px "楷体";
    line-height: 28px;
}
/* 使用标签选择器选取 a 元素(超链接) */
a{
     color: #3162a3;
}
/* 使用超链接的伪类，当光标放到超链接上时 */
a: hover{
    text-decoration: none; /* 取消文本修饰(取消超链接的下画线) */
    color: #c76767;
}
```

潍坊风筝旅游页面的运行效果如图 2－8 所示。

图 2－8　潍坊风筝旅游页面的运行效果

四、CSS3 显示或隐藏属性

控制一个元素的显示或隐藏是前端开发中最常见的功能之一。显示或隐藏属性可用于控制元素存在的状态，主要目的是控制一个元素在页面中显示或消失。用于控制元素块的显示或隐藏主要包括 display、visibility、overflow 等属性，用于控制颜色的透明度主要包括 opacity 属性和 rgba() 函数。

1. display 属性

display 属性用于设置元素的显示方式，常用的属性值有 none、block、inline、inline-block 等。

（1）none 属性值。

display 属性不仅可以设置元素的显示方式，还可用于定义建立布局时元素生成的显示框类型。当属性值为 none 时，可隐藏元素对象，并脱离标准文档流，不占用页面位置，其语法格式如下所示：

```
display: none;    //隐藏元素,不占用页面位置
```

（2）block 属性值。

当 display 属性的属性值为 block 时，不仅可以显示元素，还可将元素转化为块级元素，其语法格式如下所示：

```
display: block;    //可显示元素,可转化为块级元素
```

（3）其他常用属性值。

display 属性其他常用属性值的相关说明如表 2-5 所示。

表 2-5　display 属性其他常用属性值的相关说明

属性值	说明
inline	表示将元素转化为内联元素（行内元素）
inline-block	表示将元素转化为内联块元素（行内块元素）
list-item	表示将元素作为列表显示
run-in	表示将元素根据上下文作为块级元素或内联元素显示
table	表示将元素作为块级表格来显示
inline-table	表示将元素作为内联表格来显示
table-column	表示将元素作为一个单元格列显示
flex	表示将元素作为弹性伸缩盒显示
inherit	规定应该从父元素继承 display 属性的属性值

下面演示 display 属性的使用。首先在 example 文件夹中创建一个名为 display_attribute. html 的文件，在该文件中创建 3 个块元素，并使用 display 属性隐藏其中的一个元素，具体代码如下所示：

```
<!DOCTYPE html>
<html lang="en">
<head>
    <meta charset="UTF-8">
    <title>隐藏元素</title>
    <style>
        /* 为3个块元素统一设置宽高 */
```

```
        div{
            width: 400px;
            height: 120px;
        }
        /* 为每个元素块分别设置背景颜色 */
        . box1{
            background-color: #4616e4;
        }
        . box2{
            background-color: #e8a6b1;
            /*使用 display 属性隐藏第 2 个元素块,脱离标准文档流,不占用页面位置 */
            display: none;
        }
        . box3{
            background-color: #ec1c1c;
        }
    </style>
</head>
<body>
    <div class = "box1" >1. 潍坊风筝早在明代,就已普及民间。它把精巧的竹篾扎制艺术同中国传统画技熔于一炉。</div>
    <div class = "box2" >2. 潍坊风筝,曾有城、乡两大派系,城区风筝有文人画家参与,主张精巧细致;乡间风筝价廉多产。</div>
    <div class = "box3" >3. 潍坊风筝源远流长,风格独特,具有浓郁的生活情味,向来以扎、糊、画、放闻名全国,享誉世界。</div>
</body>
</html>
```

使用 display 属性隐藏页面中元素的运行效果如图 2-9 所示。

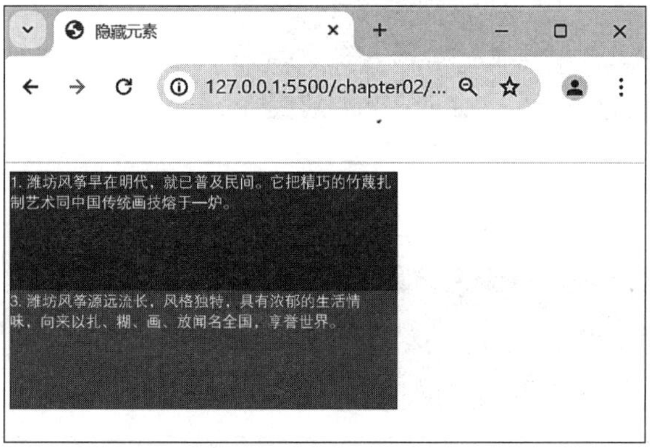

图 2-9　使用 display 属性隐藏页面中元素的运行效果

需要注意的是，使用 display 属性隐藏块元素，可使块元素脱离标准文档流，不占用页面位置。

2. visibility 属性

visibility 属性用于控制元素是否可见，无论元素是显示还是隐藏，都会占用其本来的空间。visibility 属性可用于实现提示信息展示，当光标移入或移出时，会显示提示信息。

visibility 属性值有 visibile、hidden、collapse 等，其语法格式如下所示：

```
visibility: visibile | hidden | collapse | inherit;
```

visibility 属性值的具体说明如表 2－6 所示。

表 2－6　visibility 属性值的具体说明

属性值	说明
visible	默认值，表示元素是可见的
hidden	表示元素是不可见的，元素布局不会被改变，隐藏的元素仍会占用原有的空间，不会脱离标准文档流
collapse	可用于表格中的行、列、行组和列组，隐藏表格的行或列，并且不占用任何空间。此值允许从表中快速删除行或列，而不强制重新计算整个表的宽度和高度

使用 visibility 属性隐藏块元素，块元素不会脱离标准文档流，仍然占用页面位置。下面使用 visibility 属性隐藏元素，可将 display 属性的演示代码中的第 18 ~ 19 行代码替换为如下代码：

```
/* 使用 visibility 属性隐藏第 2 个元素块，不脱离标准文档流，占用页面位置 */
visibility: hidden;
```

使用 visibility 属性隐藏第 2 个块元素的运行效果如图 2－10 所示。

图 2－10　使用 visibility 属性隐藏第 2 个块元素的运行效果

3. overflow 属性

overflow 属性用于指定当元素的内容过大而无法放入指定区域时是剪裁内容还是添加滚动条。

overflow 属性值有 visibile、hidden、scroll、auto 等，其语法格式如下所示：

```
overflow: visibile | hidden | scroll | auto | inherit;
```

overflow 属性值的具体说明如表 2-7 所示。

表 2-7　overflow 属性值的具体说明

属性值	说明
visible	默认值，内容不会被修剪，会呈现在元素框之外
hidden	内容会被修剪，并且其余内容是不可见的
scroll	内容会被修剪，但是浏览器会显示滚动条以便查看其余内容（无论内容是否溢出，元素框都会添加滚动条）
auto	如果内容被修剪，则浏览器会显示滚动条以便查看其余内容（按情况是否添加滚动条，若内容不溢出，则元素框不会添加滚动条）

值得注意的是，overflow 属性仅适用于具有指定高度的块元素。

下面演示 overflow 属性的使用。首先在 example 文件夹中创建一个名为 overflow_attribute.html 的文件，在该文件中使用 overflow 属性设置元素内容的裁剪方式，具体代码如下所示：

```
<!DOCTYPE html>
<html lang="en">
<head>
    <meta charset="UTF-8">
    <title>overflow 属性</title>
    <style>
        div{
            width: 350px;
            height: 180px;
            border: 2px solid #5b5a5a; /* 添加边框 */
            overflow: visible; /* 设置元素内容的裁剪方式为不被裁剪 */
        }
        p{
            width: 380px;
            height: 220px;
            /* 设置背景颜色的不透明度 */
            background-color: rgba(248, 184, 224, 0.8);
        }
    </style>
```

```
20. </head>
21. <body>
22.     <div>
23.         <p>潍坊世界风筝博物馆旨在收藏、陈列中外风筝珍品及相关资料。展览以翔实的风筝资料、照片、文字、绘画、复制品以及影像视频等,全面介绍了风筝的历史沿革、发展应用、国内风筝流派、国外风筝以及潍坊国际风筝会盛况,充分展现了风筝文化所独具的艺术魅力,成为传播和弘扬风筝文化艺术的交流中心。"潍坊国际风筝会"的举办和风筝文化的交流传播,促进了潍坊在城市建设、交通、文化、科技、旅游等方面的快速发展。潍坊世界风筝博物馆在 2020 年被潍坊市政府公布为历史建筑。</p>
24.     </div>
25. </body>
26. </html>
```

使用 overflow 属性设置元素内容裁剪方式的运行效果如图 2－11 所示。

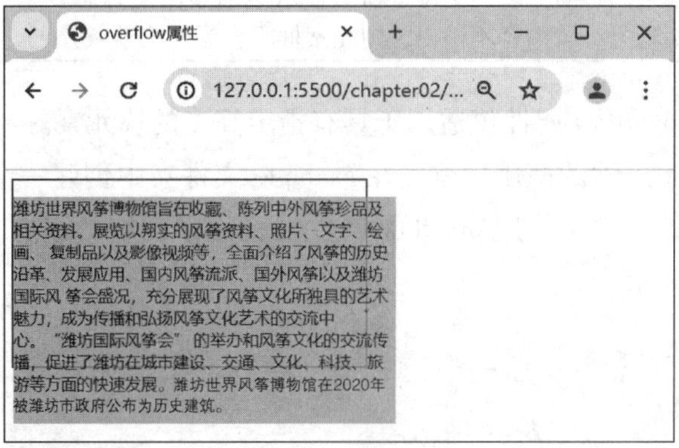

图 2－11　使用 overflow 属性设置元素内容裁剪方式的运行效果

当 overflow 属性值为 hidden 时，元素内容会被修剪，并且其余内容是不可见的，可将上述代码中的第 11 行代码替换为如下代码：

```
overflow: hidden; /* 元素内容会被修剪,并且其余内容是不可见的 */
```

当 overflow 属性值为 hidden 时的运行效果如图 2－12 所示。

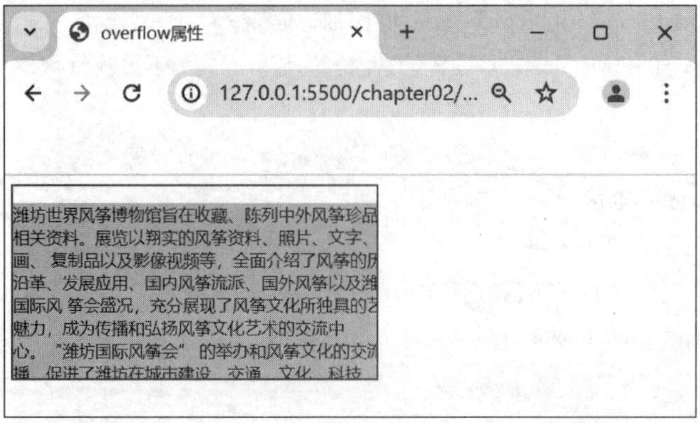

图 2－12　当 overflow 属性值为 hidden 时的运行效果

需要注意的是，overflow 属性值 hidden 具有清除异常显示效果的功能，可用于清除浮动带来的异常影响和解决外边距塌陷问题。

当 overflow 属性值为 scroll 时，元素内容会被修剪，但是浏览器会显示滚动条以便查看其余内容，且无论内容是否溢出，元素框都会添加滚动条。可将上述演示代码中的第 11 行代码替换为如下代码：

```
overflow: scroll; /* 内容会被修剪，显示滚动条 */
```

当 overflow 属性值为 scroll 时的运行效果如图 2－13 所示。

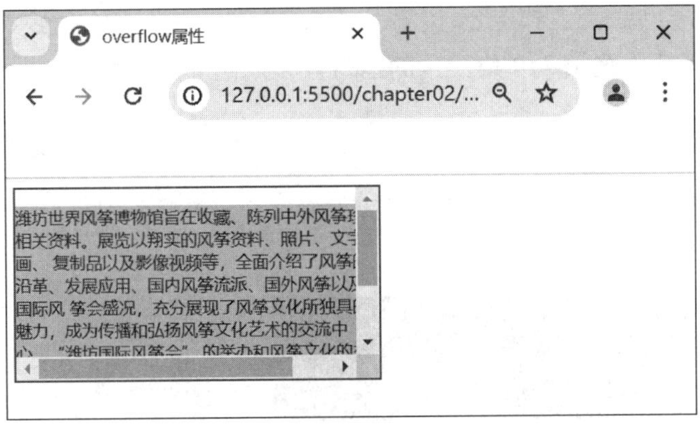

图 2－13　当 overflow 属性值为 scroll 时的运行效果

当 overflow 属性值设置为 auto 时，如果内容被修剪，则浏览器会显示滚动条以便查看其余内容，元素内容若不溢出，则元素框不会添加滚动条。可将上述演示代码中的第 11 行代码替换为如下代码：

```
overflow: auto; /* 内容自适应被修剪，显示滚动条 */
```

当 overflow 属性值设置为 auto 时的运行效果如图 2－14 所示。

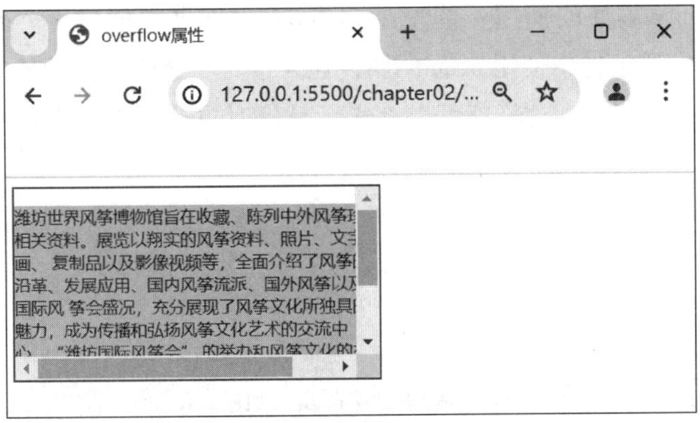

图 2－14　当 overflow 属性值设置为 auto 时的运行效果

4. opacity 属性

opacity 属性用于控制元素的不透明度，取值范围为 0.0 ~ 1.0，opacity 的值越低，元素不透明度越高。opacity 的属性值为最小值，即 0 时，元素完全透明；属性值为最大值，即 1 时，元素不透明。

opacity 属性的语法格式如下所示：

```
opacity: value | inherit;
```

使用 opacity 属性隐藏块元素，可使元素完全透明，达到隐藏元素的效果，但在实际开发中通常不会使用该方法隐藏元素。下面使用 opacity 属性隐藏块元素，可将使用 display 属性演示代码中的第 18 ~ 19 行代码替换为如下代码：

```
/* 使用 opacity 属性隐藏第 2 个元素块，使元素完全透明，达到隐藏元素的效果 */
opacity: 0;
```

使用 opacity 属性隐藏第 2 个块元素的运行效果如图 2 - 15 所示。

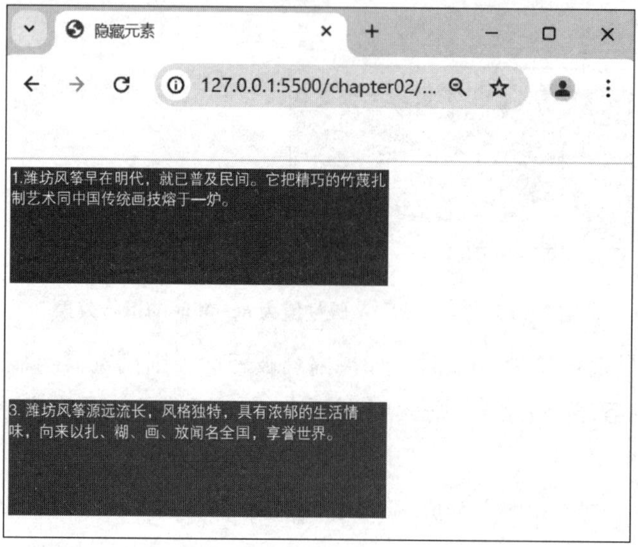

图 2 - 15　使用 opacity 属性隐藏第 2 个块元素的运行效果

下面演示 opacity 属性的使用。首先在 example 文件夹中创建一个名为 opacity_attribute.html 的文件，在该文件中使用 opacity 属性让元素具有透明悬停的效果；opacity 属性通常与 hover 选择器一同使用，这样就可以在光标悬停时更改元素的不透明度，具体代码如下所示：

```
<!DOCTYPE html>
<html lang="en">
<head>
    <meta charset="UTF-8">
    <meta http-equiv="X-UA-Compatible" content="IE=edge">
    <meta name="viewport" content="width=device-width, initial-scale=1.0">
    <title>元素透明悬停</title>
    <style>
        img{
```

```
            width: 400px; /* 设置图片宽高 */
            height: 200px;
        }
        /* 当光标悬停在图片上时 */
        img: hover{
            opacity: 0.5;   /* 设置图片不透明度为0.5,即图片呈透明效果 */
            cursor: pointer; /* 光标悬停在图片上时,形状为手指 */
        }
    </style>
</head>
<body>
    <!--在块元素中嵌入一张图片-->
    <div class="box">
        <img src="../images/kite_background.png" alt="">
    </div>
</body>
</html>
```

使用 opacity 属性让元素透明悬停的运行效果如图 2-16 所示。

图 2-16 使用 opacity 属性让元素透明悬停的运行效果

需要注意的是，使用 opacity 属性为元素的背景添加不透明度时，其所有子元素都继承相同的不透明度，可能会使完全透明的元素内的文本难以阅读，此时可使用 rgba() 函数解决该问题。

通过比较前面讲解的 display、visibility、overflow 和 opacity 这 4 个属性，下面对它们的区别与用途进行总结，详情如表 2-8 所示。

表 2-8 显示与隐藏属性的区别和用途

属性	区别	用途
display	隐藏元素，不占用位置，脱离标准文档流	隐藏不占用位置的元素，如制作下拉菜单，光标移入显示下拉菜单，应用十分广泛

续表

属性	区别	用途
visibility	隐藏元素，占用位置，不脱离标准文档流	常用于商品的提示信息方面，光标移入或移出有提示信息显示
overflow	只隐藏超出盒子大小的部分	可以保证盒子里的内容不会超出该盒子范围。可以清除浮动和解决边框塌陷问题
opacity	使元素完全透明，达到隐藏元素的效果	一般用于设置元素的不透明度，不建议使用此属性隐藏元素

5. rgba( )函数

rgba 是代表 red（红色）、green（绿色）、blue（蓝色）和 alpha 的色彩空间。

rgba( )函数需要搭配颜色属性使用，语法格式如下所示：

```
color: rgba( red, green, blue, alpha) ;
如 color: rgba( 155, 203, 76, 0. 6) ;
```

rgba( )函数各个值的用法如下：

（1）红色（r）：0 ~ 255 的整数，代表颜色中的红色成分。

（2）绿色（g）：0 ~ 255 的整数，代表颜色中的绿色成分。

（3）蓝色（b）：0 ~ 255 的整数，代表颜色中的蓝色成分。

（4）不透明度（a）：取值 0 ~ 1，代表不透明度。

opacity 属性与 rgba( )函数控制透明度的区别为：opacity 属性作用于元素和元素的内容，元素内容会继承元素的不透明度，取值为 0 ~ 1，它会使元素及其内部的所有内容一起变透明；rgba( )函数一般作为背景色 background-color 或者颜色 color 的属性值，不透明度由其中的 alpha 值生效，取值为 0 ~ 1，它仅对当前设置的元素进行透明变换，不会影响其他元素及元素内容的不透明度。

五、CSS3 新增文本与背景属性

CSS3 是 CSS 的最新版本，相较于 CSS2. 1，CSS3 新增了很多属性和方法，如文本属性、背景属性等。CSS3 最大的优势是对于原本需要使用图片或 JavaScript 实现的效果，只需要一些简单的代码便可实现。

1. 新增的文本属性

CSS3 中新增的文本属性包括 text-shadow 属性和 text-align-last 属性。

（1）text-shadow 属性。

通常情况下，CSS2. 1 都是使用 Photoshop 等工具来实现文字的阴影效果的，但在 CSS3 中，这种效果可以通过设置 text-shadow 属性来实现，简单又好用。

text-shadow 属性可设置的样式值包括 x-offset、y-offset、blur、color 这 4 个值，属性值的含义及用法如表 2 -9 所示。

表 2－9　text-shadow 属性值的含义及用法

属性值	含义	单位	用法
x-offset	阴影的水平偏移距离	px、em 或百分比等	值为正，阴影向右偏移； 值为负，阴影向左偏移
y-offset	阴影的垂直偏移距离	px、em 或百分比等	值为正，阴影向下偏移； 值为负，阴影向上偏移
blur	阴影的模糊程度	px、em 或百分比等	值不能为负，值为 0 时无阴影模糊效果； 值越大，阴影越模糊； 值越小，阴影越清晰
color	阴影的颜色	三种颜色表示方法	

text-shadow 属性同时还支持多阴影的设置，通过多阴影可以设计出很多复杂的效果。

下面演示 text-shadow 属性的使用。首先在 example 文件夹中创建一个名为 text_shadow.html 的文件，在该文件中使用 text-shadow 属性为文本设置阴影效果，具体代码如下所示：

```
<!DOCTYPE html>
<html lang="en">
<head>
    <meta charset="UTF-8">
    <title>文本阴影效果</title>
    <style>
        .p1{
            color: #FA8072; /* 设置文本颜色 */
            font-size: 20px;   /* 设置字体大小 */
            /* 设置文本阴影,水平阴影、垂直阴影、模糊效果、颜色 */
            text-shadow: 2px 2px 2px #deb57e;
        }
        .p2{
            color: #000;
            font-size: 22px;
            /* 设置多阴影 */
            text-shadow: 0 0 4px #9de56a,
            1px -2px 3px #df626a,
             -3px 3px 4px #4585d8;
        }
    </style>
</head>
<body>
    <p class="p1">木鸢、风帆、弋射、鸢旗等都是风筝的前身。</p>
```

```
    <p class = "p2" > 草帽飘飞现象为风筝的创造提供了最现实的依据。 </p >
</body >
</html >
```

使用 text-shadow 属性为文本设置阴影的运行效果如图 2 - 17 所示。

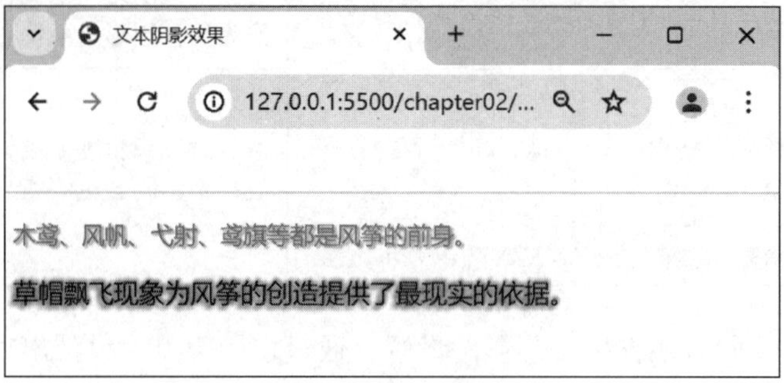

图 2 - 17　使用 text-shadow 属性为文本设置阴影的运行效果

（2） text-align-last 属性。

text-align-last 属性用于设置文本最后一行的对齐方式。text-align-last 属性有 7 个值，分别为 auto、left、right、center、justify、start 和 end。这 7 个属性值的具体说明如表 2 - 10 所示。

表 2 - 10　text-align-last 属性值的具体说明

属性值	说明
auto	默认值，每一行的对齐规则由 text-align 的值来确定
left	最后一行向左对齐
right	最后一行向右对齐
center	最后一行居中对齐
justify	最后一行文字的开头与内容盒子的左侧对齐，末尾与右侧对齐
start	最后一行在行起点对齐，由 direction 属性（规定文本方向）决定
end	最后一行在行末尾对齐，由 direction 属性（规定文本方向）决定

值得注意的是，text-align-last 属性设置的是被选元素内的所有最末行。例如，一个 <div>标签中有三个段落，text-align-last 属性会应用于每段的最后一行。在制作表单时，每一个输入框的提示名称会出现字数不相等的情况，若想要使文字能够两端对齐，text-align-last 属性的 justify 值便能解决这个问题。

下面演示 text-align-last 属性的使用。首先在 example 文件夹中创建一个名为 text_align_last. html 的文件，在该文件中创建一个 <div>标签，在其中添加 3 个 <p>标签，分别演示 text-align-last 属性的 right、center 和 start 这 3 个值的应用效果；然后再创建一个表单，使用 text-align-last 属性的 justify 值，使输入框的提示名称能够两端对齐，具体代码如下所示：

```
<!DOCTYPE html>
<html lang="en">
<head>
    <meta charset="UTF-8">
    <meta http-equiv="X-UA-Compatible" content="IE=edge">
    <title>最后一行的对齐方式</title>
    <style>
        div{
            width: 700px;
            border: 1px solid #000;
        }
        .box>p{
            width: 680px;
            border: 1px solid #aaa;
        }
        /* 斗笠、树叶说 */
        .text1{
            text-align-last: right; /* 最后一行向右对齐 */
            color: rgb(148, 59, 231);
        }
        /* 帆船、帐篷说 */
        .text2{
            text-align-last: center; /* 最后一行居中对齐 */
            color: rgb(232, 78, 78);
        }
        /* 飞鸟说 */
        .text3{
            direction: ltr; /* 规定文本方向，ltr 为从左到右 */
            /* 最后一行在行起点对齐，由 direction 属性决定 */
            text-align-last: star;
            color: rgb(61, 228, 111);
        }
        /* 表单中的 label 提示名称 */
        .form label{
            display: inline-block; /* 转换为内联块元素 */
            width: 100px;
            margin-right: 20px; /* 添加右外边距 */
            text-align-last: justify; /* 最后一行两端对齐 */
        }
```

```
    </style>
</head>
<body>
    <!--段落-->
    <div class="box">
        <p>关于风筝的起源,说法有很多,比较流行的有以下三种。</p>
        <p class="text1">
            斗笠、树叶说:斗笠是一种古老的防雨防暑器具。据说有一农夫耕作时狂风大作,斗笠被卷走,农夫赶紧去追,一下子抓住了系绳。恰巧这个斗笠的系绳很长,农夫抓着系绳看斗笠在空中飞行。农夫觉得好玩,以后便经常在村里放飞他的斗笠。后来大伙都跟着学,慢慢演变成了放风筝。树叶说来自中国的南方。据说古时候人们对风卷树叶满天飞的现象很崇拜,便用麻丝等拴树叶放着玩,逐渐演变成放风筝的活动,海南的黎族人很早就用面包树的叶子做风筝。
        </p>
        <p class="text2">
帆船、帐篷说:人类使用木舟的历史已久,早在公元前 2 000 多年就开始制作木舟,后来有了帆船。帆是借助风力的机械,人们便仿照帆的原理,扎起风筝放飞。还有人说,风筝起源于北方的帐篷。最早的风筝是人们模仿帐篷被风刮起在空中飘扬的情景制造出来的,之后逐渐演变成了一种娱乐活动。
        </p>
        <p class="text3">
            飞鸟说:从目前的历史记载和发现的古代风筝来看,其结构、形状、扎绘技术等,一个突出的标志就是鸟的形状多。因而可以得出结论:最初的风筝问世,是受鸟的启发,模仿飞鸟而制造并以飞鸟命名的。不论是北方的木鸢、纸鸢,还是南方的木鹞、纸鹞,都说明了这一点。
        </p>
    </div>
    <br>
    <!--表单-->
    <div class="form">
        <form action="#">
            <p>
                <label for="ming">风筝名称</label>
                <input type="text" id="ming" name="ming"
                placeholder="请输入风筝名称" required>
            </p>
            <p>
                <label for="pricing">价格</label>
                <input type="text" id="pricing" name="price"
                placeholder="请输入价格" required>
            </p>
```

```
                <p>
                    <label for="category">风筝类别</label>
                    <input type="text" id="category" name="category"
                    placeholder="请输入风筝类别" required>
                </p>
            </form>
        </div>
</body>
</html>
```

使用 text-align-last 属性的运行效果如图 2－18 所示。

图 2－18　使用 text-align-last 属性的运行效果

2. 新增的背景属性

在 CSS2.1 中，包含了很多关于背景的属性，如 background-image、background-position 等。在 CSS3 中，为了满足更多的开发需求，新增了多个新的背景属性，它们提供了对背景更强大的控制。下面介绍 CSS3 中新增的背景属性 background-size、background-origin 和 background-clip。

（1）background-size 属性。

background-size 属性用于设置背景图片的尺寸，这使得在不同环境中重复使用背景图片成为可能。background-size 属性值可设置为长度值、百分比值、cover、contain 等。background-size 属性值的具体说明如表 2－11 所示。

表 2-11　background-size 属性值的具体说明

属性值	说明
长度值	可设置图片的宽度和高度，常用单位为 px
百分比值	以父元素的百分比来设置背景图片的宽度和高度，单位为%
cover	把背景图片扩展至足够大，使背景图片完全覆盖背景区域，背景图片的某些部分也许无法显示在背景定位区域中
contain	把图片扩展至最大尺寸，以使其宽度和高度完全适应内容区域

下面演示 background-size 属性的使用。首先在 example 文件夹中创建一个名为 background_size. html 的文件，在该文件中使用 background-size 属性为文本设置背景图片尺寸，具体代码如下所示：

```
< ! DOCTYPE html >
< html lang = "en" >
< head >
    < meta charset = "UTF-8" >
    < title > 背景图片尺寸 < /title >
< /head >
< body >
    < style >
        /* 第 1 个元素,仅为元素添加背景图片 */
        . box1{
            width: 350px;
            height: 200px;
            /* 添加背景图片 */
            background-image: url(. . /images/kite_background. png) ;
        }
        /* 第 2 个元素,使用 background-size 属性设置背景图片尺寸 */
        . box2{
            width: 350px;
            height: 200px;
            /* 添加背景图片 */
            background-image: url(. . /images/kite_background. png) ;
            background-size: 100% 100% ;
        }
    < /style >
< /head >
< body >
    < div class = "box1" > 正常情况下,为元素添加背景图片 < /div >
    < hr >
```

```
        <div class = "box2" >使用 background-size 属性设置背景图片尺寸</div >
</body >
</html >
```

使用 background-size 属性设置背景图片尺寸的运行效果如图 2－19 所示。

图 2－19　使用 background-size 属性设置背景图片尺寸的运行效果

（2）background-origin 属性。

在 CSS3 中，可以使用 background-origin 属性来设置元素背景图片平铺的最开始位置。background-origin 属性值及平铺方式如表 2－12 所示。

表 2－12　background-origin 属性值及平铺方式

属性值	平铺方式
padding-box（默认值）	背景图片从内边距开始平铺
border-box	背景图片从边框开始平铺
content-box	背景图片从内容区域开始平铺

background-origin 属性的示例代码如下：

```
div {
    background: url(1. png) no-repeat;
    background-size: cover;
    background-origin: content-box;
}
```

（3）background-clip 属性。

在 CSS3 中，可以使用 background-clip 属性来设置元素背景图片平铺后裁切的位置。

background-clip 属性值及剪切方式如表 2－13 所示。

表 2－13　background-clip 属性值及剪切方式

属性值	剪切方式
border-box（默认值）	平铺的背景图片从边框开始剪切
padding-box	平铺的背景图片从内边距开始剪切
content-box	平铺的背景图片从内容区域开始剪切

background-clip 属性的示例代码如下：

```
div {
    background: url( 1. png) no-repeat;
    background-clip: content-box;
}
```

六、CSS3 基础选择器

选择器也被称为选择符，可以定位 CSS3 样式所要修饰的目标。CSS3 基础选择器包括通用选择器、元素选择器、类选择器、id 选择器、属性选择器、伪类选择器和伪元素选择器。

1. 通用选择器

通用选择器可以把样式通用在所有的标签中，即能够选取所有元素，通过星号（＊）的方式来设置，示例代码如下：

```
*{
  color: blue;
}
```

下面演示通用选择器的使用。首先在 example 文件夹中创建一个名为 universal_selector.html 的文件，在该文件中使用通用选择器选取所有元素，设置元素的颜色，具体代码如下所示：

```
<! DOCTYPE html >
<html lang = "en" >
<head >
      <meta charset = "UTF-8" >
      <title >通用选择器 </title >
      <style >
          *{
               color: rgb(234, 4, 4);
          }
      </style >
```

```
</head>
<body>
    <h3>CSS 选择器</h3>
    <p>潍坊风筝成为连接世界各国人民友谊的纽带</p>
    <div>潍坊风筝被列入第一批国家级非物质文化遗产名录</div>
</body>
</html>
```

通用选择器的运行效果如图 2-20 所示。

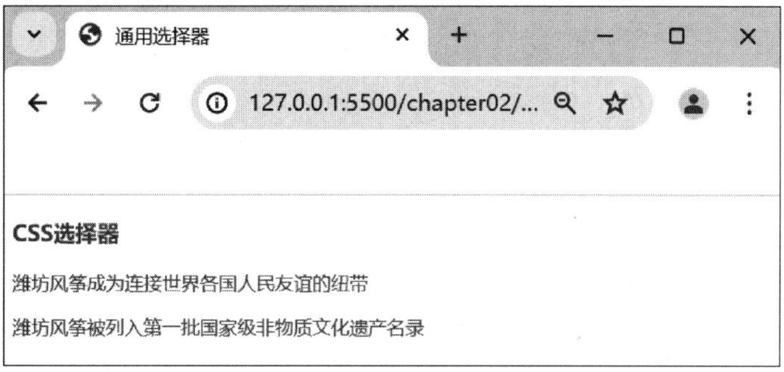

图 2-20　通用选择器的运行效果

2. 元素选择器

元素选择器可直接通过具体的 HTML 元素名称来匹配文档内所有同名的元素，如使用元素选择器选取所有 p 元素（<p>标签），设置其颜色为红色，示例代码如下：

```
p {
  color: red;
}
```

下面演示元素选择器的使用。首先在 example 文件夹中创建一个名为 element_selector.html 的文件，在该文件中使用元素选择器选取所有<p>标签，设置其颜色为蓝色，具体代码如下所示：

```
<!DOCTYPE html>
<html lang="en">
<head>
    <meta charset="UTF-8">
    <title>元素选择器</title>
    <style>
        p{
            color: rgb(40, 19, 234);
        }
    </style>
```

```
</head>
<body>
    <h3>CSS 选择器</h3>
    <p>潍坊风筝成为连接世界各国人民友谊的纽带</p>
    <div>潍坊风筝被列入第一批国家级非物质文化遗产名录</div>
</body>
</html>
```

元素选择器的运行效果如图 2-21 所示。

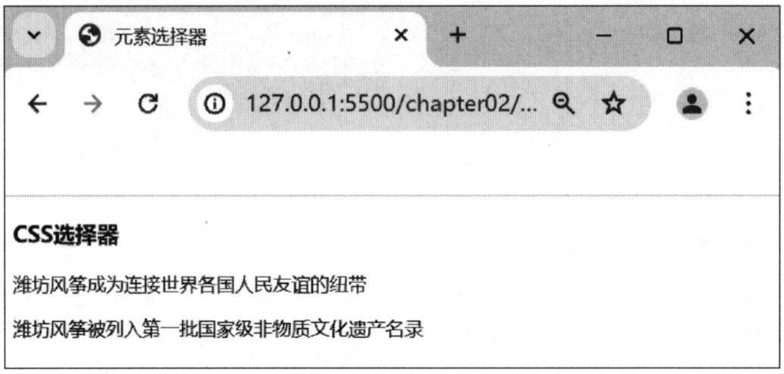

图 2-21　元素选择器的运行效果

3. 类选择器

类选择器也被称为 class 选择器，可以给指定的标签设置一个 class 属性和 class 值，按照给定的 class 属性值，选取所有匹配的元素，以“.”定义。在同一个页面中，class 属性值可以重复出现。类选择器可以分为“单类选择器”和“多类选择器”。“单类选择器”就是在一个标签中只有一个 class 属性；“多类选择器”就是在一个标签中可以有多个 class 属性。

“单类选择器”和“多类选择器”的示例代码如下：

```
/*“多类选择器”*/
.info.ele{
    color: plum;
}
/*“单类选择器”*/
.current{
    color: white;
}
```

下面演示类选择器的使用。首先在 example 文件夹中创建一个名为 class_selector.html 的文件，在该文件中使用类选择器选取指定的标签并为其设置颜色，具体代码如下所示：

```
<!DOCTYPE html>
<html lang="en">
```

```
<head>
    <meta charset = "UTF-8" >
    <title >类选择器 </title >
    <style >
        /* "多类选择器" */
        . info. ele{
            color: rgb(35, 236, 68);
        }
        /* "单类选择器" */
        . current{
            color: white;
            background-color: rgb(107, 14, 237);
        }
    </style >
</head >
<body >
    <h3 >CSS 选择器 </h3 >
    <! --"多类选择器" -- >
    <p class = "info ele" >潍坊风筝成为连接世界各国人民友谊的纽带 </p >
    <div >潍坊风筝被列入第一批国家级非物质文化遗产名录 </div >
    <! --"单类选择器" -- >
    <div class = "current" >山东潍坊是世界风筝的发源地,被誉为"世界风筝之都" </div >
</body >
</html >
```

类选择器的运行效果如图 2－22 所示。

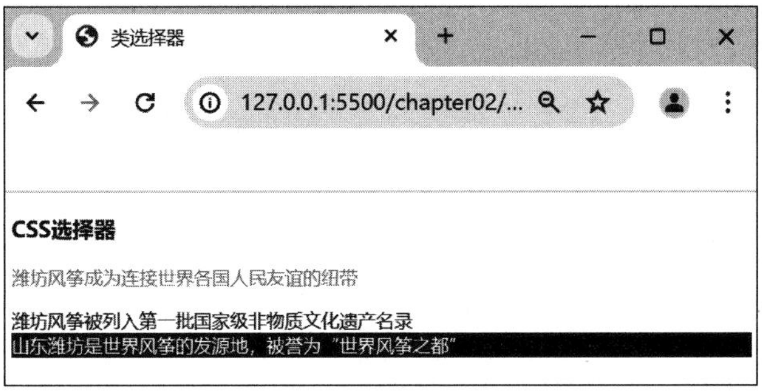

图 2－22　类选择器的运行效果

4. id 选择器

id 选择器可以给指定的标签设置一个 id 属性和一个 id 属性值，按照 id 属性值选取一个与之匹配的元素，以“#”定义。在同一个页面中，不允许出现多个相同的 id 属性值，id 选择器具有唯一性。id 选择器的示例代码如下：

```
#myID {
    background-color: yellow;
}
```

下面演示 id 选择器的使用。首先在 example 文件夹中创建一个名为 id_selector. html 的文件，在该文件中使用 id 选择器选取指定的 < h3 > 标签并为其设置颜色，具体代码如下所示：

```
<! DOCTYPE html >
< html lang = "en" >
< head >
    < meta charset = "UTF-8" >
    < title > id 选择器 </title >
    < style >
        #caption{
            color: rgb(234, 11, 219);
        }
    </style >
</head >
< body >
    < h3 id = "caption" > CSS 选择器 </h3 >
    < p > 潍坊风筝成为连接世界各国人民友谊的纽带 </p >
    < div > 潍坊风筝被列入第一批国家级非物质文化遗产名录 </div >
</body >
</html >
```

id 选择器的运行效果如图 2 - 23 所示。

图 2 - 23　id 选择器的运行效果

5. 属性选择器

属性选择器是根据标签的属性来匹配元素，使用中括号（[ ]）进行标识。属性选择器的具体说明如表 2 - 14 所示。

表 2-14 属性选择器的具体说明

属性选择器	说明
[attribute]	用于选取带有指定属性的元素
[attribute = value]	用于选取带有指定属性和值的元素
[attribute ~ = value]	用于选取属性值中包含指定词汇的元素
[attribute^ = value]	匹配属性值以指定值开头的所有元素
[attribute $ = value]	匹配属性值以指定值结尾的所有元素
[attribute * = value]	匹配属性值中包含指定值的所有元素

以属性选择器［attribute = value］为例，属性选择器的示例代码如下：

```
[target = "_blank"]{
    text-decoration: none;
}
```

下面演示属性选择器的使用。首先在 example 文件夹中创建一个名为 attribute_selector.html 的文件，在该文件中使用属性选择器选取指定的元素，为各个不同的元素设置不同的样式，具体代码如下所示：

```
<!DOCTYPE html>
<html lang="en">
<head>
    <meta charset="UTF-8">
    <title>属性选择器</title>
    <style>
        /* 带有指定属性 */
        p[title]{
            color: #e43d3d;
        }
        /* 带有指定属性和值 */
        input[type = "text"]{
            border: 2px dashed #f107a3;
        }
        /* 包含指定词汇 */
        p[class ~ = "include"]{
            color: #26e50d;
        }
        /* 以指定值开头 */
        p[class^ = "be"]{
            color: #6d12dd;
        }
```

```
        /* 以指定值结尾 */
        p[class $ = "d"]{
            color: #d1eb10;
        }
        /* 包含指定值 */
        p[class * = "a"]{
            background-color: #e60ad4;
        }
    </style>
</head>
<body>
    <p title = "鹿柴" >当代潍坊风筝，既包括传统风筝，又包括现代风筝。</p>
    <input type = "text"   name = "user" placeholder = "请输入" > <br>
    <p class = "include" >冲浪风筝，是用于冲浪运动的充气风筝。</p>
    <p class = "begin" >特技风筝，即运动风筝，也称作竞技风筝。</p>
    <p class = "end" >夜光风筝，是风筝艺人们借助现代新材料与新工艺，适合夜晚放飞的风
筝。</p>
    <p class = "contain" >其他风筝，包括跨种类与运用新技术，吸取外国风筝之长的风
筝。</p>
</body>
</html>
```

属性选择器的运行效果如图 2 - 24 所示。

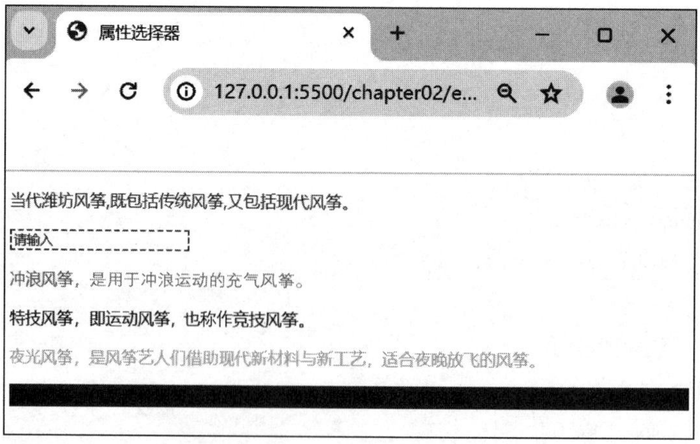

图 2 - 24　属性选择器的运行效果

6. 伪类选择器

伪类选择器是 CSS3 中用于选择 HTML 元素的特定状态或条件的选择器。它们允许为目标元素的某些状态（如被点击、被访问、处于特定位置等）定义样式。常见的伪类选择器如表 2 - 15 所示。

表 2－15　常见的伪类选择器

伪类选择器	说明
：link	选择所有未被点击的链接
：visited	选择所有已被用户访问过的链接
：hover	选择光标浮动在其上面的元素。通常用于链接和按钮，以提供“悬停”效果
：focus	选择获得焦点的元素。通常用于输入框和表单元素
：first-child	选择其父元素的第一个子元素
：last-child	选择其父元素的最后一个子元素
：nth-child（n）	选择其父元素的第 n 个子元素。n 可以是具体的数字，或者是使用 $an+b$ 形式的公式
：empty	选择没有子节点的元素（包括文本节点）

以伪类选择器：link 和：nth-child（n）为例，伪类选择器的示例代码如下：

```
/* 选择所有未被单击的链接 */
a: link {
    color: blue;
}
/* 选择父元素中的第 2 个 P 元素 */
p: nth-child(2) {
    color: green;
}
/* 选择每个列表项中的第 3 个元素 */
li: nth-child(3n) {
    background-color: lightgray;
}
```

下面演示伪类选择器的使用。首先在 example 文件夹中创建一个名为 pseudo_selector.html 的文件，在该文件中使用：nth-child（n）选择器，当参数为 n 值时，演示其元素样式效果，具体代码如下所示：

```
<!DOCTYPE html>
<html lang="en">
<head>
        <meta charset="UTF-8">
        <title>伪类选择器</title>
        <style>
            /* 选取 3 的倍数的子元素 */
            li: nth-child(3n) {
                background-color: #20e76c;
            }
```

```
            /* 选取父元素下的第 2 个子元素 */
            li:nth-child(2) {
                color: #4112ec;
            }
            /* 选取父元素的第 1 个子元素 */
            li:first-child {
                font-size: 20px;
            }
        </style>
</head>
<body>
        <ul>
            <li>冲浪风筝</li>
            <li>特技风筝</li>
            <li>夜光风筝</li>
            <li>串式风筝</li>
            <li>桶子风筝</li>
            <li>板子风筝</li>
        </ul>
</body>
</html>
```

伪类选择器的运行效果如图 2-25 所示。

图 2-25　伪类选择器的运行效果

7. 伪元素选择器

伪元素选择器可用于在文档中插入假象的元素。通过伪元素选择器，可以设置元素指定部分的样式，主要用于设置元素内文本的首字母、首行的样式，或在元素内容之前或之后添加新内容。使用“:”与“::”区分伪类和伪元素。伪元素选择器如表 2-16 所示。

表 2－16　伪元素选择器

伪元素选择器	说明
::before	在元素内容前添加新内容，与 content 属性配合使用，content 的内容可以是图像或文本
::after	在元素内容后添加新内容，与 content 属性配合使用，content 的内容可以是图像或文本
::first-letter	用于向文本的首字母添加特殊样式
::first-line	用于向文本的首行添加特殊样式
::selection	匹配用户选择的元素部分，但改变文字结构的样式不会生效，如字号、内边距

需要注意的是，::first-letter 和 ::first-line 伪元素选择器只适用于块级元素。

以伪元素选择器 ::before 为例，伪元素选择器的示例代码如下：

```
p::before {
    content: "📖";/* 在 p 元素的内容前插入一个书本图标和一个空格 */
    color: #999;   /* 设置伪元素内容的颜色为灰色 */
}
```

下面演示伪元素选择器的使用。首先在 example 文件夹中创建一个名为 pseudo_element_selector.html 的文件，在该文件中使用伪元素选择器选取指定的元素或内容，为指定的元素设置样式，具体代码如下所示：

```
<!DOCTYPE html>
<html lang="en">
<head>
    <meta charset="UTF-8">
    <title>伪元素选择器</title>
    <style>
        body{
            text-align: center;
        }
        /* 在元素内容前面添加新内容 */
        h2::before{
            /* 由于 content 内添加图片无法控制图片大小，因此使用背景图片的方式 */
            content: '';
            display: inline-block;/* 转化为内联块元素 */
            width: 30px;
            height: 30px;
            background: url('../images/travel_kite.png') no-repeat;
            background-size: cover;/* 设置背景图片尺寸 */
            vertical-align: middle;/* 内容垂直居中 */
```

```
        }
        /* 在元素内容后面添加新内容 */
        h4::after{
            content: '(潍坊国际风筝会)';/* 添加文本 */
        }
        /* 选取首字母 */
        .text1::first-letter{
            color: #d94b4b;
            font-size: 20px;
        }
        /* 选取首行 */
        .text2::first-line{
            background-color: #62ea0e;
            font-size: 20px;
        }
        /* 匹配用户选择的元素部分 */
        ::selection{
            background-color: #a5d0ee;
        }
    </style>
</head>
<body>
    <h2>风筝旅游</h2>
    <h4>山水美如画,宜人春色惹人醉</h4>
    <p class="text1">春风渐暖,百花渐开,潍坊又到了“纸花如雪满天飞”的时候。</p>
    <p class="text2">春天的潍坊,到处山清水秀、生机勃勃、景色怡人,处处可见“春风骀荡千山润,春雨霏微万物苏”的美好风光。<br>
        春光无限,不止在热闹的城区,更在山水之间。</p>
</body>
</html>
```

伪元素选择器的运行效果如图 2-26 所示。

七、CSS3 复合选择器

CSS3 复合选择器允许结合多种选择器来更精确地选择页面上的元素。这些复合选择器通常包括后代选择器、子选择器、相邻兄弟选择器和通用兄弟选择器。

1. 后代选择器

后代选择器也被称为包含选择器，通过空格连接多个选择器，前者表示包含的祖先元

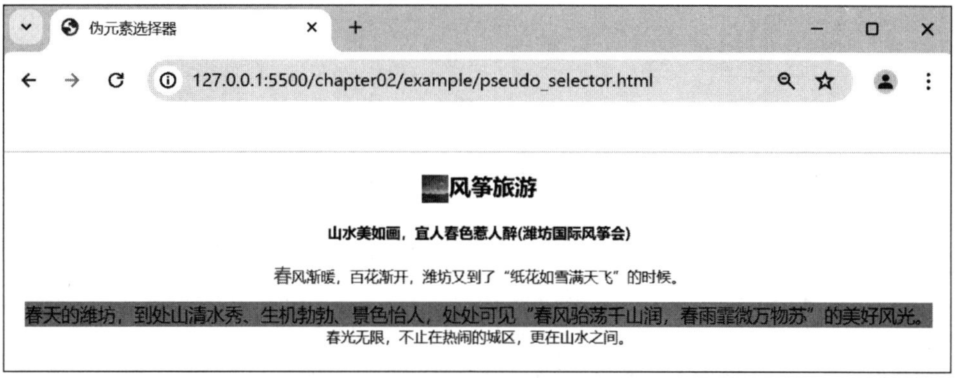

图 2－26　伪元素选择器的运行效果

素，后者表示被包含的后代元素。后代选择器的定义方式是将标签名、class 属性或 id 属性等按照标签的嵌套关系由外到内依次罗列，中间使用空格分开。后代选择器的示例代码如下：

```
/* 选择所有 div 元素内部的 p 元素 */
div p {
    color: red;
}
```

下面演示后代选择器的使用。首先在 example 文件夹中创建一个名为 descendant_selector.html 的文件，在该文件中使用后代选择器选取 <div> 标签中的元素，并设置其样式，具体代码如下所示：

```
<!DOCTYPE html>
<html lang="en">
<head>
<meta charset="UTF-8">
<meta name="viewport" content="width=device-width, initial-scale=1.0">
<title>后代选择器</title>
<style>
    /* 使用后代选择器选中所有 div 内部的 p 元素 */
    div p {
        color: blue;
    }
    /* 选中所有 div 内部嵌套在 p 元素内部的 span 元素 */
    div p span {
        color: red;
        font-weight: bold;
    }
```

```
</style>
</head>
<body>
<div>
    <p>春天的潍坊，到处山清水秀、生机勃勃、景色怡人。</p>
    <p>
        处处可见"春风骀荡千山润，春雨霏微万物苏"的美好风光。
        <span>春光无限，不止在热闹的城区，更在山水之间。</span>
    </p>
    <span>若想感受潍坊的如画春意，不妨来这里走一走。</span>
</div>
</body>
</html>
```

后代选择器的运行效果如图 2 - 27 所示。

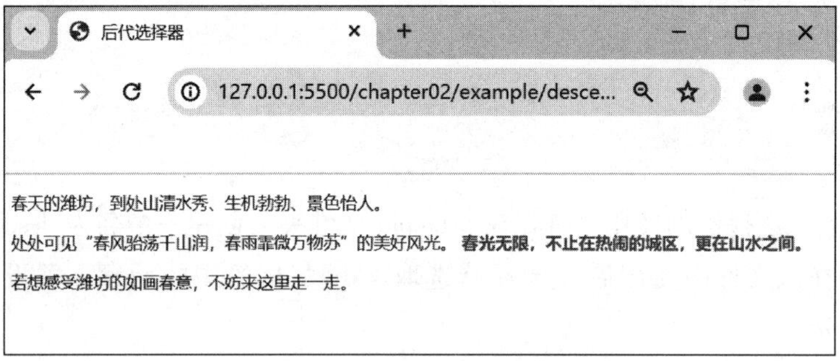

图 2 - 27　后代选择器的运行效果

2. 子选择器

子选择器与后代选择器类似，不过子选择器只会匹配某个元素的直接后代（元素与其子元素之间只有一层嵌套关系）。子选择器使用尖角号（ > ）连接多个选择器，前者表示要匹配的父元素，后者表示要匹配的被包含的子对象。子选择器的示例代码如下：

```
/* 选择所有 div 元素的直接子 p 元素 */
div > p {
    color: blue;
}
```

下面演示子选择器的使用。首先在 example 文件夹中创建一个名为 child_selector.html 的文件，在该文件中使用子选择器选取 div 元素中的 p 元素，并设置其样式，具体代码如下所示：

```
<!DOCTYPE html>
<html lang="en">
```

```
<head>
    <meta charset="UTF-8">
    <meta name="viewport" content="width=device-width, initial-scale=1.0">
    <title>子选择器</title>
    <style>
        /* 使用子选择器选中 div 元素下直接的 p 元素 */
        div>p {
            color: blue;
            font-weight: bold;
        }
        ul li {
            color: green;
        }
    </style>
</head>
<body>
    <div>
        <p>春天的潍坊,到处山清水秀、生机勃勃、景色怡人。</p>
        <p> 处处可见"春风骀荡千山润,春雨霏微万物苏"的美好风光。</p>
        <ul>
            <li>春光无限,不止在热闹的城区,更在山水之间。</li>
            <li>若想感受潍坊的如画春意,不妨来这里走一走。</li>
        </ul>
    </div>
</body>
</html>
```

子选择器的运行效果如图2-28所示。

图2-28　子选择器的运行效果

3. 相邻兄弟选择器

相邻兄弟选择器会匹配同一父元素下指定元素紧邻的另一个元素，且两者不存在嵌套关系，使用加号（+）连接两个选择器，前者匹配特定元素，后者根据结构关系指定同级、相邻的匹配元素。相邻兄弟选择器的示例代码如下：

```
/* 选择每个 h1 元素后紧跟的第一个 p 元素 */
h1 + p {
    font-size: 20px;
}
```

下面演示相邻兄弟选择器的使用。首先在 example 文件夹中创建一个名为 adjacent_sibling_selector. html 的文件，在该文件中使用相邻兄弟选择器选取紧跟在第一个 p 元素之后的 p 元素，并设置其文本颜色为红色，具体代码如下所示：

```
<!DOCTYPE html>
<html lang="en">
<head>
    <meta charset="UTF-8">
    <meta name="viewport" content="width=device-width, initial-scale=1.0">
    <title>子选择器</title>
    <style>
        /* 选择紧跟在 .container 内第一个 p 元素之后的 p 元素 */
        .container > p + p {
            color: red;
        }
    </style>
</head>
<body>
    <div class="container">
        <p>山水美如画。</p>
        <p>宜人春色惹人醉。</p>
        <p>春风渐暖,百花渐开。</p>
        <span>春天的潍坊,到处山清水秀。</span>
        <p>春风骀荡千山润,春雨霏微万物苏。</p>
    </div>
</body>
</html>
```

相邻兄弟选择器的运行效果如图 2-29 所示。

图2-29　相邻兄弟选择器的运行效果

4. 通用兄弟选择器

通用兄弟选择器会匹配同一父元素下的兄弟元素，使用波浪号（~）连接两个选择器，前者匹配特定元素，后者根据结构关系指定其后同级的所有匹配元素。通用兄弟选择器的示例代码如下：

```
/* 选择每个 h1 元素后面的所有 p 元素 */
h1 ~ p {
    color: green;
}
```

下面演示通用兄弟选择器的使用。首先在 example 文件夹中创建一个名为 universal_brother_selector. html 的文件，在该文件中使用通用兄弟选择器选取 h2 元素之后的所有 p 元素，并设置其文本颜色为蓝色，具体代码如下所示：

```
<!DOCTYPE html>
<html lang="en">
<head>
    <meta charset="UTF-8">
    <meta name="viewport" content="width=device-width, initial-scale=1.0">
    <title>通用兄弟选择器</title>
    <style>
        /* 选择.container 内 h2 元素之后的所有 p 元素 */
        .container h2 ~ p {
            color: blue;
        }
    </style>
</head>
<body>
    <div class="container">
```

```
            <h2>风筝分类</h2>
            <p>冲浪风筝</p>
            <p>特技风筝</p>
            <span>夜光风筝</span>
            <p>串式风筝</p>
        </div>
</body>
</html>
```

通用兄弟选择器的运行效果如图 2－30 所示。

图 2－30　通用兄弟选择器的运行效果

任务实现

首先在 chapter02 文件夹中创建一个名为 kite_display. html 的文件，该文件用于搭建风筝展示网页面，然后将页面需要的风筝图片 kite1. png、kite2. png、kite3. png、kite4. png 导入 images 文件夹中，最后在 kite_display. html 文件中使用 <div>标签、<img>标签、<p>标签、<a>标签和 <h2>标签等显示风筝的图片、种类名称与描述信息，具体代码如下所示：

```
<!DOCTYPE html>
<html lang="en">
<head>
        <meta charset="UTF-8">
        <meta name="viewport" content="width=device-width, initial-scale=1.0">
        <title>风筝展示网页面</title>
        <link rel="stylesheet" href="kite.css">
</head>
<body>
        <header>
```

```
            < h1 > 风筝展示网页面 < /h1 >
        < /header >
        < main >
            < section class = "kite-gallery" >
                < div id = "card" >
                    < img src = "images/kite1. png" alt = "串式风筝" >
                    < h2 > < a href = "http: //fzh. weifang. gov. cn/" target = "_blank" > 串式类风筝 < /a > < h2 >
                    < p > 串式类风筝: 把数只相同或者不同的风筝像串糖葫芦似的拴在一根或多根线上放飞的风筝。 < /p >
                < /div >
                < div id = "card" >
                    < img src = "images/kite2. png" alt = "硬翅类风筝" >
                    < h2 > < a href = "http: //fzh. weifang. gov. cn/" target = "_blank" > 硬翅类风筝 < /a > < /h2 >
                    < p > 硬翅类风筝: 这种风筝的翅子是固定的形式, 翅子范围以外的部分造型与骨架结构则因题材不同而各不相同。 < /p >
                < /div >
                < div id = "card" >
                    < img src = "images/kite3. png" alt = "软翅类风筝" >
                    < h2 > < a href = "http: //fzh. weifang. gov. cn/" target = "_blank" > 软翅类风筝 < /a > < /h2 >
                    < p > 软翅类风筝: 它的升力片是用一根主翅条构成, 翅子的下端是软性的, 没有依附主条。 < /p >
                < /div >
                < div id = "card" >
                    < img src = "images/kite4. png" alt = "桶子类风筝" >
                    < h2 > < a href = "http: //fzh. weifang. gov. cn/" target = "_blank" > 桶子类风筝 < /a > < /h2 >
                    < p > 桶子类风筝: 亦称立体风筝, 一般采用折叠结构的骨架, 由一个或多个圆桶或其他形状的桶组成。 < /p >
                < /div >
            < /section >
        < /main >
        < footer >
            < p > 版权所有 &copy; 2024 风筝展示网 < /p >
        < /footer >
    < /body >
< /html >
```

上述代码中，第 7 行代码引入了 kite. css 样式文件，这个样式文件需要在 chapter02 程序中创建，然后在 kite. css 文件中设置风筝展示网页面的基础样式，该文件的具体代码如下所示：

```
*{
    text-align: center; /* 文本居中对齐 */
}
header {
    background-color: #333;
    color: #fff;
    text-align: center;
    height: 80px;
}
footer {
    background-color: #333;
    color: #fff;
    text-align: center;
    width: 100%;
    height: 50px;
}
p{
    color: #888; /*设置元素颜色 */
    line-height: 30px; /*设置行高 */
    font: 600 20px "楷体"; /* 连写形式,设置字体的粗细、大小、名称*/
}
/* 使用标签选择器选取 a 元素(超链接) */
a{
    color: #287ceb;
}
/* 使用超链接的伪类,当光标放到超链接上时 */
a: hover{
    text-decoration: none; /* 取消文本修饰(取消超链接的下画线) */
    color: #c76767;
}
```

上述样式代码中，使用 CSS3 基础属性对页面进行美化。首先使用 text-align 属性将网页中的文本内容设置为居中对齐方式；然后使用 color、font 等属性设置文本内容的颜色和字体样式；最后使用超链接的：hover 伪类，当光标放到超链接上时，改变超链接文本的字体颜色和文本修饰。

任务2 改进风筝展示网页面样式

需求分析

为了让风筝展示网页面更美观，我们使用边框属性、内边距与外边距等对其样式进行改进，将每个风筝的图片、种类名称与描述信息设计成一个小卡片的效果，改进后的风筝展示网部分页面效果如图2－31所示。

(a) 改进后的风筝展示网部分页面1

(b) 改进后的风筝展示网部分页面2

图 2－31　改进后的风筝展示网部分页面效果

知识储备

为了让风筝展示网页面样式更美观一些，我们需要学习一些盒子模型知识，包括盒子模型概述、内容区域、边框常用属性、新增边框属性、内边距属性和外边距属性。

视频　以电子礼盒为例介绍边距

视频　以“同心圆”班徽为例介绍边距属性

视频　盒子模型（动画）

一、盒子模型概述

盒子模型是一种思维模型，用于描述 HTML 元素在页面布局中的尺寸、边距和边框等属性。它定义了元素在页面中所占用的空间，以及元素之间是如何相互作用的。

1. 盒子模型的组成

盒子模型由以下 4 个部分组成，具体介绍如下：

（1）内容区域：是盒子的实际内容，包括文本、图像或其他嵌套的 HTML 元素。内容区域的大小由元素的 width（宽）和 height（高）属性决定。

（2）内边距：是内容区域与边框之间的空间，可以用来调整内容与边框之间的距离。内边距的大小由 padding 属性决定，可以分别设置上、右、下、左四个方向的内边距。

（3）边框：是围绕内容区域和内边距的线条或样式。边框的大小、样式和颜色由 border 属性决定，同样可以分别设置四个方向的边框。

（4）外边距：是盒子与其他元素之间的空间，可以用来调整元素与其他元素之间的距离。外边距的大小由 margin 属性决定，也可以分别设置四个方向的外边距。

2. 盒子模型的特点

（1）盒子模型中的每个部分都可以单独设置样式，如颜色、宽度等。

（2）元素的实际尺寸由内容区域、内边距、边框和外边距的大小共同决定。

（3）在 CSS 中，有两种盒子模型，分别是标准盒子模型和 IE 盒子模型。标准盒子模型将元素的宽度和高度包括在内容区域内，而 IE 盒子模型将元素的宽度和高度包括在内容区域、内边距和边框内。

二、内容区域

内容区域是盒子模型中最核心的部分，它包含了元素的实际内容，如文本、图片、视频等，它的大小可以通过指定元素的 width（宽）和 height（高）属性来控制。内容区域通常含有一个背景颜色（默认颜色为透明）或背景图像。

假设我们定义了一个内容区域，示例代码如下：

```
<div id = "box" style = "width: 200px; height: 100px;
   background-color: lightblue; " >
   颜值高，实力强，潍坊风筝产业一飞冲天。
</div >
```

上述示例代码中，box 是一个 div 元素，它作为盒子模型的容器。该代码通过内联样式指定了内容区域的亮度为200px，高度为100px，以及背景颜色为 lightblue。盒子模型的内容区域就是文本“颜值高，实力强，潍坊风筝产业一飞冲天。”的矩形区域，其尺寸受到 width 和 height 属性的控制。

三、边框常用属性

边框属性就是 border 属性，它可定义一个元素的边框宽度、边框线样式和边框颜色。border 属性主要包含 border-width、border-style 和 border-color 这 3 个子属性。border 常用属性的具体说明如表 2－17 所示。

表 2－17　border 常用属性的具体说明

属性	说明
border-width	设置边框宽度，属性值为数值，常用单位为像素（px）

续表

属性	说明
border-style	设置边框线样式，属性值有 none（无边框）、solid（实线）、dashed（虚线）、dotted（点状）和 double（双线）
border-color	设置边框颜色，属性值可以是颜色的英文单词、十六进制值或 RGB 值

border 属性的 3 个边框属性可进行连写，连写顺序为 border-width、border-style 和 border-color。在进行边框样式设置时，使用连写格式不仅能够提升开发者的代码编写速度，还能够提高代码可读性，示例代码如下：

```
border: 1px solid #aaa;
```

下面演示 border 属性的使用。首先在 example 文件夹中创建一个名为 border_attribute.html 的文件，在该文件中使用 border 属性设置一盒子的边框样式，具体代码如下所示：

```
<!DOCTYPE html>
<html lang="en">
<head>
    <meta charset="UTF-8">
    <meta name="viewport" content="width=device-width, initial-scale=1.0">
    <title>border 属性</title>
    <style>
        .box {
            /* 设置盒子的宽度和高度 */
            width: 200px;
            height: 100px;
            /* 设置边框样式 */
            border: 5px solid #ec082a;
            /* 设置文本对齐方式 */
            text-align: center;
            /* 设置背景色(可选) */
            background-color: #f2f2f2;
        }
    </style>
</head>
<body>
    <div class="box">这是一个带有边框的盒子</div>
</body>
</html>
```

border 属性的运行效果如图 2-32 所示。

图 2－32　border 属性的运行效果

四、新增边框属性

为了创建出丰富、美观的边框及其周围视觉效果，在 CSS3 中新增了一些边框属性，包括 border-radius 属性、border-image 属性和 box-shadow 属性。

1. border-radius 属性

在 CSS2.1 中，为元素添加圆角效果，通常使用背景图片来实现，制作起来比较麻烦。而 CSS3 中，border-radius 属性的出现，完美地解决了圆角效果难以实现的问题。此外，在前端开发中，对于网页设计，始终秉承着“尽量少用图片”的原则，即能用 CSS 实现的效果，就尽量不使用图片。这是因为使用图片需要引发 HTTP 请求，并且其传输量大，容易影响网页加载性能。

border-radius 属性可为元素添加圆角效果，属性值可以是百分比，也可以使用 px、em 为单位。border-radius 属性中的数值代表一个圆形的半径，这个圆形与元素相切就形成了圆角，属性值越大，圆角越明显。例如，一个宽度为 100px、高度为 100px 的正方形块元素，将 border-radius 属性值设为 50px（border-radius：50px），则可使块元素转变成一个圆形。

border-radius 属性也是一个简写属性，主要包含 border-top-left-radius（对应左上角）、border-top-right-radius（对应右上角）、border-bottom-right-radius（对应右下角）和 border-bottom-left-radius（对应左下角）4 个子属性。

border-radius 属性值可以通过复合写法实现多种设置方式，其语法格式如下所示：

```
border-radius: 左上角 右上角 右下角 左下角
border-radius: 左上角 右上角和左下角 右下角
border-radius: 左上角和右下角 右上角和左下角
border-radius: 四个角
```

下面演示 border-radius 属性的使用。首先在 example 文件夹中创建一个名为 border_radius_attribute. html 的文件，在该文件中使用 border-radius 属性为元素添加圆角效果，具体代码如下所示：

```
< ! DOCTYPE html >
< html lang = "en" >
< head >
    < meta charset = "UTF-8" >
    < title > 圆角效果 < /title >
    < style >
        /* 第 1 个元素，四个角实现相同的圆角效果 */
        . box1{
            width: 300px;
            height: 150px;
            background-color: #29e069;
            border-radius: 40px; /* 设置圆角效果，4 个角复合写法 */
            margin-bottom: 15px; /* 设置下外边距 */
            text-align: center;
        }
        /* 第 2 个元素，四个角分别实现不同的圆角效果 */
        . box2{
            width: 300px;
            height: 150px;
            background-color: #2f11d5;
            /* 设置圆角效果，左上角 右上角 右下角 左下角 */
            border-radius: 40px 30px 20px 10px;
            text-align: center;
        }
    < /style >
< /head >
< body >
    < div class = "box1" > 四个角实现相同的圆角效果 < /div >
    < div class = "box2" > 四个角分别实现不同的圆角效果 < /div >
< /body >
< /html >
```

使用 border-radius 属性为元素添加圆角的运行效果如图 2 - 33 所示。

2. border-image 属性

如果想要给边框添加比较美观的背景图片，就要用到 CSS3 中提供的 border-image 属性。border-image 属性用于为边框添加背景图片。在 CSS3 中，border-image 属性是一个简

图 2-33　使用 border-radius 属性为元素添加圆角的运行效果

写属性，即用于设置 border-image-source、border-image-slice、border-image-width、border-image-outset 和 border-image-repeat 属性。这 5 个属性的具体说明如表 2-18 所示。

表 2-18　border-image 属性的具体说明

属性	说明
border-image-source	用在边框的图片的路径
border-image-slice	图片边框向内偏移
border-image-width	图片边框的宽度
border-image-outset	边框图像区域超出边框的量
border-image-repeat	图像边框是否应重复（repeat）、平铺（round）或拉伸（stretch），即平铺方式

在使用 border-image 属性为边框添加背景图片时，主要可设置图片边框的路径、图片边框的宽度、图片边框的平铺方式这 3 个值。

使用 border-image 属性为边框添加背景图片。首先通过 URL 值来添加图片地址，再使用数值来设置填充图片的大小，数值填充的是边框的 4 个方向，从图片边缘向图片内层截取相应数值进行填充，注意数值后不要加单位，最后通过图片平铺方式来改变边框添加的方式。repeat 值表示重复，round 值表示平铺，stretch 值表示拉伸（默认值）。

下面演示 border-image 属性的使用。首先将所需要的图片 border_image. png 图片导入 example 文件夹中创建的一个名为 border_image_attribute. html 的文件，在该文件中使用

border-image 属性为 div 元素的边框设置背景图片，具体代码如下所示：

```
<!DOCTYPE html>
<html lang="en">
<head>
    <meta charset="UTF-8">
    <title>边框设置背景图片</title>
    <style>
        div{
            width: 200px;
            height: 200px;
            border: 15px solid transparent;/* 添加边框 */
            margin: 20px;/* 添加外边距 */
            float: left;/* 设置左浮动 */
        }
        /* 边框图片拉伸 */
        .stretch{
            border-image: url(../images/border_image.png) 30 stretch;
        }
        /* 边框图片平铺 */
        .round{
            border-image: url(../images/border_image.png) 30 round;
        }
    </style>
</head>
<body>
    <div class="stretch">图片被拉伸以填充该区域</div>
    <div class="round">图片铺满整个边框</div>
    <div>所需要的图片:
  <img src="../images/border_image.png" alt="">
    </div>
</body>
</html>
```

使用 border-image 属性为元素边框设置背景图片的运行效果如图 2－34 所示。

3. box-shadow 属性

box-shadow 属性与 text-shadow 类似，可为元素添加一个或多个阴影效果。

box-shadow 属性可设置的样式值有 h-shadow、v-shadow、blur、spread、color、inset，这 6 个属性值的含义及用法如表 2－19 所示。

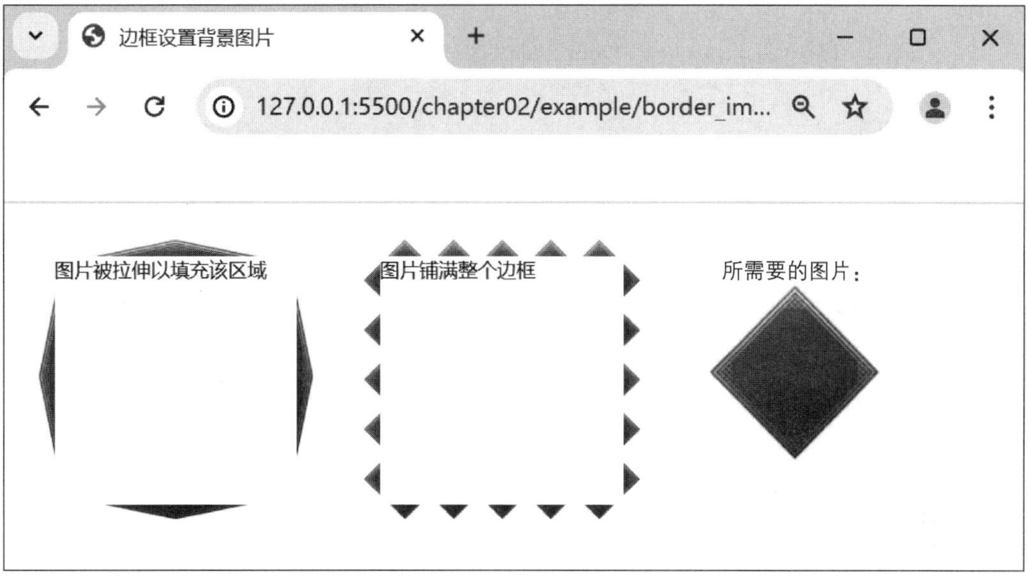

图 2－34　使用 border-image 属性为元素边框设置背景图片的运行效果

表 2－19　box-shadow 属性值的含义及用法

属性值	说明
h-shadow	必需，设置水平阴影的位置，即 X 轴偏移量，允许为负值
v-shadow	必需，设置垂直阴影的位置，即 Y 轴偏移量，允许为负值
blur	可选，设置阴影模糊距离，在原有的阴影长度上增加模糊度，数值越大越模糊，模糊范围也越大，如同吹气球的效果
spread	可选，设置阴影的尺寸，可对已设置好的阴影进行局部放大
color	可选，设置阴影的颜色
inset	可选，将外部阴影（outset）改为内部阴影

下面演示 box-shadow 属性的使用。首先在 example 文件夹中创建一个名为 box_shadow_attribute. html 的文件，在该文件中使用 box-shadow 属性为元素添加阴影效果，具体代码如下所示：

```
<!DOCTYPE html>
<html lang="en">
<head>
    <meta charset="UTF-8">
    <title>元素阴影效果</title>
    <style>
        div{
            width: 300px;
            height: 150px;
            background-color: #8134e0;
```

```
            /* 设置阴影效果, X 轴偏移量 Y 轴偏移量 阴影模糊距离 阴影尺寸 阴影颜色 */
            box-shadow: 0px 0px 10px 6px #db88d0;
        }
    </style>
</head>
<body>
    <div>为元素添加阴影效果</div>
</body>
</html>
```

使用 box-shadow 属性为元素添加阴影的运行效果如图 2-35 所示。

图 2-35　使用 box-shadow 属性为元素添加阴影的运行效果

五、内边距属性

padding 属性也称为填充属性，控制元素各边所对应的内边距，该属性可用于为元素的内容和边框之间添加空白或额外的空间，以改变元素的布局和外观。padding 属性可调整元素内容在容器中的位置，它的值是额外加在元素原有大小之上的，会将元素撑大。若想使元素保持原有的大小，则需要事先减去额外添加的 padding。

padding 属性主要包含 padding-top、padding-bottom、padding-left 和 padding-right 这 4 个子属性。padding 属性的具体说明如表 2-20 所示。

表 2-20　padding 属性的具体说明

属性	说明
padding	设置所有内边距的属性，属性值通常为像素值或百分比
padding-top	设置元素的上内边距
padding-bottom	设置元素的下内边距
padding-left	设置元素的左内边距
padding-right	设置元素的右内边距

padding 属性值可以通过复合写法实现多种设置方式，其语法格式如下所示：

```
padding: 上内边距 右内边距 下内边距 左内边距
padding: 上内边距 左右内边距 下内边距
padding: 上下内边距 左右内边距
padding: 上下左右内边距
```

需要注意的是，padding 属性不会出现撑开父元素“盒子”的情况。撑开父元素是指父元素跟随子元素的 padding 值一起变大。子元素不设置宽度和高度，而是继承父元素的宽度，此时为子元素设置 padding 的值，若子元素整体高度未超过父元素，则高度不会超出父元素；若子元素整体高度超过父元素，则高度会超出父元素。总而言之，子元素的 padding 属性永远不会撑开父元素的宽度，但高度可以超出父元素，因此一般没必要给子元素设置宽度，会默认继承父元素。

下面演示 padding 属性的使用。首先在 example 文件夹中创建一个名为 padding_attribute. html 的文件，在该文件中使用 padding 属性设置元素的内边距，具体代码如下所示：

```
<!DOCTYPE html>
<html lang="en">
<head>
    <meta charset="UTF-8">
    <title>padding 属性</title>
    <style>
        /* 统一设置2个父元素 */
        .box{
            width: 300px;
            height: 100px;
            border: 2px solid #333; /* 添加边框 */
            margin: 20px;   /* 添加上右下左，四个方向外边距 */
        }
        .box1{
            background-color: #88d630; /* 设置背景颜色 */
            padding: 10px;  /* 添加上右下左，四个方向内边距 */
        }
        .box2{
            background-color: #a56de4;
            padding: 38px;  /* 添加上右下左，四个方向内边距 */
        }
    </style>
</head>
```

```
<body>
    <div class="box">
        <div class="box1">
            子元素设置 padding 的值,若子元素整体高度未超过父元素,则高度不会超出父元素
        </div>
    </div>
    <div class="box">
        <div class="box2">
            子元素设置 padding 的值,若子元素整体高度超过父元素,则高度会超出父元素
        </div>
    </div>
</body>
</html>
```

padding 属性的运行效果如图 2－36 所示。

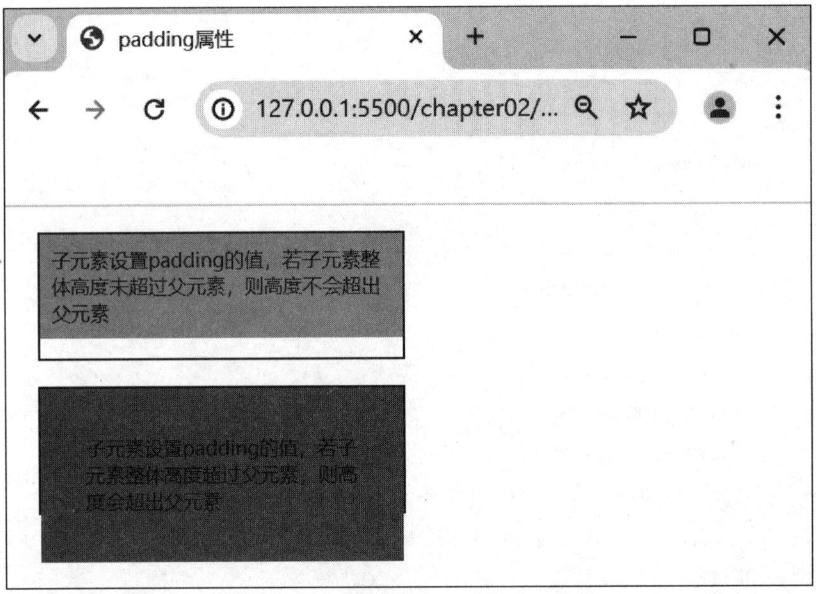

图 2－36　padding 属性的运行效果

从上述代码中可看出，子元素添加 padding 属性，不会影响到父元素的整体大小。子元素会默认继承父元素的宽度，当子元素添加 padding 属性时，子元素会根据自身所设置的 padding 值（只针对 padding-left 和 padding-right），自动调整自身宽度。

六、外边距属性

margin 属性定义元素周围的空间，即元素与元素之间的距离。margin 属性主要包含 margin-top、margin-bottom、margin-left 和 margin-right 这 4 个子属性。margin 属性的具体说

明如表2－21所示。

表2－21 margin属性的具体说明

属性	说明
margin	在一个声明中设置所有外边距的属性，属性值通常为像素值或百分比，可以取负值
margin-top	设置元素的上外边距
margin-bottom	设置元素的下外边距
margin-left	设置元素的左外边距
margin-right	设置元素的右外边距

margin属性的auto属性值，可使浏览器自行选择一个合适的外边距。在一些特殊情况下，auto值可以使元素左右居中，示例代码如下：

```
margin: auto; 或 margin: 0 auto; //使元素居中
```

margin属性值可以通过复合写法实现多种设置方式，其语法格式如下所示：

```
margin: 上外边距 右外边距 下外边距 左外边距
margin: 上外边距 左右外边距 下外边距
margin: 上下外边距 左右外边距
margin: 上下左右外边距
```

两个相邻块元素同时添加上下外边距时，会出现外边距重叠的问题。两个元素的上外边距（margin-top）和下外边距（margin-bottom）有时重叠（合并）为单个边距，其大小为这两个边距中的最大值（如果它们相等，则仅为其中一个），这种现象称为外边距重叠。简单来说，当出现外边距重叠问题时，哪个元素的margin值比较大，元素之间的外边距（margin距离）就显示为该元素的margin值。

下面演示外边距的使用。首先在example文件夹中创建一个名为margin_attribute.html的文件，在该文件中使margin属性设置第1个元素块的下外边距为60px，即margin-bottom：60px；第2个元素块的上外边距为20px，即margin-top：20px，观察两者之间的距离，具体代码如下所示：

```
<!DOCTYPE html>
<html lang="en">
<head>
    <meta charset="UTF-8">
    <title>margin属性</title>
    <style>
        .box1,.box2{
            width: 350px;
            height: 150px;
```

```
        }
        .box1{
            background-color: rgb(230,217,45);/* 使用 rgb 值设置背景颜色 */
            margin-bottom: 60px;/* 设置下外边距为 60px */
        }
        .box2{
            background-color: rgb(236,30,30);
            margin-top: 20px;/* 设置上外边距为 20px */
        }
    </style>
</head>
<body>
    <div class="box1">冲浪风筝,是用于冲浪运动的充气风筝。</div>
    <div class="box2">特技风筝,即运动风筝,也称作竞技风筝,又叫操纵风筝或复线风筝。
</div>
</body>
</html>
```

margin 属性的运行效果如图 2-37 所示。

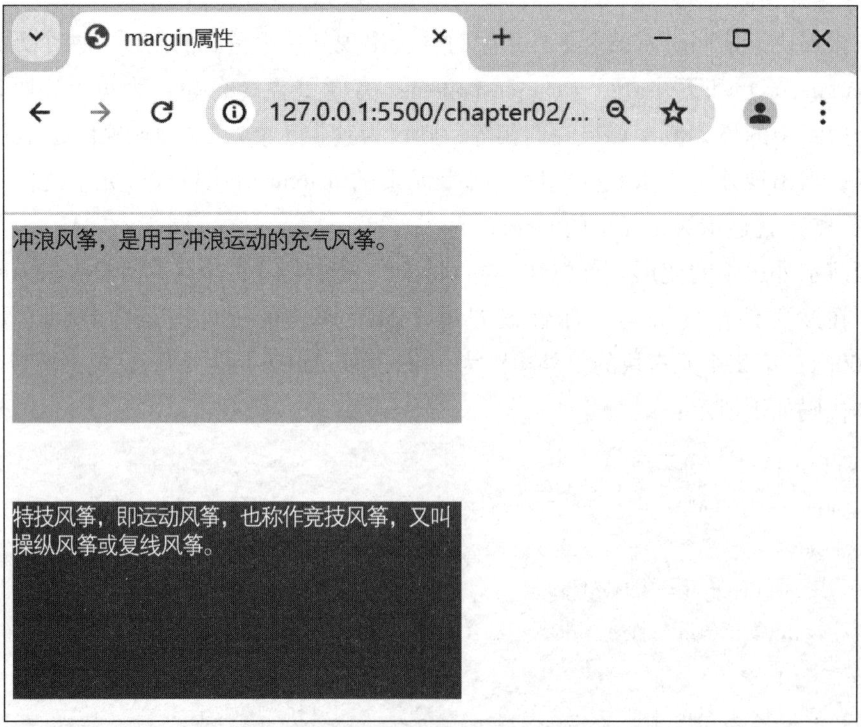

图 2-37　margin 属性的运行效果

当父元素没有边框时，子元素添加 margin-top 属性之后，会带着父元素一起下沉，这便是 margin 属性的外边距塌陷问题。该问题只会出现在嵌套结构中，且只有 margin-top 会有这类问题，margin 属性的其他 3 个方向是没有外边距塌陷问题的。通常使用以下 3 种方式解决 margin 的外边距塌陷问题。

1. 为父元素添加 overflow 属性

将 overflow 属性值设置为 hidden，即可解决外边距塌陷问题，此方式比较推荐使用。示例代码如下：

```
overflow: hidden;
```

2. 为父元素添加一个边框

边框颜色推荐使用透明色，这样不会影响页面原有的整体效果，示例代码如下：

```
border: 1px solid transparent;
```

3. 为父元素添加 padding-top 属性

这种方式需要重新计算高度值，从而保证父元素“盒子”大小，不推荐使用。

下面演示解决 margin 属性外边距塌陷的问题。首先在 example 文件夹中创建一个名为 collapse_margin.html 的文件，在该文件中实现解决外边距塌陷的问题，具体代码如下所示：

```
<!DOCTYPE html>
<html lang="en">
<head>
    <meta charset="UTF-8">
    <title>解决外边距塌陷问题</title>
    <style>
        .box{
            width: 400px;
            height: 180px;
            background-color: rgb(236,111,27);/* 设置背景颜色 */
            overflow: hidden;/* 第 1 种方式,为父元素添加 overflow 属性 */
            /* border: 1px solid transparent; 第 2 种方式,为父元素添加透明边框 */
        }
        .box1{
            width: 300px;
            height: 120px;
            background-color: rgb(214,24,236);
            margin-top: 30px;/* 添加上外边距 */
        }
    </style>
</head>
<body>
```

```
23.     <div class = "box" >
24.         <div class = "box1" >
25.             当代潍坊风筝，既包括传统风筝，又包括现代风筝。现代风筝依靠现代新型材料制作而成，
26.             造型结构不拘一格，其放飞性能高、动感强，成为现代生活中时尚运动的重要选择。
27.         </div >
28.     </div >
29. </body >
30. </html >
```

解决外边距塌陷问题的运行效果如图 2－38 所示。

图 2－38　解决外边距塌陷问题的运行效果

若不通过为父元素添加 overflow 属性或添加透明边框的方式解决外边距塌陷问题，即删除上述代码中的第 11～12 行代码，就会出现外边距塌陷问题，如图 2－39 所示。

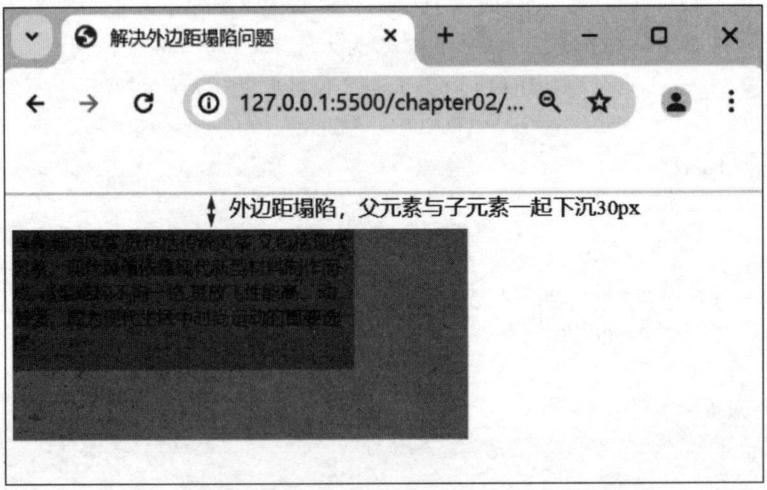

图 2－39　出现外边距塌陷问题的运行效果

任务实现

改进任务 1 中的风筝展示网页面的样式只需要修改样式文件即可，风筝展示网页面的 kite_display. html 文件不用修改。首先在 chapter02 程序中创建一个名为 kite_modify. css 的文件，该文件用于编写改进后的风筝展示网页面的样式，具体样式代码如下所示：

```
*{
    text-align: center; /* 文本居中对齐 */
    margin: 0;
    padding: 0;
}
header {
    background-color: #333;
    color: #fff;
    text-align: center;
    height: 60px;
    padding-top: 20px;
}
footer {
    background-color: #333;
    color: #fff;
    text-align: center;
    width: 100%;
    height: 50px;
    padding-top: 10px;
}
p{
    color: #888; /* 设置元素颜色 */
    line-height: 40px; /* 设置行高 */
    font: 600 20px "楷体"; /* 连写形式, 设置字体的粗细、大小、名称 */
    padding: 5px;
}
/* 父容器 */
#card{
    width: 500px;
    border: 1px solid #999; /* 添加边框, 设置边框宽度、线样式、颜色 */
    margin: 10px auto; /* 添加外边距, 上、下外边距为 10px, 左右处于页面居中位置 */
}
img{
    margin: 10px;
```

```
35.     vertical-align: middle; /* 取消图片底部的空白间隙 */
36. }
37. a{
38.     display: inline-block; /* 转化为内联块元素 */
39.     border: 1px solid #999; /* 添加边框 */
40.     border-radius: 30px; /* 添加圆角效果 */
41.     color: #1d64a2;
42.     font: 600 20px "楷体";
43.     text-decoration: none; /* 设置文本修饰,取消下画线 */
44.     padding: 8px 20px; /* 添加内边距,上、下内边距为 8px,左、右内边距为 20px */
45.     margin: 0 32px 10px; /* 添加上外边距为 0,左、右外边距为 32px,下外边距为 25px */
46. }
47. /* 光标移到超链接时 */
48. a: hover{
49.     color: #7b7373; /* 改变字体颜色 */
50.     cursor: pointer; /* 光标形状变成一只手 */
51. }
```

上述代码中，第 1 ~5 行代码使用通用选择器进行样式重置，padding 属性和 margin 属性设置为 0 用于清除页面默认边距。第 28 ~32 行代码使用 border 属性和 margin 属性为父容器添加边框和外边距。第 37 ~46 行代码使用 display 属性将 <a> 超链接转化为内联块元素，使用 border-radius 属性为其添加圆角，再为其添加内边距和外边距。第 48 ~51 行代码应用超链接的：hover 伪类，当光标移到超链接时，改变超链接的字体颜色。

任务 3 完成风筝展示网页面布局

需求分析

为了让风筝展示网页面的功能更丰富、布局更精美，我们使用 CSS3 的浮动、清除浮动、定位属性、相对定位、绝对定位和固定定位等知识对页面进行布局与设计。完整的风筝展示网页面效果如图 2－40 所示。

图 2－40　完整的风筝展示网页面效果

知识储备

在设计精美的风筝展示网页面布局之前，我们首先需要掌握浮动概述、清除浮动、定位属性、相对定位、绝对定位和固定定位等知识，通过使用这些知识完成精美的风筝展示网页面布局。下面将对这些知识内容进行介绍。

视频　以九宫格设计为例介绍浮动

视频　以购物车图标为例介绍定位

视频　浮动（动画）

一、浮动概述

CSS3 浮动是网页布局中重要的组成元素。“浮”指元素可以脱离文档流，漂浮在网页上面；“动”指元素可以偏移位置，移动到指定位置。

浮动的本质是使块级元素在同一行显示，脱离文档流，不占用原来的位置。文档流指的是元素在页面中出现的先后顺序，即元素在窗体中自上而下逐行排列，并在每行中按从左到右的顺序排放。

在 CSS3 中，块元素的浮动是使用 float 属性进行设置的。设置浮动之后，元素会按一个指定的方向移动，直至到达父容器的边界或另一个浮动元素才停止。float 属性有 none、left 和 right 这 3 个属性值，其属性值的具体说明如表 2-22 所示。

表 2-22　float 属性值的具体说明

属性值	说明
none	none 值为不浮动（默认值），表示对元素不进行浮动操作，元素处于正常文档流中
left	left 值为左浮动，表示对元素进行左浮动，元素会沿着父容器靠左排列并脱离文档流
right	right 值为右浮动，表示对元素进行右浮动，元素会沿着父容器靠右排列并脱离文档流

二、清除浮动

使用 float 属性对元素进行浮动操作时，不会对浮动元素之前的元素造成任何影响，但元素浮动脱离正常文档流会影响到后面元素的布局，导致后续元素发生错位。为了解决浮动带来的影响，在 CSS3 中有以下 4 种常见的方式实现清除浮动的操作。

1. 使用 clear 属性

通过在浮动元素后面添加一个具有 clear 属性的空元素可以清除浮动。这个空元素可以是任何 HTML 元素，如 <div>
 等。clear 属性有 left、right 和 both 这 3 个属性值，其属性值的具体说明如表 2-23 所示。

表 2-23　clear 属性值的具体说明

属性值	说明
left	left 值用于清除左浮动
right	right 值用于清除右浮动
both	both 值用于同时清除左右浮动

使用 clear 属性清除浮动的示例代码如下：

```
<div style="float: left;">Float Left</div>
<div style="clear: both;"></div>  <!-- 清除浮动 -->
```

2. 使用伪元素::after

::after 伪元素是对空标签方式的一种优化，在父容器中添加一个 class 类名（如 clearfix），然后使用 CSS 中的 content 属性为 HTML 标签添加一个空内容，相当于添加一个空标签。该空标签默认为内联元素，再将 display 属性值设为 block，使其转化为块级元素，该空标签默认具备块级元素的特点，然后使用清除浮动的方式使其撑开父容器。

伪元素清除浮动的示例代码如下：

```
.clearfix::after {
  content: "";
  display: table;
```

```
    clear: both;
}
/* 在 HTML 中使用 */
<div class = "clearfix" >
    <div style = "float: left; " > Float Left </div >
    <! -- 其他浮动元素 -- >
</div >
```

此种方式易于后期维护，是实际开发中清除浮动的常用方式。

3. 为父容器设置一个固定高度

如果父容器未设置固定高度，子元素浮动脱离文档流时，会导致父容器和子元素不在同一个层面，父容器内丢失子元素导致父容器无法被撑开，后续元素会随着父容器的缩小而向前移动。通过固定的父容器高度，可以限制容器大小，不影响后续元素的位置。但高度固定的父容器不便于读者对其内容进行扩展，在实际的大型应用开发中不推荐使用此方式。

4. 为父容器添加一个 overflow 属性

将 overflow 属性值设为 hidden（对溢出内容进行修剪）或 scroll（对元素设置滚动条），可以清除浮动带来的影响。但 overflow 属性会对溢出的元素进行隐藏或添加滚动条，在实际开发中不推荐使用此方式。

三、定位属性

制作网页时，可以使用 CSS3 的定位属性将一个元素精准地放在页面指定位置上。元素的定位属性由定位模式和位置属性两部分构成。

1. 定位模式

在 CSS3 中，position 属性用于定义元素的定位模式，4 个常用属性值为 static、relative、absolute 和 fixed，分别对应 4 种定位方式，即静态定位、相对定位、绝对定位和固定定位，如表 2－24 所示。

表 2－24　position 常用属性值

属性值	说明
static	静态定位（默认定位方式）
relative	相对定位，相对于其原文档流的位置进行定位
absolute	绝对定位，相对于最近的已定位的祖先元素进行定位
fixed	固定定位，相对于浏览器窗口进行定位

在表 2－24 中，静态定位是 CSS3 定位的默认定位方式，其 position 属性值为 static，可将元素定位于静态位置，此时元素不会以任何特殊方式进行定位。静态定位的元素不受 top、bottom、left 和 right 位置属性的影响，始终根据页面的标准流进行定位。在默认状态下，任何元素都会以静态定位来确定位置。因此，不设置 position 定位属性时，元素会遵

循默认值显示为静态位置。

2. 位置属性

在网页中定义了元素的定位方式之后，并不能确定元素的具体位置，需要配合位置属性来精准设置定位元素的具体位置。位置属性共有 4 个，包括 top、bottom、left 和 right。这 4 个位置属性可以取值为不同单位（如 px，mm，rems）的数值或百分比，位置属性的具体说明如表 2-25 所示。

表 2-25　位置属性的具体说明

位置属性	说明
top	顶部偏移量
bottom	底部偏移量
left	左侧偏移量
right	右侧偏移量

四、相对定位

相对定位的元素是相对于其原文档流的位置进行定位的，其 position 属性值为 relative。相对定位的元素会以自身位置为基准设置位置，即根据 left、right、top、bottom 等位置属性在标准文档流中进行位置偏移。相对定位不会对其余内容进行调整来适应元素留下的任何空间，移动的元素仍然占用原本的位置。

相对定位有以下 3 个特性：

（1）相对于自身的初始位置来定位。

（2）元素位置发生偏移后，仍占用原来的位置，位置空间会被保留下来。

（3）层级提高，可以覆盖标准文档流中的元素及浮动元素。

相对定位一般情况下很少单独使用，可以配合绝对定位使用，通常作为绝对定位的元素的父元素，而又不设置偏移量，也就是所谓的“子绝父相”。

下面演示相对定位。首先在程序 chapter02 的 example 文件夹中创建一个名为 relative_positioning. html 的文件，在该文件中创建 3 个块元素，并对其中 1 个块元素进行相对定位，然后观察它们的位置变化，具体代码如下所示：

```
<!DOCTYPE html>
<html lang="en">
<head>
    <meta charset="UTF-8">
    <title>相对定位</title>
    <style>
        /* 为3个块元素统一设置宽高 */
        div{
```

```
            width: 280px;
            height: 45px;
        }
        /* 为每个块元素分别设置背景颜色 */
        .box1{
            background-color: #ac92ea;
        }
        .box2{
            background-color: #aae3b7;
            position: relative; /* 为第 2 个块元素设置相对定位 */
            left: 200px;   /* 根据左上角位置距离左侧偏移 200px,往右移动 */
            top: 160px;   /* 根据左上角位置距离顶部偏移 160px,往下移动 */
        }
        .box3{
            background-color: #ec4b58;
        }
    </style>
</head>
<body>
    <div class="box1">1. 传统风筝,守正创新</div>
    <div class="box2">2. 现代风筝,后起之秀</div>
    <div class="box3">3. 风筝电商,异军突起</div>
</body>
</html>
```

相对定位的运行效果如图 2 - 41 所示。

图 2 - 41　相对定位的运行效果

由图 2－41 与上述代码可知，第 2 个块元素首先根据左上角的位置距离左侧偏移 200px（往右移动），然后距离顶部偏移 160px（往下移动）。

五、绝对定位

绝对定位的元素是相对于最近的已定位的祖先元素进行定位的，若祖先元素未进行定位，则会按照文档主体（body）的左上角进行定位，并随页面滚动一起移动。绝对定位的 position 属性值为 absolute。绝对定位的元素会根据 left、right、top、bottom 等位置属性相对于已定位的祖先元素进行位置偏移，类似于坐标值定位。绝对定位的元素在标准文档流中的位置会被删除，不再占用位置空间。

绝对定位有以下 4 个特性：

（1）绝对定位是相对于最近的已定位的祖先元素位置进行定位的，如果祖先元素没有设置定位，则相对文档主体（body）的左上角来定位。

（2）元素位置发生偏移后，不会占用原来的位置。

（3）元素层级提高，可以覆盖标准文档流中的其他元素及浮动元素。

（4）绝对定位的元素会脱离文档标准流。

绝对定位，一般情况下可用于下拉菜单、弹出数字气泡、焦点轮播图、信息内容显示等场景。

下面演示绝对定位的使用。首先在程序 chapter02 的 example 文件夹中创建一个名为 absolute_positioning. html 的文件，在该文件中创建 1 个父级块元素，其中包含 3 个子级块元素，父级块元素设置相对定位，其中 1 个子级块元素设置绝对定位，然后观察它们的位置变化，具体代码如下所示：

```
<!DOCTYPE html>
<html lang="en">
<head>
    <meta charset="UTF-8">
    <title>绝对定位</title>
    <style>
        /* 为 3 个子级块元素统一设置宽高 */
        div{
            width: 250px;
            height: 60px;
        }
        /* 设置父级块元素 */
        #box{
            width: 550px;
            height: 250px;
            border: 1px solid #999; /* 添加边框 */
```

```
            background-color: #faf9f3;
            position: relative; /* 为父元素设置相对定位 */
        }
        /* 为子级块元素分别设置背景颜色 */
        .box1{
            background-color: #b78cf0;
        }
        .box2{
            background-color: #e29494;
            position: absolute; /* 为第 2 个块元素设置绝对定位 */
            right: 100px;   /* 根据父元素位置距离右侧偏移 100px */
            bottom: 30px; /* 根据父元素位置距离底部偏移 30px */
        }
        .box3{
            background-color: #a6cfe7;
        }
    </style>
</head>
<body>
    <div id="box">
        <div class="box1">1. 传统风筝, 守正创新</div>
        <div class="box2">2. 现代风筝, 后起之秀</div>
        <div class="box3">3. 风筝电商, 异军突起</div>
    </div>
</body>
</html>
```

绝对定位的运行效果如图 2-42 所示。

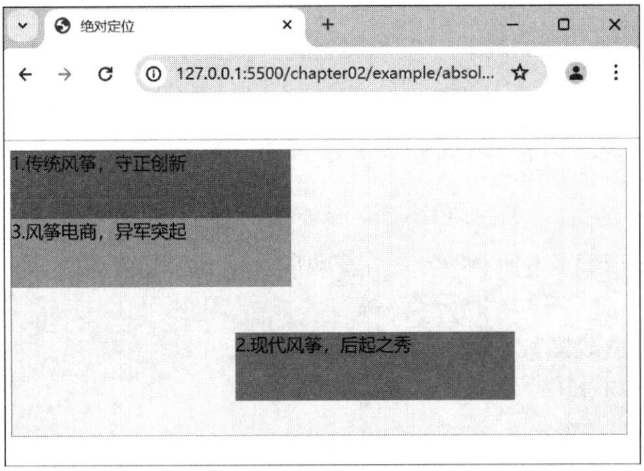

图 2-42　绝对定位的运行效果

由图 2-42 与上述代码可知，第 2 个块元素首先在距离父元素右侧 100px 的位置进行偏移，然后在距离父元素底部 30px 的位置进行偏移。

六、固定定位

固定定位的元素是相对于浏览器窗口进行定位的，设置固定定位的元素不会因浏览器窗口的滚动而移动。固定定位的 position 属性值为 fixed。固定定位的元素会以浏览器窗口为基准设置位置，即根据 left、right、top、bottom 等位置属性相对于浏览器窗口进行位置偏移，即使滚动页面，该元素也始终位于同一位置。但是，一旦元素被定位到浏览器窗口的可见视图之外，就不能被看见了。

固定定位有以下 3 个特性：

（1）元素相对于浏览器窗口来定位。

（2）偏移量不会随滚动条的滚动而移动。

（3）元素不占用原来的位置空间。

在一般情况下，固定定位在网页中可用于窗口左右两边的固定广告、返回顶部图标、固定顶部导航栏等。

下面演示固定定位的使用。首先在程序 chapter02 的 example 文件夹中创建一个名为 fixed_positioning.html 的文件，在该文件中创建 1 个父级块元素（包含 2 个子级块元素），其中 1 个子级块元素设置固定定位，然后观察它们的位置变化，具体代码如下所示：

```
<!DOCTYPE html>
<html lang="en">
<head>
    <meta charset="UTF-8">
    <meta http-equiv="X-UA-Compatible" content="IE=edge">
    <meta name="viewport" content="width=device-width, initial-scale=1.0">
    <title>固定定位</title>
    <style>
        /* 设置父级块元素 */
        #box{
            width: 300px;
            height: 100px;
            background-color: #edf3f7; /* 设置背景颜色 */
            border: 1px solid #999; /* 设置边框 */
        }
        /* 统一设置 2 个子级块元素的宽高 */
        .box1, .box2{
            width: 250px;
```

```
            height: 50px;
        }
        . box1{
            background-color: #e3e3ac;
            position: fixed; /* 为第 1 个子级块元素设置固定定位 */
            right: 20px;   /* 距离浏览器窗口右侧 20px */
            bottom: 10px;   /* 距离浏览器窗口底部 10px */
        }
        . box2{
            background-color: #e98677;
        }
    </style>
</head>
<body>
    <div id = "box">
        <div class = "box1">1. 步步高歌! 让世界看见潍坊非遗之美</div>
        <div class = "box2">2. 给潍坊人一根线, 他们的风筝能飞向全世界</div>
    </div>
</body>
</html>
```

固定定位的运行效果如图 2-43 所示。

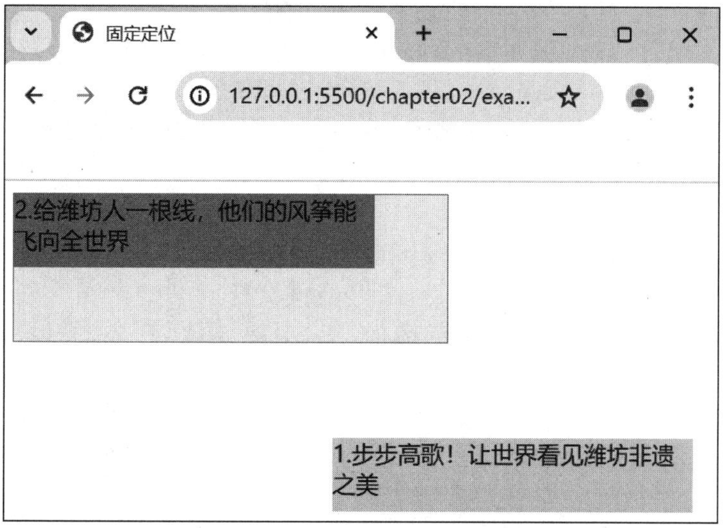

图 2-43　固定定位的运行效果

由图 2-43 与上述代码可知，无论浏览器窗口大小如何变化，第 1 个块元素始终定位在距离浏览器窗口右侧 20px、底部 10px 的位置。

任务实现

首先在 chapter02 文件夹中创建一个名为 kite_layout. html 的文件，该文件用于搭建精美的风筝展示网页面，然后在 kite_layout. html 文件中使用 <div> 标签、<img> 标签、<p> 标签、<a> 标签和 <h2> 标签等显示风筝的图片、种类名称与描述信息，具体代码如下所示：

```
<!DOCTYPE html>
<html lang="en">
<head>
<meta charset="UTF-8">
<meta name="viewport" content="width=device-width, initial-scale=1.0">
<title>风筝展示网页面</title>
<link rel="stylesheet" href="kite_layout.css">
</head>
<body>
<header>
  <h1>风筝展示网页面</h1>
</header>
<main>
  <section class="kite-gallery">
    <div id="card" class="kite-item float-left">
        <img src="images/kite1.png" alt="串式风筝">
        <h2> <a href="http://fzh.weifang.gov.cn/" target="_blank">串式类风筝</a> <h2>
        <p>串式类风筝:把数只相同或者不同的风筝像串糖葫芦似的拴在一根或多根线上放飞的风筝。</p>
    </div>
    <div class="kite-item float-left">
        <img src="images/kite2.png" alt="硬翅类风筝">
        <h2> <a href="http://fzh.weifang.gov.cn/" target="_blank">硬翅类风筝</a> </h2>
        <p>硬翅类风筝:这种风筝的翅子是固定的形式,翅子范围以外的部分造型与骨架结构则因题材不同而各不相同。</p>
    </div>
    <div class="kite-item float-left">
        <img src="images/kite3.png" alt="软翅类风筝">
        <h2> <a href="http://fzh.weifang.gov.cn/" target="_blank">软翅类风筝</a> </h2>
```

```
            <p>软翅类风筝：它的升力片是用一根主翅条构成，翅子的下端是软性的，没有依附主条。</p>
        </div>
        <div class="clearfix"></div>
    </section>
    <aside class="absolute-position">
        <h2>潍坊风筝</h2>
        <p>潍坊风筝源远流长，风格独特，具有浓郁的生活情味，向来以扎、糊、画、放闻名全国，
            享誉世界。潍坊被第五届国际风筝会主席团确定为“世界风筝都”。</p>
    </aside>
    <footer class="fixed-bottom">
        <p>版权所有 &copy; 2024 风筝展示网</p>
    </footer>
</main>
</body>
</html>
```

为了设计精美的风筝展示网页面布局，还需要在 chapter02 程序中创建一个 kite_layout.css 样式文件，在该文件中使用清除浮动、定位属性、绝对定位和固定定位等设置风筝的图片、种类名称与描述信息的显示样式。kite_layout.css 文件中的部分代码与前面的 kite_modify.css 文件中的代码类似，因此不再重复展示简单的样式代码，只展示核心样式代码，具体核心代码如下所示：

```
......
/* 浮动和清除浮动 */
.float-left {
    float: left;
    margin: 1rem;
    padding: 1rem;
    border: 1px solid #ddd;
    width: 200px;
    height: 300px;
    text-align: center;
}
.clearfix::after {
    content: "";
    display: table;
    clear: both;
}
```

```css
/* 绝对定位 */
.absolute-position {
    position: absolute;
    top: 18%;
    right: 0;
    width: 160px;
    padding: 1rem;
    margin-right: 5px;
    border: 1px solid #ddd;
    background-color: rgba(255, 255, 255, 0.8);
}
/* 固定定位 */
.fixed-bottom {
    position: fixed;
    bottom: 0;
    left: 0;
    width: 100%;
    background-color: #333;
    color: #fff;
    text-align: center;
    height: 60px; /* 设置高度 */
    line-height: 60px; /* 行高等于高度以实现垂直居中 */
}
```

项目小结

风筝展示网页面显示了风筝的种类、图片和描述信息，突出了风筝元素和传统文化特色。在搭建风筝展示网页面的过程中，通过使用 CSS3 的基础知识来设计页面的基础样式；使用内边距属性和外边距属性等改进了页面样式；使用浮动和定位的内容设计了页面的布局。通过对本项目的学习，读者能够快速设计 Web 页面的精美样式与布局，为后续设计项目中页面的样式设计奠定基础。

习　题

一、填空题

1. CSS3 的 3 种样式引入方式分别为________、________、________。

2. CSS3 基础选择器包括通用选择器、________、________、id 选择器、属性选择器、伪类选择器和伪元素选择器。

3. 属性选择器是根据________来匹配元素。

4. 字体属性的连写顺序为________、________、________、________。

5. ________属性设置文本首行缩进，属性值有数值或 inherit。

二、选择题

1. 下面用于设置元素行高的属性是（　　）。

A. width　　B. height

C. max-height　　D. line-height

2. 下面使用 <style> 标签书写 CSS 代码的是（　　）。

A. 行内样式　　B. 内嵌样式

C. 链接式　　D. 导入式

3. 下列只能选中唯一元素的选择器是（　　）。

A. 通用选择器　　B. 标签选择器

C. 类选择器　　D. id 选择器

4. :nth-child(2)选择的是第（　　）个元素。

A. 1　　B. 2

C. 3　　D. 4

5. 用于设置文本内容水平对齐方式的属性是（　　）。

A. text-indent　　B. vertical-align

C. text-align　　D. text-shadow

三、简答题

1. 简述 CSS3 基础选择器的使用方式。

2. 简述相对定位与固定定位的设置方式。

项目 3

线上博物馆制作

- 任务 1　完成移动端线上博物馆的基础布局
- 任务 2　设置线上博物馆 Flex 布局
- 任务 3　设置线上博物馆 Rem 与 Grid 布局

视频

项目 3　线上博物馆制作

学习目标

知识目标

- 理解网页模块命名的规范
- 理解布局视口、视觉视口和理想视口的概念
- 掌握百分比布局的使用
- 理解 Flex 布局的结构
- 掌握 Flex 容器属性与项目属性的使用
- 掌握媒体查询的语法和用法
- 掌握 Rem 布局和 Grid 布局的使用

技能目标

- 熟练使用视口和百分比布局完成移动端线上博物馆的基础布局
- 熟练使用 Flex 布局搭建更丰富与个性化的移动端线上博物馆
- 熟练使用媒体查询、Rem 布局和 Grid 布局搭建更美观与便捷的移动端线上博物馆

素质目标

- 具备响应式设计思维，能够从用户体验出发设计网页
- 具备良好的网页模块命名规范意识，注重代码的可读性和可维护性

项目描述

本项目将通过使用百分比布局、Flex 布局、Rem 布局和 Grid 布局搭建一个移动端线上博物馆项目。该项目旨在通过互联网技术手段，将博物馆文物和艺术品等资源数字化，以虚拟的方式呈现给用户，实现传统文化的传承与创新。

移动端线上博物馆项目主要以首页为例，使用不同布局展示不同的首页效果。首页展示的内容主要包括标题模块、广告模块、栏目分类模块、专题展览模块和底部导航栏模块。通过对移动端线上博物馆项目的学习，读者将掌握网页模块的命名规范、视口、百分比布局、Flex 结构、Flex 容器与项目属性、媒体查询、Rem 布局和 Grid 布局等知识的运用。

视频

弹性布局方式

任务1　完成移动端线上博物馆的基础布局

需求分析

在实现移动端线上博物馆首页之前，首先要了解该页面由哪些部分组成，以及每个部分需要包含哪些信息。这些需求的具体介绍如下：

（1）移动端线上博物馆首页包含标题模块、广告模块、栏目分类模块和专题展览模块。

（2）标题模块展示页面的名称。

（3）广告栏模块展示一张博物馆的图片。

（4）栏目分类模块展示历史故事、展馆活动、旅游指南和预定中心的图标与文字信息

（5）专题展览模块展示中国古代不同专题的图片信息。

根据上述5点需求，使用百分比布局实现线上博物馆首页的效果如图3－1所示。

图3－1　使用百分比布局实现线上博物馆首页的效果

知识储备

在实现线上博物馆首页的基础布局之前，我们首先需要了解一些移动端中的基础知识，包括网页模块命名规范、视口和百分比布局。

一、网页模块命名规范

如果没有统一的命名标准来规范网页组件的命名，任由开发者随意命名，将会使后续的网站开发过程有诸多不便。命名应力求简洁而富有表意性，以最少的字符传达最清晰的概念。因此，命名规范的重要性不言而喻。

一般而言，为网页模块命名时需遵循以下三大核心原则：

（1）命名避免使用中文字符（如 id = "内容"）。

（2）命名不能以数字开头（如 id = "1header"）。

（3）命名不能使用关键字（如 id = "div"）。

在网页开发过程中，常用驼峰式和帕斯卡这 2 种命名方式，具体说明如下：

（1）驼峰式命名：除第一个单词外，后面的单词首字母都要大写（如 navOne）。

（2）帕斯卡命名：每个单词之间用“_”连接（如 nav_one）。

了解命名规则和命名方式之后，将列举一些网页中常用的命名。模块常用命名和 CSS3 文件命名分别如表 3－1 和表 3－2 所示。

表 3－1　模块常用命名

模块	命名	模块	命名
头部	head	标签页	tab
内容	content/container	文章列表	list
尾部	foot	提示信息	msg
导航	nav	小技巧	tips
子导航	subnav	栏目标题	title
侧栏	sidebar	加入	joinus
栏目	column	指南	guild
左　右　中	left　right　center	服务	service
登录条	loginbar	注册	regsiter
标志	logo	状态	status
广告	banner	投票	vote
页面主体	main	合作伙伴	partner
热点	hot	搜索	search
新闻	news	友情链接	friendlink
下载	download	页眉	header
菜单	menu	页脚	footer
子菜单	submenu	版权	copyright

表 3－2　CSS3 文件命名

CSS 文件	命名	CSS 文件	命名
主要的	master. css	专栏	columns. css
模块	module. css	文字	font. css
基本共用	base. css	表单	forms. css
布局/版面	layout. css	补丁	mend. css
主题	themes. css	打印	print. css

二、视口

视口（Viewport）和窗口（Window）是两种不同的概念。视口依赖于设备坐标，窗口依赖于逻辑坐标。视口是浏览器显示页面内容的屏幕区域，窗口是显示设备给定的大小。

在 PC 端，视口仅表示浏览器的可视区域，视口宽度与浏览器窗口宽度保持一致。在移动端，视口与移动端浏览器的宽度并不关联，移动端视口较为复杂，主要涉及三个视口：布局视口、视觉视口和理想视口。

1. 布局视口

布局视口（Layout Viewport）指的是网页的宽度，一般移动设备的浏览器都默认添加一个 viewport 元标签用于设置布局视口。根据设备类型的不同，布局视口的默认宽度可能是 768px、980px 或 1 024px，在移动设备中这些固定宽度并不适用。当在移动设备的浏览器中展示 PC 端的网页内容时，由于移动设备屏幕较小，网页不能像在 PC 端那样完美地展示，这也是布局视口存在的问题。PC 端网页在移动端浏览器中会出现左右方向上的滚动条，用户需要通过左右滑动才可查看页面完整内容。布局视口如图 3－2 所示。

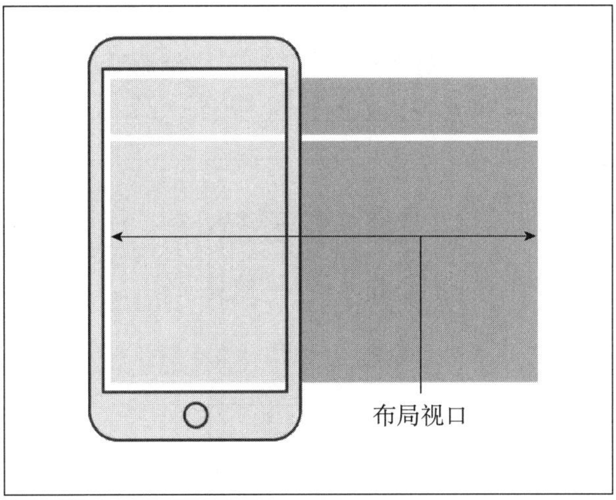

图 3－2　布局视口

布局视口的理想宽度指的是以 CSS 像素为单位计算的宽度，即屏幕的逻辑像素宽度，与设备的物理像素宽度并无关联。一个设备的逻辑像素在不同像素密度的设备屏幕上始终占用着相同的空间。

2. 视觉视口

视觉视口（Visual Viewport）通俗来说就是用户当前所看到的区域。在 PC 端，浏览器窗口可随意改变大小，我们可直观地看到窗口发生的变化。在移动端，大部分移动端设备的浏览器并不支持改变浏览器的宽高，因此视觉视口就是其屏幕大小，视觉视口宽度和设备屏幕宽度始终保持一致。用户可通过手动缩放去操作视觉视口显示内容，但不会因此影响布局视口，布局视口仍保持原有宽度。视觉视口如图 3－3 所示。

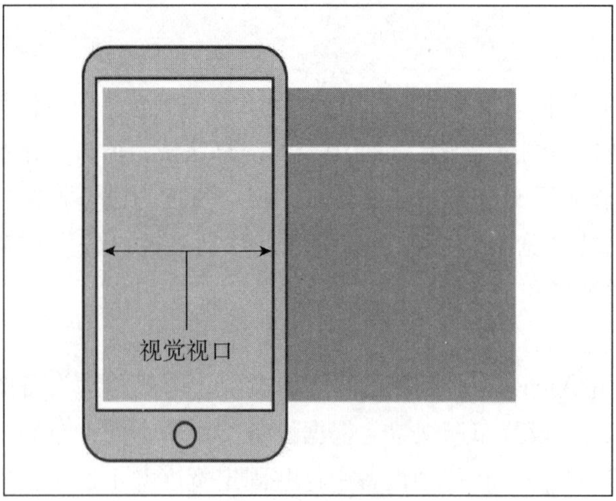

图 3－3　视觉视口

3. 理想视口

布局视口的默认宽度并不是一个理想宽度，于是浏览器厂商引入理想视口（Ideal Viewport）概念。理想视口实现页面在设备中的最佳呈现，理想视口是布局视口的一个理想尺寸。显示在理想视口中的网页拥有最理想的浏览、阅读宽度，用户无须对页面进行缩放便可完美地浏览整个页面。理想视口如图 3－4 所示。

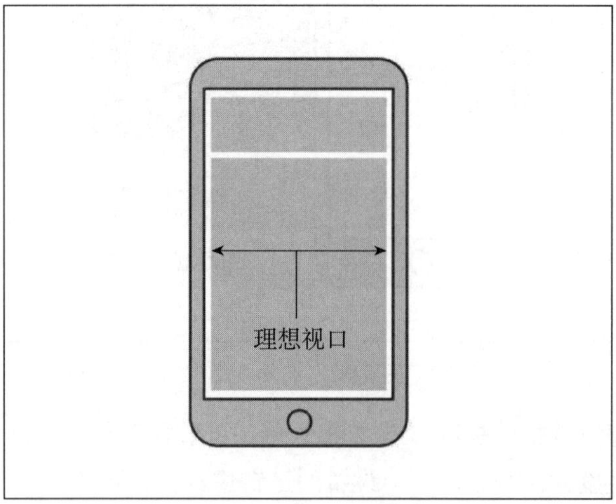

图 3－4　理想视口

4. 使用视口

通过 <meta> 视口标签可以在不同的设备上设置视口，<meta> 视口标签的语法格式如下所示：

```
<meta name = "viewport" content = "视口的属性" >
```

完整视口的写法如下所示：

```
<meta name = viewportcontent = "width = device-width, user-scalable = no, initial-scale = 1.0, minimum-scale = 1.0, maximum-scale = 1.0, minimal-ui">
```

<meta>标签的主要目的是实现布局视口的宽度与视口的理想宽度一致，简单理解就是设备屏幕有多宽，布局视口就有多宽。<meta>标签中常用的属性及说明如表 3-3 所示。

表 3-3　<meta>标签中常用的属性及说明

属性	说明
width	设置布局视口的宽度，可指定固定值，如 600；也可指定特殊值，如 device-width 表示视口宽度为当前设备的宽度，单位为像素
height	与 width 相对应，设置布局视口的高度。该属性可设置为数值或 device-height，单位为像素
user-scalable	设置用户是否可以手动缩放。yes 表示可以手动缩放，no 表示禁止手动缩放
initial-scale	设置页面的初始缩放比例，即页面第一次加载时的缩放比例，属性值为大于 0 的数字
minimum-scale	设置允许用户缩放页面的最小比例，即最小缩放比，属性值为大于 0 的数字
maximum-scale	设置允许用户缩放页面的最大比例，即最大缩放比，属性值为大于 0 的数字
minimal-ui	<meta>标签新增的属性，可以使网页在加载时便可隐藏顶部的地址栏与底部的导航栏

三、百分比布局

百分比布局是一种等比例缩放的布局方式，是移动端开发中经常使用的布局方式之一。百分比布局是对页面以百分比方式划分区域进行排版，可以在不同分辨率下显示相同的版式，将盒子的宽度设置成百分比，搭配 min-* 和 max-* 属性使用。百分比布局的实现方法是将 CSS 固定像素宽度换算成百分比宽度，换算公式为“目标元素宽度/父盒子宽度 = 百分数宽度”。

百分比布局的特点有以下 3 个方面：

（1）盒子宽度自适应，使用百分比来定义，但高度使用固定 px 像素值定义。

（2）盒子内的图标、字体大小等都是固定的，不是所有内容都是自适应。

（3）在 CSS 样式中，需要使用 min-* 和 max-* 属性来设置盒子在设备中的最小宽度和最大宽度，防止任意拉伸页面导致异常问题的发生。

下面演示百分比布局的使用方式。首先在 WEB 文件夹中创建一个名为 chapter03 的文件夹，用于存放项目 3 中的所有代码文件；然后在 chapter03 文件夹中创建一个名为 example 的文件夹，用于存放项目 3 中知识点案例的代码文件；最后在 chapter03 文件夹中创建一个名为 images 的文件，用于存放项目 3 中需要用到的图片。

将所需要的图片 ancient_china. png、ancient_coins. png、cultural_design. png 导入 images 文件夹中，在 example 文件夹中创建一个名为 percentage_layout. html 的文件，在该文件中使用百分比布局分别显示 3 张不同的图片，具体代码如下所示：

```
<!DOCTYPE html>
<html lang="en">
<head>
    <meta charset="UTF-8">
    <meta http-equiv="X-UA-Compatible" content="IE=edge">
    <!--设置视口-->
    <meta name="viewport" content="width=device-width, initial-scale=1.0">
    <title>百分比布局</title>
</head>
<body>
    <style>
        /* 清除页面默认边距 */
        *{
            margin: 0;
            padding: 0;
        }
        /* 设置整个页面 */
        body{
            width: 100%;
            min-width: 240px; /* 移动端视口的最小宽度 */
            max-width: 500px; /* 移动端视口的最大宽度 */
            margin: 0 auto;
            font-size: 16px; /* 字体大小 */
            color: #0b0b0b; /* 文字颜色 */
        }
        /* 标题 */
        h3{
            text-align: center;/* 文本居中 */
            padding: 10px 0;/* 添加上下内边距 */
        }
        /* 设置移动端页面中的无序列表盒子 */
        ul{
            width: 100%; /* 宽度 */
            height: 280px; /* 高度 */
            list-style: none; /* 取消项目列表标记 */
        }
        * 设置每一个子元素 */
        ul li{
            height: 280px;
```

```
            float: left; /* 向左浮动 */
            text-align: center; /* 内容居中对齐 */
        }
        /* 分别设置第1~3个子元素在父盒子中的百分比宽度 */
        ul li:nth-child(1){
            width: 25%;
        }
        ul li:nth-child(2){
            width: 29%;
        }
        ul li:nth-child(3){
            width: 46%;
        }
        /* 统一设置每一个子元素中的图片 */
        ul li img{
            width: 100%; /* 图片宽度为自身父元素的100% */
            height: 160px;
            vertical-align: top; /* 清除图片底部空白间隙 */
        }
    </style>
</head>
<body>
    <h3>博物馆展览</h3>
    <ul>
        <li>
            <img src="../images/ancient_china.png" alt="">
            <span>中国古代</span>
        </li>
        <li>
            <img src="../images/ancient_coins.png" alt="">
            <span>古代钱币</span>
        </li>
        <li>
            <img src="../images/cultural_design.png" alt="">
            <span>文创设计</span>
        </li>
    </ul>
</body>
</html>
```

运行上述代码，百分比布局的运行效果如图 3-5 所示。

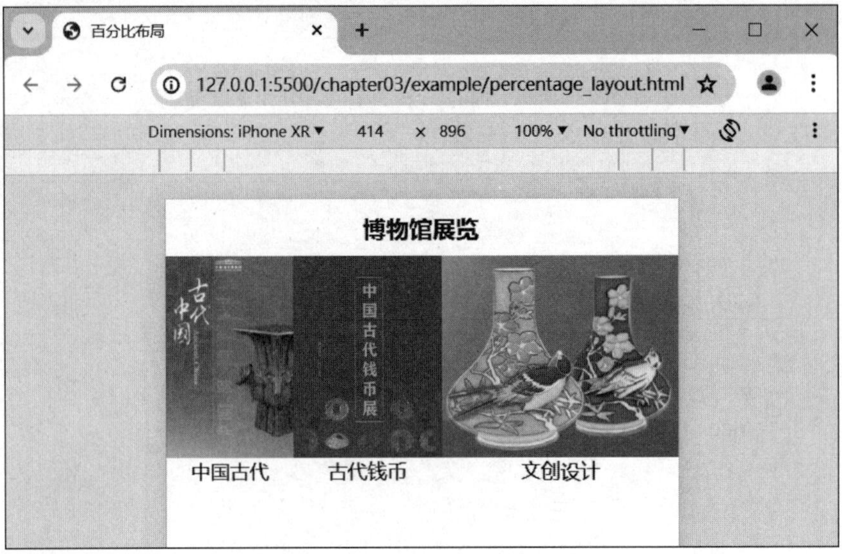

图 3-5　百分比布局的运行效果

任务实现

1. 创建首页 HTML 文件

首先在 chapter03 文件夹中创建一个名为 museum_percent.html 的文件，该文件用于实现线上博物馆首页，将页面需要的图片 banner.png、col_history.png、…、ancient_rhino.png、ancient_painting.png 导入 images 文件夹中，在 museum_percent.html 文件中使用 <div> 标签、<img> 标签、<a> 标签、<span> 标签、<h3> 标签和 <h4> 标签等显示首页的图片、超链接、文本和标题等信息，具体代码如下所示：

```
<!DOCTYPE html>
<html lang="en">
<head>
    <meta charset="UTF-8">
    <meta http-equiv="X-UA-Compatible" content="IE=edge">
    <!--设置视口-->
    <meta name="viewport" content="width=device-width, initial-scale=1.0">
    <title>线上博物馆</title>
    <link type="text/css" rel="stylesheet" href="percent.css">
</head>
<body>
    <!--标题模块-->
    <h3>博物馆展览</h3>
```

```
    <! --广告模块-- >
< div class = "banner" >
    < img src = "images/banner. png" alt = "" >
</div >
    <! --栏目分类模块-- >
    < div class = "column" >
        < a href = "#" >
            < img src = "images/col_history. png" alt = "" >
            < span >历史故事</span >
        </a >
        < a href = "#" >
            < img src = "images/col_activities. png" alt = "" >
            < span >展馆活动</span >
        </a >
        < a href = "#" >
            < img src = "images/col_tourist. png" alt = "" >
            < span >旅游指南</span >
        </a >
        < a href = "#" >
            < img src = "images/col_order. png" alt = "" >
            < span >预定中心</span >
        </a >
    </div >
    <! --专题展览模块-- >
    < h4 >专题展览</h4 >
    < div class = "image-container" >
        < img src = "images/ancient_china. png" alt = "" >
        < img src = "images/ancient_coins. png" alt = "" >
        < img src = "images/ancient_jade. png" alt = "" >
        < img src = "images/ancient_buddha_statue. png" alt = "" >
    </div >
    < div class = "image-container" >
        < img src = "images/ancient_porcelain. png" alt = "" >
        < img src = "images/ancient_food. png" alt = "" >
        < img src = "images/ancient_rhino. png" alt = "" >
        < img src = "images/ancient_painting. png" alt = "" >
    </div >
</body >
</html >
```

2. 创建首页 HTML 的 CSS3 文件

在 chapter03 文件夹中创建一个名为 percent.css 的文件，在该文件中使用百分比布局设置线上博物馆首页的样式，具体代码如下所示：

```
/* 清除页面默认边距 */
*{
    margin: 0;
    padding: 0;
}
/* 设置整个页面 */
body{
    width: 100%;
    min-width: 240px;     /* 移动端视口的最小宽度 */
    max-width: 520px;     /* 移动端视口的最大宽度 */
    margin: 0 auto;
    font-size: 16px;      /* 字体大小 */
    color: #0b0b0b;       /* 文字颜色 */
}
/* 标题 */
h3{
    text-align: center;   /* 文本居中 */
    padding: 10px 0;      /* 添加上下内边距 */
    background-color: rgb(253, 194, 138);
}
/* 标题 */
h4{
    text-align: left;         /* 文本居左 */
    padding: 10px 10px;   /* 添加上下内边距 */
}
/* 广告模块 */
.banner{
    width: 100%;
    height: 35%;
}
/* 广告模块中的图片 */
.banner img{
    width: 100%;
    height: 100%;
    vertical-align: middle;   /* 清除图片底部空白间隙 */
```

```
}
/* 栏目分类模块中的<a>超链接 */
.column a{
    width: 24%;
    height: 100px;
    text-align: center;
    text-decoration: none;    /* 取消文本修饰 */
    background-color: #fff;
    display: inline-block;
}
/* 超链接中的图片 */
.column a img{
    display: block;           /* 转为块元素 */
    width: 80px;
    height: 80px;
    margin: 10px auto 4px;
}
/* 超链接中的文字 */
.column a span{
    display: block;
    font-size: 14px;
    font-weight: 600;
    color: #6c6f78;
}
/* 专题展览模块 */
.image-container {
    width: 100%;           /* 使容器宽度填满父容器 */
    font-size: 0;          /* 移除图片间的默认间距 */
    overflow: hidden;      /* 如果图片溢出则隐藏,防止影响布局 */
}
/* 专题展览模块中的图片 */
.image-container img {
    width: 25%;      /* 每张图片占满容器宽度的25% */
    height: 160px;   /* 保持图片的原始宽高比 */
    display: inline-block;   /* 使图片并排显示 */
    vertical-align: top;     /* 防止图片底部出现小间隙 */
}
```

任务 2　设置线上博物馆 Flex 布局

需求分析

为了让博物馆首页效果更美观，用户体验更友好，我们在首页标题模块中将标题改为一个搜索框，在搜索框右侧添加一个扫一扫图标。搜索框便于用户在短时间内精确定位展览信息和展品详情，用户点击扫一扫图标可以扫描展品旁边的二维码，立即获取展品的详细介绍、图片、视频、语音讲解等内容，提升参观体验。搜索与扫一扫功能的添加使得线上博物馆更加符合当前人们的使用习惯和需求，为用户提供更加便捷、丰富、个性化的服务。

使用 Flex 布局实现线上博物馆首页的效果如图 3-6 所示。

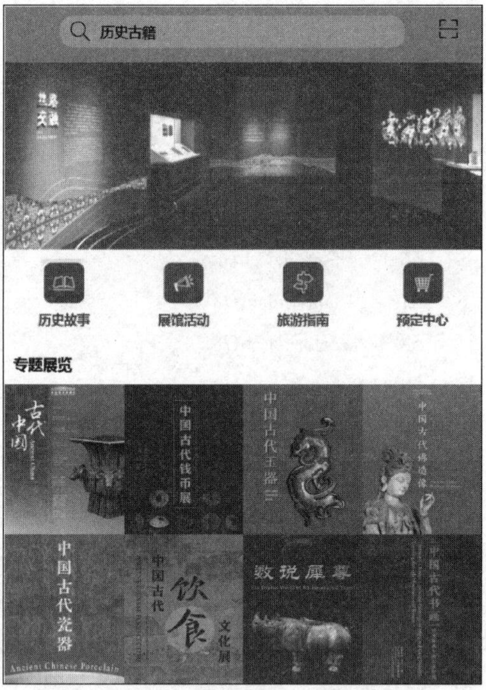

图 3-6　使用 Flex 布局实现线上博物馆首页的效果

知识储备

为了使用 Flex 布局实现线上博物馆首页的效果，我们首先需要学习 Flex 布局的内容，包括 Flex 结构、Flex 容器属性和项目属性。

一、Flex 结构

Flex 是 Flexible Box 的缩写，意为“弹性布局”，是一种当页面需要适应不同的屏幕大小及设备类型时可确保元素拥有恰当行为的布局方式。Flex 布局可提供一种更加有效的方式对容器中的子元素进行排列、对齐和分配空白空间。

任何一个容器都可以使用 display 属性指定为 Flex 布局，示例代码如下：

```
块元素 display: flex;
内联元素 display: inline-flex;
```

采用 Flex 布局的元素，称为 Flex 容器（Flex Container），简称“容器”。它的所有子元素自动成为容器成员，称为 Flex 项目（Flex Item），简称“项目”。

Flex 容器默认存在两条轴，即水平的主轴（main axis）和垂直的交叉轴（也称为侧轴，cross axis）。主轴的开始位置（与边框的交叉点）称为 main start，结束位置称为 main end；交叉轴的开始位置称为 cross start，结束位置称为 cross end。项目默认沿主轴排列。单个项目占用的主轴空间称为 main size，占用的交叉轴空间称为 cross size。Flex 布局的结构如图 3－7 所示。

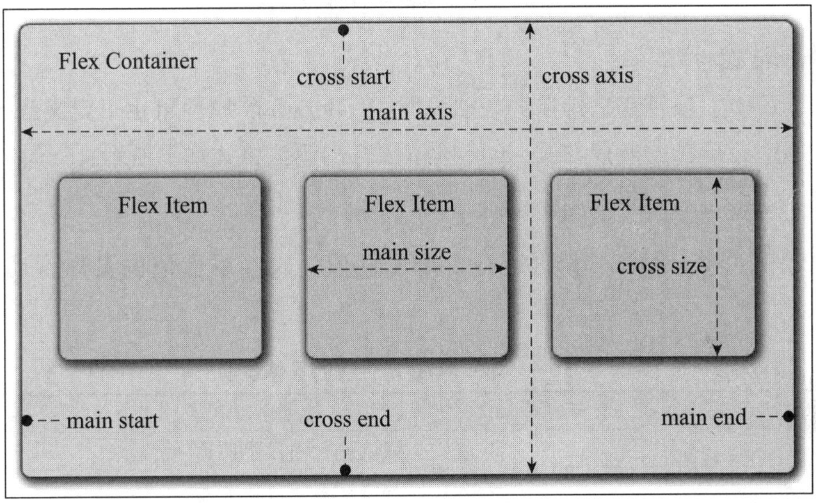

图 3－7　Flex 布局的结构

二、Flex 容器属性

Flex 布局的容器属性有 6 个，分别为 flex-direction、flex-wrap、flex-flow、justify-content、align-items 和 align-content。

1. flex-direction 属性

flex-direction 属性决定主轴的方向，即项目的排列方向，其语法格式如下所示：

```
flex-direction: row | row-reverse | column | column-reverse;
```

上述语法格式中，flex-direction 属性有 4 个属性值，这些属性值的说明如表 3－4 所示。

表 3－4　flex-direction 属性值的说明

属性值	说明
column-reverse	主轴为垂直方向，起点在下沿
column	主轴为垂直方向，起点在上沿

续表

属性值	说明
row	默认值，主轴为水平方向，起点在左端
row-reverse	主轴为水平方向，起点在右端

flex-direction 属性决定主轴的 4 种排列方向如图 3－8 所示。

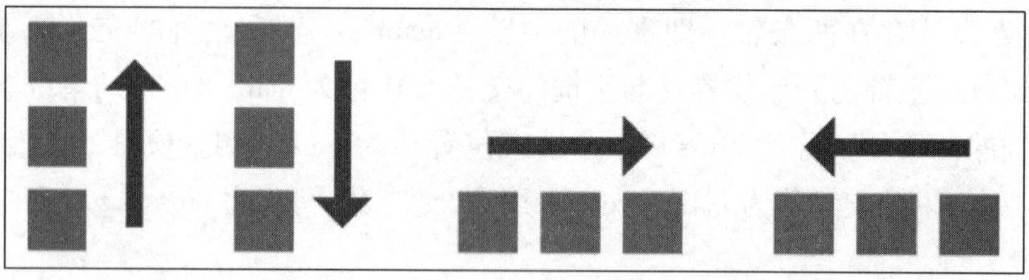

图 3－8　主轴的 4 种排列方向

2. flex-wrap 属性

在默认情况下，项目都是排在一条轴线上的。flex-wrap 属性可用于定义当一条轴线排不下所有项目时，项目的换行方式。flex-wrap 属性的语法格式如下所示：

```
flex-wrap: nowrap | wrap | wrap-reverse;
```

上述语法格式中，flex-wrap 属性有 3 个属性值，这些属性值的具体说明如表 3－5 所示。

表 3－5　flex-wrap 属性值的具体说明

属性值	说明
nowrap	默认值，项目不换行
wrap	换行，第一行在上方
wrap-reverse	换行，第一行在下方

下面演示 flex-direction 属性和 flex-wrap 属性的使用。首先在程序的 chapter03 的 example 文件夹中创建一个名为 flex_direction_wrap. html 的文件，在该文件中使用 flex-direction 属性和 flex-wrap 属性设置项目的排列方向与换行方式，具体代码如下所示：

```
<!DOCTYPE html>
<html lang="en">
<head>
    <meta charset="UTF-8">
    <meta http-equiv="X-UA-Compatible" content="IE=edge">
    <!--设置视口-->
    <meta name="viewport" content="width=device-width, initial-scale=1.0">
    <title>排列方向与换行方式</title>
    <style>
        /* 取消页面默认边距 */
```

```
        *{
            margin: 0;
            padding: 0;
        }
        ul > li{
            list-style: none;
        }
        /* 设置整个 body 页面 */
        body{
            min-width: 320px;   /* 规定最小宽度和最大宽度 */
            max-width: 750px;
            width: 100%;
            line-height: 1.5;
            margin: 0 auto;
            background-color: #f2f2f2;
        }
        ul{
            width: 100%;
            border: 1px solid #666;
            display: flex;   /* 指定为 Flex 布局 */
            flex-direction: row-reverse;   /* 主轴方向(排列方向),主轴为水平方向,起点在右端 */
            flex-wrap: wrap-reverse;   /* 换行方式,换行,第一行在下方 */
        }
        ul > li{
            width: 21%;   /* 设置百分比宽度,内容宽度 + 左右外边距: 21% +2% +2% = 25% */
            height: 50px;
            margin: 2%;
            background-color: #e89e9e;
        }
    </style>
</head>
<body>
    <ul>
        <li>one</li>
        <li>two</li>
        <li>three</li>
        <li>four</li>
```

```
            <li>five</li>
            <li>six</li>
            <li>seven</li>
            <li>eight</li>
        </ul>
</body>
</html>
```

运行上述代码，项目的排列方向与换行方式的运行效果如图 3－9 所示。

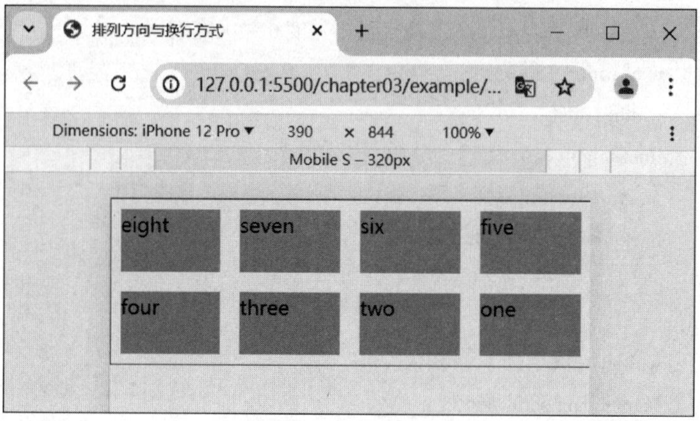

图 3－9　项目的排列方向与换行方式的运行效果

3. flex-flow 属性

flex-flow 属性是 flex-direction 属性和 flex-wrap 属性的简写形式，默认值为 row nowrap。flex-flow 属性的语法格式如下所示：

```
flex-flow: <flex-direction> || <flex-wrap>;
```

4. justify-content 属性

justify-content 属性定义项目在主轴上的对齐方式，具体对齐方式与主轴的方向有关，其语法格式如下所示：

```
justify-content: flex-start | flex-end | center | space-between | space-around;
```

上述语法格式中，justify-content 属性有 5 个属性值，这些属性值的具体说明如表 3－6 所示。

表 3－6　justify-content 属性值的具体说明

属性值	说明
flex-start	默认值，左对齐
flex-end	右对齐
center	居中
space-between	两端对齐，项目之间的间隔都相等
space-around	每个项目两侧的间隔相等，因此项目之间的间隔比项目与边框的间隔大一倍

当主轴默认为水平方向，起点在左端时，justify-content 属性定义项目在主轴上的对齐方式，如图 3－10 所示。

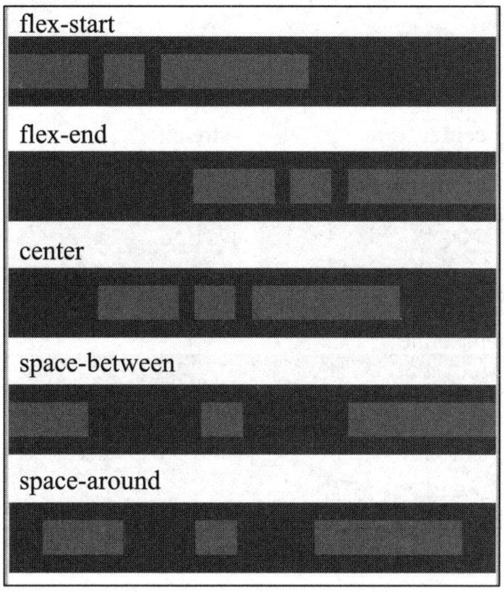

图 3－10　项目在主轴上的对齐方式

5. align-items 属性

align-items 属性定义项目在交叉轴（侧轴）上的对齐方式，在子项为单项时使用，具体的对齐方式与交叉轴的方向有关，其语法格式如下所示：

```
align-items: flex-start | flex-end | center | baseline | stretch;
```

上述语法格式中，align-items 属性有 5 个属性值，这些属性值的具体说明如表 3－7 所示。

表 3－7　align-items 属性值的具体说明

属性值	说明
flex-start	交叉轴的起点对齐
flex-end	交叉轴的终点对齐
center	交叉轴的中点对齐
baseline	项目的第一行文字的基线对齐
stretch	默认值，伸缩，如果项目未设置高度或设为 auto，将占满整个容器的高度

当交叉轴（侧轴）方向为自上而下时，align-items 属性定义项目在交叉轴上的对齐方式，如图 3－11 所示。

下面演示 justify-content 属性和 align-items 属性的使用。首先在 chapter03 程序的 example 文件夹中创建一个名为 flex_center_position. html 的文件，在该文件中使用 justify-content 属性和 align-items 属性设置项目在主轴和交叉轴上的对齐方式，当这 2 个属性值都为 center 时，项目位于容器正中心位置，具体代码如下所示：

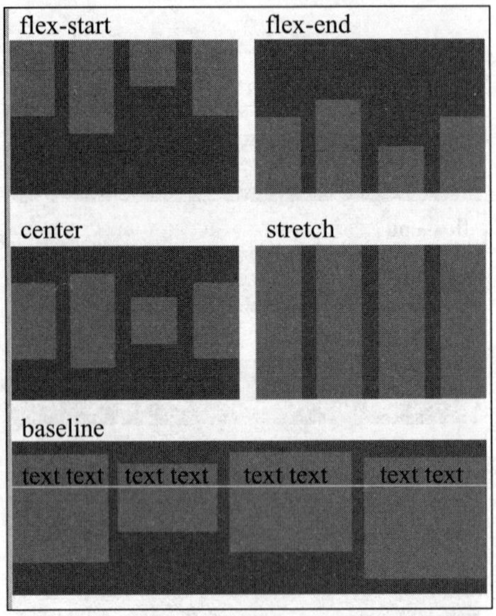

图 3-11　项目在交叉轴上的对齐方式

```
<! DOCTYPE html >
< html lang = "en" >
< head >
    < meta charset = "UTF-8" >
    < meta http-equiv = "X-UA-Compatible" content = "IE = edge" >
    < meta name = "viewport" content = "width = device-width, initial-scale = 1. 0" >
    < title >项目位于正中心位置</title >
    < style >
        /* 取消页面默认边距 */
        * {
            margin: 0;
            padding: 0;
        }
        ul > li{

            list-style: none;
        }
        /* 设置整个 body 页面 */
        body{
            min-width: 320px;  /* 规定最小宽度和最大宽度 */
            max-width: 750px;
            width: 100%;
```

```
            line-height: 1.5;
            margin: 0 auto;
            background-color: #f2f2f2;
        }
        ul{
            width: 100%;
            height: 200px;
            border: 1px solid #666;
            display: flex;    /* 指定为 Flex 布局 */
            flex-direction: row-reverse;    /* 主轴方向(排列方向),主轴为水平方向,起点在右端 */
            justify-content: center;    /* 在主轴方向居中对齐 */
            align-items: center;    /* 在交叉轴方向居中对齐 */
        }
        ul > li{
            width: 90px;
            height: 120px;
            margin: 0 20px;
            background-color: #e68585;
        }
        li: nth-child(2){
            width: 60px;
            height: 80px;
            background-color: #f0acdf;
        }
    </style>
</head>
<body>
    <ul>
        <li>one</li>
        <li>two</li>
        <li>three</li>
    </ul>
</body>
</html>
```

运行上述代码，项目位于正中心位置的运行效果如图 3－12 所示。

6. align-content 属性

align-content 属性定义多条轴线的对齐方式。如果项目只有一条轴线，该属性不起作

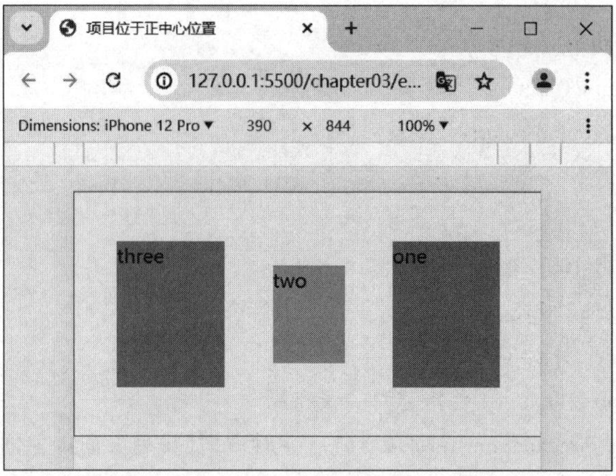

图 3－12　项目位于正中心位置的运行效果

用，即 flex-wrap 属性没有使用 wrap 换行，align-content 属性不起作用。align-content 属性的语法格式如下所示：

```
align-content: flex-start | flex-end | center | space-between | space-around | stretch;
```

上述语法格式中，align-content 属性有 6 个属性值，这些属性值的具体说明如表 3－8 所示。

表 3－8　align-content 属性值的具体说明

属性值	说明
flex-start	与交叉轴的起点对齐
flex-end	与交叉轴的终点对齐
center	与交叉轴的中点对齐
space-between	与交叉轴两端对齐，轴线之间的间隔平均分布
space-around	每条轴线两侧的间隔都相等，因此轴线之间的间隔比轴线与边框的间隔大一倍
stretch	默认值，拉伸，轴线占满整个交叉轴

align-content 属性定义多条轴线的对齐方式，如图 3－13 所示。

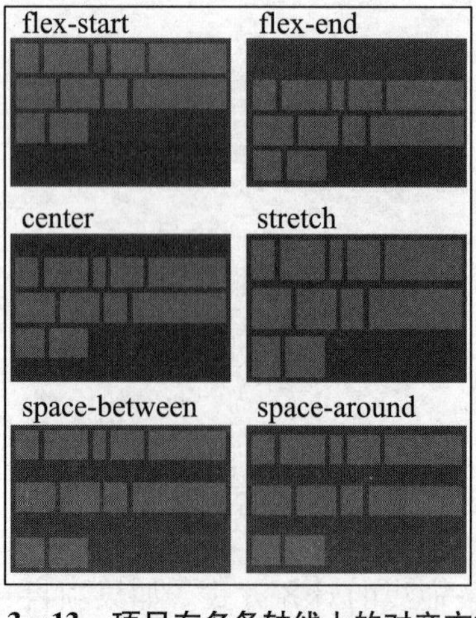

图 3－13　项目在多条轴线上的对齐方式

三、Flex 项目属性

前面 6 个容器属性都是在父元素上使用的，而子元素（项目）也带有一些相关属性。Flex 布局的项目属性有 6 个，分别为 order、flex-grow、flex-shrink、flex-basis、flex 和 align-self。下面对这 6 个属性进行具体介绍。

1. order 属性

order 属性定义项目的排列顺序。数值越小，排列越靠前，默认属性值为 0。order 属性的语法格式如下所示：

```
order: < integer >;
```

order 属性通过数值大小定义项目的排列顺序，如图 3－14 所示。

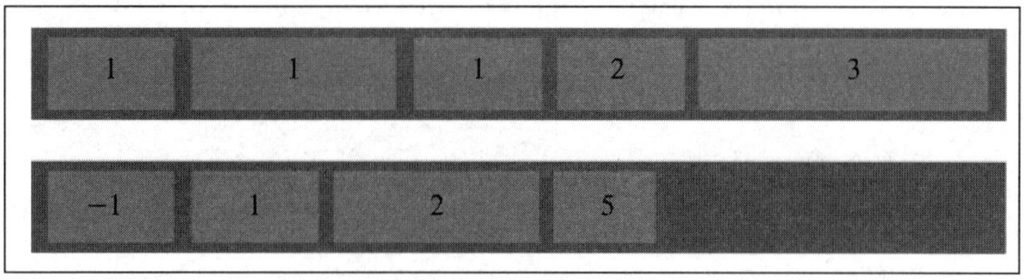

图 3－14　order 属性通过数值大小定义项目的排列顺序

2. flex-grow 属性

flex-grow 属性定义项目的放大比例，默认值为 0，即容器内即便存在剩余空间，项目也不会放大。flex-grow 属性的语法格式如下所示：

```
flex-grow: < number >; /* default 0 */
```

如果所有项目的 flex-grow 属性值都为 1，则它们将等分剩余空间，如图 3－15 中的第一行所示。如果其中一个项目的 flex-grow 属性为 2，其他项目都为 1，则前者占用的剩余空间将比其他项目多一倍，如图 3－15 中的第二行所示。

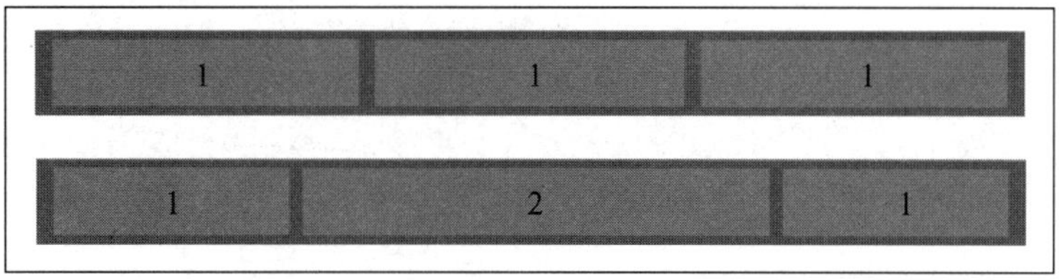

图 3－15　根据不同的 flex-grow 属性值显示不同的效果

3. flex-shrink 属性

flex-shrink 属性定义项目的缩小比例，默认值为 1，即如果容器空间不足，该项目将缩小。flex-shrink 属性的语法格式如下所示：

```
flex-shrink: < number >; /* default 1 */
```

如果所有项目的 flex-shrink 属性值都为 1，当容器空间不足时，所有项目都将等比例缩小。如果一个项目的 flex-shrink 属性值为 0，其他项目都为 1，则容器空间不足时，前者不缩小。负值对 flex-shrink 属性无效。

下面演示 flex-shrink 属性的使用。首先在 chapter03 程序的 example 文件夹中创建一个名为 flex_shrink_ratio. html 的文件，在该文件中使用 < ul > 无序列表创建 1 个 Flex 布局的容器，其宽度为 500px，容器中 3 个项目的宽度皆为 250px，使用 flex-shrink 属性定义项目的缩小比例分别为 0、2 和 3，具体代码如下所示：

```
<!DOCTYPE html>
<html lang = "en">
<head>
    <meta charset = "UTF-8">
    <meta http-equiv = "X-UA-Compatible" content = "IE = edge">
    <meta name = "viewport" content = "width = device-width, initial-scale = 1. 0">
    <title>定义项目的缩小比例</title>
    <style>
        /* 取消页面默认边距 */
        * {
            margin: 0;
            padding: 0;
        }
        /* 容器 */
        . flex{
            display: flex;   /* 指定为 Flex 布局 */
            width: 600px;
            height: 200px;
            border: 1px solid #666;
            list-style: none;   /* 取消列表标记 */
            margin: 20px auto;
            align-items: center;   /* 交叉轴(侧轴)上的对齐方式,居中 */
        }
        /* 项目 */
        li{
            width: 250px;
            height: 120px;
            font-size: 20px;
        }
        li: nth-child(1) {
            background-color: #ee4949;
            flex-shrink: 0;   /* 250px, 项目的缩小比例, 不缩小 */
```

```
        }
        li: nth-child(2) {
            background-color: #4df26c;
            flex-shrink: 2;    / * 190px, 项目的缩小比例, 2/(0 +2 +3) =2/5 * /
        }
        li: nth-child(3) {
            background-color: #efc333;
            flex-shrink: 3;    / * 160px, 项目的缩小比例, 3/(0 +2 +3) =3/5 * /
        }
    </style>
</head>
<body>
    <! --容器-- >
    <ul class = "flex">
    <! --项目-- >
    <li>First</li>
    <li>Second</li>
    <li>Third</li>
     </ul>
</body>
</html>
```

使用 flex-shrink 属性定义项目的缩小比例运行效果如图 3 - 16 所示。

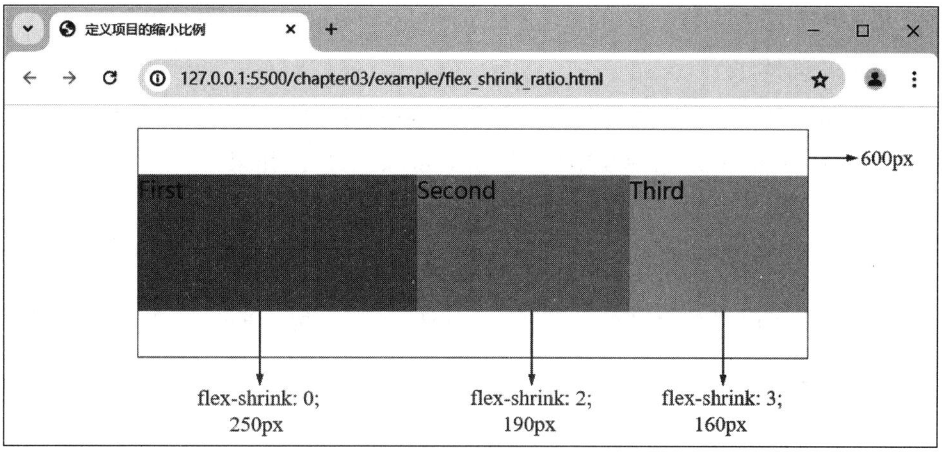

图 3 - 16　定义项目的缩小比例运行效果

flex-shrink 的默认值为 1，如果没有定义该属性，元素将会自动按照默认值 1 在所有因子相加之后计算比率来进行空间收缩。

在上述代码中，使用 flex-shrink 属性定义 First、Second 和 Third 这 3 个项目的缩小比例为 0 : 2 : 3，总共将容器的不足空间分为 5 份，即 0 + 2 + 3 = 5 份。容器的宽度为 600px，

3 个项目的宽度总和为 250 * 3 = 750px，所以 3 个项目在容器中超出的宽度为 750 - 600 = 150px。按照比例进行缩小，第 1 个项目 A 的 flex-shrink 属性值为 0，宽度不缩小，其实际宽度仍为 250px；第 2 个项目 B 的 flex-shrink 属性值为 2，溢出量为“超出的宽度 * 所占的比例”，即 150 * （2/5） = 60px，其实际宽度为 250 - 60 = 190px；第 3 个项目 C 的 flex-shrink 属性值为 3，溢出量为“超出的宽度 * 所占的比例”，即 150 * （3/5） = 90px，其实际宽度为 250 - 90 = 160px。

4. flex-basis 属性

flex-basis 属性定义在分配多余空间之前，项目所占用的主轴空间（main size）。浏览器根据 flex-basis 属性，计算主轴是否有剩余空间。它的默认值为 auto，即项目的原始大小。flex-basis 属性的语法格式如下所示：

```
flex-basis: <length> | auto; /* default auto */
```

flex-basis 属性值如果与 width 属性值或 height 属性值（如 360px）相同，则项目将占用固定的空间。

5. flex 属性

flex 属性是 flex-grow 属性、flex-shrink 属性和 flex-basis 属性的简写，默认值为 0 1 auto。flex-shrink 属性和 flex-basis 属性为可选属性。当 flex 属性只写一个数值时，该数值代表项目中元素占据的份数，如“flex：1”表示项目中的各个子元素平均分配该项目的空间。

flex 属性的语法格式如下所示：

```
flex: none | [ <'flex-grow'> <'flex-shrink'>? || <'flex-basis'> ]
```

flex 属性有 2 个快捷值，即 auto（1 1 auto）和 none（0 0 auto）。建议优先使用 flex 属性，而不推荐单独写 3 个分离的属性，因为浏览器会自动推算相关值。

6. align-self 属性

align-self 属性允许单个项目具备与其他项目不一样的对齐方式，可覆盖 align-items 属性。其默认值为 auto，表示继承父元素的 align-items 属性，如果没有父元素，则等同于 stretch。align-self 属性的语法格式如下所示：

```
align-self: auto | flex-start | flex-end | center | baseline | stretch;
```

align-self 属性可以取 6 个值，除了 auto，其他值都与 align-items 属性完全一致。

任务实现

1. 创建首页 HTML 文件

首先在 chapter03 文件夹中创建一个名为 museum_flex. html 的文件，该文件用于实现线上博物馆首页，将页面需要的图片 glass. png 与 sao. png 导入 images 文件夹中；在 museum_flex. html 文件中使用 <div>标签、<input>标签、<img>标签、<a>标签、<span>标签、<h3>标签和<h4>标签等显示首页的搜索框、图片、超链接、文本和标题等信息，具体代码如下所示：

```
<! DOCTYPE html >
< html lang = "en" >
< head >
    < meta charset = "UTF-8" >
    < meta http-equiv = "X-UA-Compatible" content = "IE = edge" >
    < meta name = "viewport" content = "width = device-width, initial-scale = 1. 0" >
    < title >线上博物馆</title >
    < link type = "text/css" rel = "stylesheet" href = "flex. css" >
</head >
< body >
    <! --标题模块-- >
    < div class = "search" >
        <! --输入框-- >
        < div class = "text" >
            <! --放大镜图标-- >
            < span class = "glass" > </span >
            < input type = "search" value = "历史古籍" >
        </div >
        <! --扫一扫-- >
        < a href = "#" class = "sao" > </a >
    </div >
    <! --广告模块-- >
    ...
    <! --栏目分类模块-- >
    ...
    <! --专题展览模块-- >
    ...
</body >
</html >
```

由于上述代码中，广告模块、栏目分类模块和专题展览模块的代码与任务 1 中的 museum_percent. html 文件中相同模块的代码一致，此处就不再重复显示。

2. 创建首页 HTML 的 CSS3 文件

在 chapter03 文件夹中创建一个名为 flex. css 的文件，在该文件中使用 Flex 布局设置线上博物馆首页的样式，具体代码如下所示：

```
/* 取消页面默认边距 */
 * {
    margin: 0;
```

```
        padding: 0;
}
ul > li{
        list-style: none;
}
a{
        text-decoration: none;
}
/* 设置整个 body 页面 */
body{
        min-width: 320px;   /* 规定最小宽度和最大宽度 */
        max-width: 520px;
        width: 100%;
        line-height: 1.5;
        margin: 0 auto;
        background-color: #f2f2f2;
        }
/* 顶部搜索框 */
.search{
        display: flex;   /* 指定为 Flex 布局 */
        width: 100%;
        min-width: 320px;   /* 规定最小宽度和最大宽度 */
        max-width: 520px;
        height: 60px;
        background-color: rgb(253, 194, 138);
        position: fixed;   /* 添加固定定位 */
        top: 0;
        left: 50%;   /* 距离左侧偏移 50% */
        transform: translateX(-50%);   /* 向左位移自身 50% 宽度 */
        z-index: 99;
        }
/* 输入框的父元素 */
.search.text{
        display: flex;
        position: relative;   /* 添加相对定位 */
        flex: 1;   /* 得到搜索框模块的所有剩余空间 */
        height: 35px;
        background-color: rgb(250, 250, 250, .3);
        margin: 10px 10px 10px 60px;
```

```
    border-radius: 15px;
    overflow: hidden;   /* 消除添加圆角之后的异常问题 */
}
/* 放大镜图标 */
. search. text. glass{
    display: inline-block;
    width: 24px;
    height: 24px;
    background: url( 'images/glass. png' ) no-repeat;
    background-size: 100% 100%;
    margin: 5px 10px;
}
/* 输入框 */
. search. text input{
    flex: 1;
    height: 100%;
    background-color: transparent;   /* 背景颜色设置为透明 */
    outline: none;   /* 取消点击文本框时的边框效果 */
    border: 0;   /* 取消边框 */
    font-size: 15px;
}
/* 扫一扫 */
. search. sao{
    width: 25px;
    height: 25px;
    margin: 12px 25px;
    background: url( "images/sao. png") no-repeat;
    background-size: 100% 100%;
}
/* 广告模块 */
. banner{
    width: 100%;
    height: 55%;
}
/* 广告模块中的图片 */
. banner img{
    width: 100%;
    height: 100%;
    vertical-align: middle;   /* 清除图片底部空白间隙 */
}
```

```
/* 栏目分类模块 */
.column{
    width: 100%;
    display: flex;    /* 指定为 Flex 布局 */
}
/* 栏目分类模块中的<a>超链接 */
.column a{
    width: 25%;
    height: 100px;
    text-align: center;
    text-decoration: none;    /* 取消文本修饰 */
    background-color: #fff;
}
/* 超链接中的图片 */
.column a img{
    display: block;    /* 转为块元素 */
    width: 50px;
    height: 50px;
    margin: 10px auto 4px;
}
/* 超链接中的文字 */
.column a span{
    display: block;
    font-size: 14px;
    font-weight: 600;
    color: #6c6f78;
}
/* 标题 */
h4{
    text-align: left;    /* 文本居左 */
    padding: 10px 10px;    /* 添加上下内边距 */
    background-color: #fff;
}
/* 专题展览模块 */
...
/* 专题展览模块中的图片 */
...
```

由于上述代码中，专题展览模块和专题展览模块中的图片样式代码与任务 1 中的 percent. css 文件中相同模块的样式代码一致，此处就不再重复显示。

任务 3　设置线上博物馆 Rem 与 Grid 布局

需求分析

为了提升用户体验和增强信息的可达性，移动端线上博物馆首页添加了展览名称信息与底部导航栏。展览名称信息展示在专题展览模块的每张图片下方，用于提醒用户当前展览的主题和内容。底部导航栏添加在首页底部，导航栏中设置了首页、精品分类、视频讲解和博物馆简介文本信息，以及这些文本对应的图标。底部导航栏便于用户能够轻松找到所需信息。

视频

音视频播放页面制作

使用 Rem 与 Grid 布局实现线上博物馆首页的效果如图 3－17 所示。

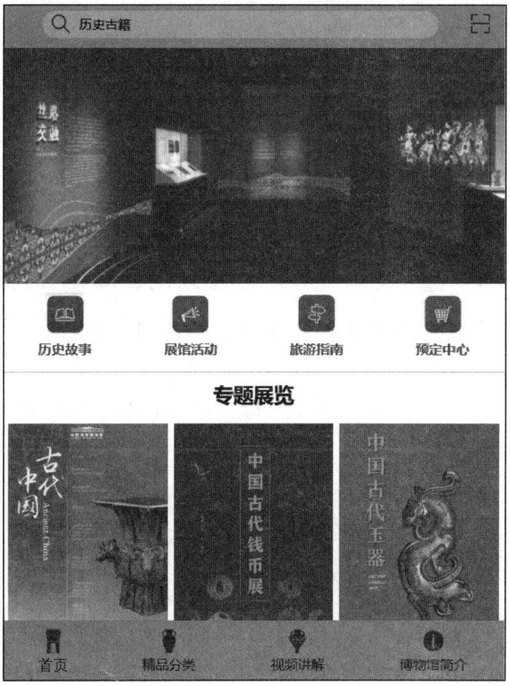

(a) 首页1

(b) 首页2

图 3-17　使用 Rem 与 Grid 布局实现线上博物馆首页的效果

知识储备

为了提供优秀的用户体验，线上博物馆的首页不仅需要美观吸引人，还必须具备良好的响应式特性，以适应不同设备和屏幕尺寸的访问。在实现这样的首页效果之前，我们需要掌握媒体查询、Rem 布局和 Grid 布局的使用。

一、媒体查询

响应式开发是利用 CSS 中的媒体查询功能实现的，即@ media 方式。使用@ media 查询，可以针对不同的媒体类型和屏幕尺寸来定义不同的样式操作，媒体查询的语法格式如下：

```
@media 媒体类型 and | not | only 媒体特性{
    CSS code
}
```

媒体类型是将不同的终端设备划分成不同的类型。and（与）、not（非）和 only（只有）为关键字，可将媒体类型或多个媒体特性连接在一起作为媒体查询的条件。and 可将多个媒体特性连接在一起；not 可排除某个媒体类型，可以省略；only 可指定某个特定的媒体类型，可以省略。媒体特性是设备自身具有的特性，如屏幕尺寸等。

媒体类型和媒体特性的取值说明如表3-9和表3-10所示。

表3-9　媒体类型的取值说明

取值	说明
all	用于所有设备
print	用于打印机和打印浏览
screen	用于电脑屏幕、平板电脑、智能手机等
speech	用于屏幕阅读器等发声设备

表3-10　媒体特性的取值说明

取值	说明
max-width	定义最大可见区域宽度
min-width	定义最小可见区域宽度
max-height	定义最大可见区域高度
min-height	定义最小可见区域高度
orientation	定义输出设备中的页面为portrait竖屏或landscape横屏

媒体查询有以下2点需要注意的事项：

（1）媒体查询通常是根据屏幕的尺寸按照从大到小或者从小到大的顺序来编写代码的，建议按照从小到大的顺序，这是由于后面的样式会覆盖前面的样式，当屏幕尺寸区间有重合的地方时，可以省略重合区间的代码。

（2）min-width最小值和max-width最大值都是包含等于的，在赋值时，一定要注意这一点。

下面演示根据不同的屏幕尺寸改变元素的背景颜色和排列方向。首先在程序chapter03的example文件夹中创建一个名为media_query.html的文件，在该文件中实现当移动端屏幕宽度小于500px时，元素的背景颜色为黑色，排列方向为纵向；当移动端屏幕宽度在500px～900px时，元素的背景颜色为深灰色，使用float属性使其排列方向为横向；当移动端屏幕宽度大于900px时，元素的背景颜色为浅灰色，排列方向为横向。具体代码如下所示：

```
<!DOCTYPE html>
<html lang="en">
<head>
    <meta charset="UTF-8">
    <meta http-equiv="X-UA-Compatible" content="IE=edge">
    <meta name="viewport" content="width=device-width, initial-scale=1.0">
    <title>媒体查询</title>
    <style>
        /* 取消页面默认边距 */
        *{
```

```
            margin: 0;
            padding: 0;
        }
        ul{
            width: 100%;
            border: 1px solid #666;
            overflow: hidden;   /* 清除浮动带来的影响 */
        }
        ul > li{
            list-style: none;
            width: 100px;
            height: 50px;
            border: 1px solid #4e77c3;
            margin: 20px;
        }
        /* 屏幕宽度小于 500px 时 */
        @media screen and(max-width: 499px){
            ul > li {
            background-color: #000000;   /* 背景颜色为黑色 */
            }
        }
        /* 屏幕宽度在 500px ~ 900px 时 */
        @media screen and(min-width: 500px){
            ul > li {
                background-color: #333333;   /* 背景颜色为深灰色 */
                float: left;
            }
        }
        /* 屏幕宽度大于 900px 时 */
        @media screen and(min-width: 901px){
            ul > li {
                background-color: #CCCCCC;   /* 背景颜色为浅灰色 */
            }
         }
    </style>
</head>
<body>
    <ul>
        <li>A</li>
```

```
            <li>B</li>
            <li>C</li>
        </ul>
</body>
</html>
```

当屏幕宽度小于 500px 时，元素的背景颜色为黑色，排列方向为纵向，媒体查询效果如图 3－18 所示。

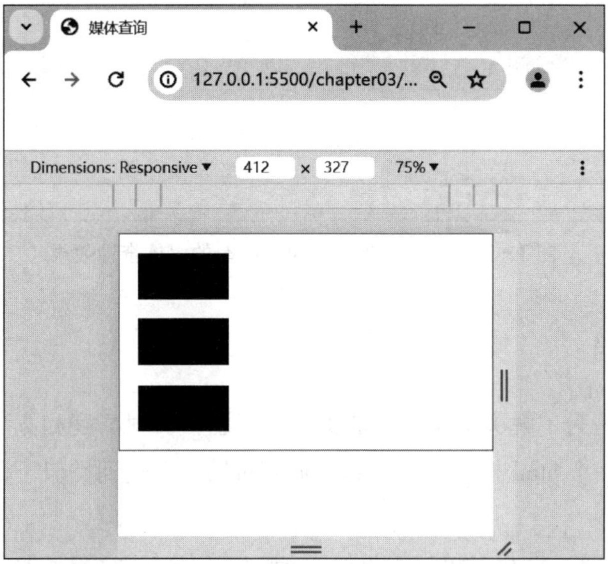

图 3－18　屏幕宽度小于 500px 时的媒体查询效果

当屏幕宽度在 500px～900px 时，元素的背景颜色为深灰色，使用 float 属性使其排列方向为横向，媒体查询效果如图 3－19 所示。

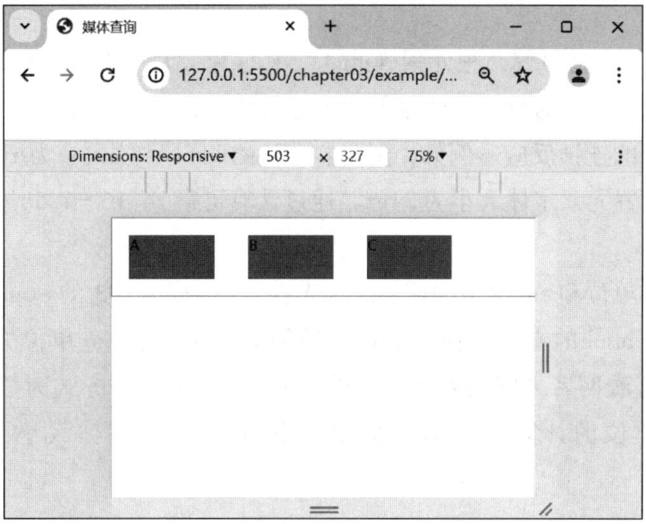

图 3－19　屏幕宽度在 500px～900px 时的媒体查询效果

当屏幕宽度大于900px 时，元素的背景颜色为浅灰色，排列方向为横向，媒体查询效果如图3－20所示。

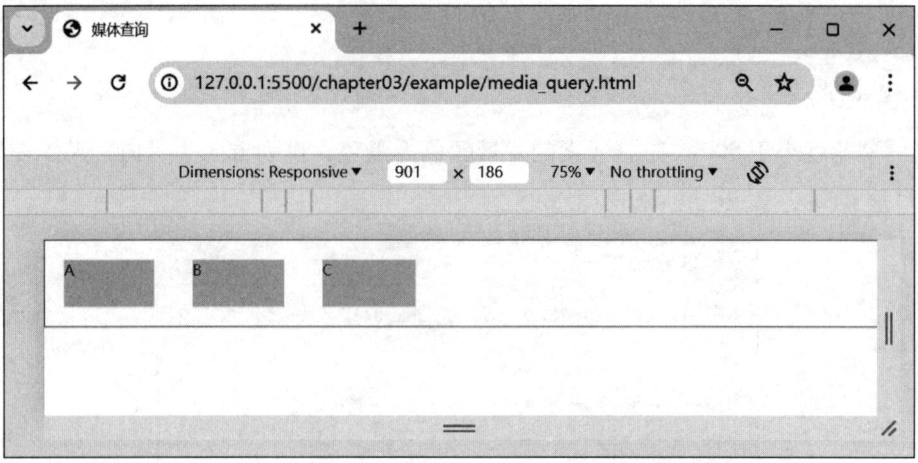

图3－20　屏幕宽度大于900px 时的媒体查询效果

二、Rem 布局

Rem 布局主要是为了解决字体随屏幕变化的问题，实现高度和宽度等比例缩放。Rem 布局的原理是根据一个 html 根元素来控制网页的布局，以达到类似于自适应等比例缩放的效果。

rem（root em）是一个相对单位，类似于 em。em 作为 font-size 的单位时，代表其父元素的字体大小；em 作为其他属性的单位时，代表自身字体大小。rem 作用于非根元素时，相对于根元素（html）字体大小；rem 作用于根元素字体大小时，相对于其初始字体大小。例如，根元素设置 font size = 14px，非根元素设置 width：2rem，则非根元素的像素值为 28px。

rem 的优点是可以通过修改根元素（html）中的文字大小来同步修改页面中其他元素的大小，通过 rem 既可以做到只修改根元素就能成比例地调整所有字体大小，又可以避免字体大小逐层复合的连锁反应。例如，浏览器默认的 html 字体大小为 16px，即 font-size = 16px，如果需要设置元素字体大小为24px，通过计算可得24/16 =1.5，因此元素只需设置 font-size =1.5rem。

下面演示 rem 单位和 em 单位的使用。首先在程序 chapter03 的 example 文件夹中创建一个名为 rem_em.html 的文件，在该文件中使用 rem 单位和 em 单位分别设置子元素的宽度，通过对比查看两者之间的差异，其中，rem 单位的计算方式为“页面元素值/html 字体大小”，em 单位的计算方式为“页面元素值/父元素字体大小”，具体代码如下所示：

```
<!DOCTYPE html>
```

```
<html lang = "en" >
<head >
    < meta charset = "UTF-8" >
    < meta http-equiv = "X-UA-Compatible" content = "IE = edge" >
    < meta name = "viewport" content = "width = device-width, initial-scale = 1. 0" >
    < title > rem 单位与 em 单位 </title >
    < style >
        /* 取消页面默认边距 */
        *{
            margin: 0;
            padding: 0;
        }
        /* 定义 html 文字大小 */
        html {
            font-size: 16px;
        }
        div {
            font-size: 20px;   /* 定义 p 元素的父元素文字大小 */
            width: 20rem;   /* 20 * 16 = 320px */
            height: 15rem;
            border: 2px solid #999;
            float: left; /* 设置向左浮动 */
            margin: 20px;
        }
        . p1 {
            /* rem 相对于 html 元素的字体大小 */
            width: 15rem;   /* 15 * 16 = 240px */
            height: 10rem;
            font-size: 1rem;   /* 1 * 16 = 16px */
            background-color: rgb( 184, 207, 245) ;
            /* rem 的优点是可以通过修改 html 里面的文字大小来改变页面中元素的大小, 实现整体控制 */
        }
        . p2 {
            /* em 相对于父元素的字体大小 */
            width: 15em;   /* 15 * 20 = 300px */
            height: 10em;
            font-size: 1em;   /* 1 * 20 = 20px */
            background-color: rgb( 184, 243, 207) ;
```

```
        }
    </style>
</head>
<body>
    <div>
        <p class="p1">
        饮食不仅是人类赖以生存的物质条件,也是社会发展进步的重要标志。(rem 单位)
        </p>
    </div>
    <div>
        <p class="p2">
        品味"民以食为天"的中国味道,深刻感知中华民族的血脉与生趣。(em 单位)
        </p>
    </div>
</body>
</html>
```

运行上述代码，rem 单位与 em 单位的运行效果如图 3－21 所示。

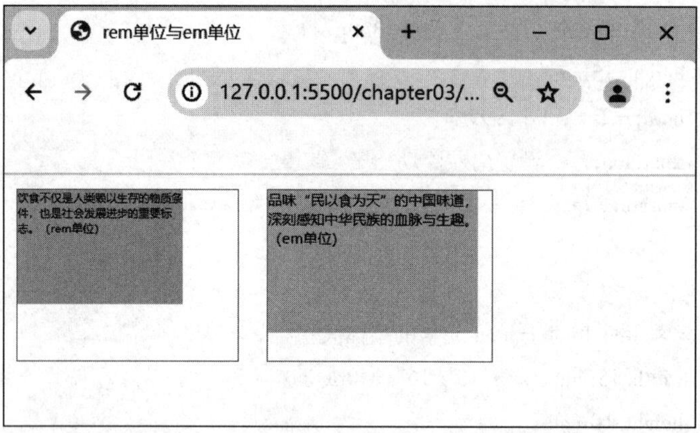

图 3－21　rem 单位与 em 单位的运行效果

三、Grid 布局

Grid 布局又称为网格布局，它允许开发者将网页划分成行和列的网格结构，并通过定义网格单元格来定位和对齐网页中的元素。如果网页中的一个元素被指定为网格容器（Grid Container），那么它的直接子元素则自动成为网格项目（Grid Items）。网格容器通过设置 CSS 样式的 display 属性为 grid 或 inline-grid 来定义。一旦一个元素被指定为网格容器，它的子元素就可以根据网格的规则进行布局。

CSS 为网格布局提供了多个属性，用于控制网格容器和网格项目的布局。常见的网格布局属性如表 3－11 所示。

表 3-11　常见的网格布局属性

属性	说明
display	网格容器属性，将元素设置为网格容器。该属性值有 3 个，分别是 grid、inline-grid 和 subgrid，这 3 个属性值分别表示使元素成为块级网格容器、行内网格容器、允许子网格继承父网格的列宽和行高
grid-template-columns	定义网格布局中的列数及每列的宽度。可以使用长度值、百分比、fr 单位（表示弹性长度，用于等分剩余空间）、minmax( )（定义一个长度范围）或 repeat( )（重复指定模式）等
grid-template-rows	与 grid-template-columns 类似，但用于定义网格布局的行数及每行的高度
grid-gap/gap	grid-gap/gap 是 row-gap 和 column-gap 的简写，用于设置网格行和列之间的间距。row-gap 设置行间距，column-gap 设置列间距
justify-content	控制网格容器内所有网格项目在水平方向上的对齐方式
align-content	控制网格容器内所有网格项目在垂直方向上的对齐方式

下面演示 Grid 布局的使用。首先在 example 文件夹中创建一个名为 grid_layout. html 的文件，在该文件中指定一个 Grid 布局容器，其宽度为 400px，容器中添加 4 个网格项目，设置为两行两列的样式，网格项目之间的间距为 10px，网格容器添加黑色边框，网格项目添加灰色边框，具体代码如下所示：

```
<!DOCTYPE html>
<html lang="en">
<head>
    <meta charset="UTF-8">
    <meta http-equiv="X-UA-Compatible" content="IE=edge">
    <meta name="viewport" content="width=device-width, initial-scale=1.0">
    <title>Grid 布局</title>
    <style>
        .grid-container {
            display: grid;
            grid-template-columns: repeat(2, 1fr);    /* 创建两列，每列宽度相等 */
            /* 创建两行，每行高度为 100px */
            grid-template-rows: repeat(2, 100px);
            gap: 10px;        /* 设置网格项目之间的间隙 */
            width: 400px;    /* 设置网格容器的宽度 */
            border: 1px solid #000;    /* 给网格容器添加边框 */
        }
        .grid-item {
            /* 设置网格项目的背景颜色 */
            background-color: lightblue;
            text-align: center;         /* 文本居中显示 */
```

```
22.             font-size: 20px;
23.             line-height: 100px;        /* 设置行高 */
24.             border: 1px solid #ccc;    /* 给网格项目添加边框 */
25.         }
26.         @media(max-width: 1200px) {
27.             .grid-container {
28.                 grid-template-columns: 1fr;
29.             }
30.         }
31.     </style>
32. </head>
33. <body>
34.     <div class="grid-container">
35.         <div class="grid-item">A</div>
36.         <div class="grid-item">B</div>
37.         <div class="grid-item">C</div>
38.         <div class="grid-item">D</div>
39.     </div>
40. </body>
41. </html>
```

上述代码中，第 26 ~ 30 行代码是一个媒体查询，它检查移动端屏幕宽度是否小于或等于 1 200px，如果移动端屏幕宽度小于或等于 1 200px，则程序会执行第 28 行代码，将网格容器设置为只有一列，并且这列的宽度将灵活地调整以填充整个网格容器的宽度。

运行 Grid 布局程序，当移动端屏幕宽度大于 1 200px 时，Grid 布局中的网格项目会以两行两列的形式展示，如图 3-22 所示。

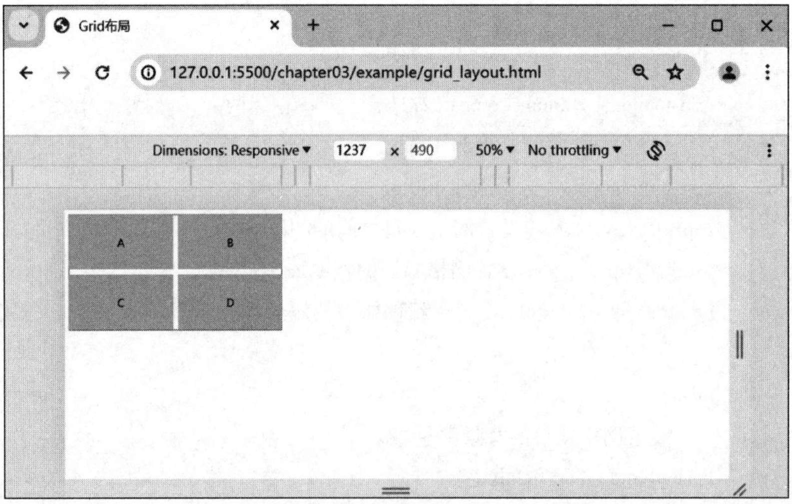

图 3-22　以两行两列的形式展示网格项目

当移动端屏幕宽度小于或等于 1 200px 时，Grid 布局中的网格项目会以一列的形式展示，如图 3－23 所示。

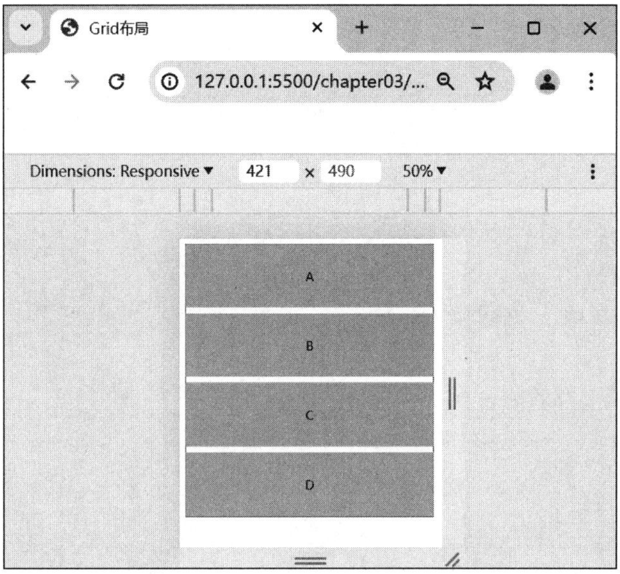

图 3－23　以一列的形式展示网格项目

任务实现

1. 创建首页 HTML 文件

首先在 chapter03 文件夹中创建一个名为 museum_rem_grid. html 的文件，该文件用于实现线上博物馆首页，将页面需要的图片 tab_home. png、tab_classification. png、tab_video. png 和 tab_info. png 导入 images 文件夹中，museum_rem_grid. html 文件比 museum_flex. html 文件多添加了 <p> 标签以显示展览名称，添加了 <ul> 标签和 <li> 标签以显示底部导航栏，添加的核心代码如下所示：

```
<!DOCTYPE html>
<html lang="en">
<head>
    <meta charset="UTF-8">
    <meta http-equiv="X-UA-Compatible" content="IE=edge">
    <meta name="viewport" content="width=device-width, initial-scale=1.0">
    <title>线上博物馆</title>
    <link type="text/css" rel="stylesheet" href="rem_grid.css">
</head>
<body>
    ...
```

```html
    <h4>专题展览</h4>
    <!--专题展览模块-->
    <div class="grid-container">
        <div class="grid-item">
        <img src="images/ancient_china.png" alt="">
        <p>古代中国陈列展</p>
    </div>
    <div class="grid-item">
        <img src="images/ancient_coins.png" alt="">
        <p>中国古代钱币展</p>
    </div>
    <div class="grid-item">
        <img src="images/ancient_jade.png" alt="">
        <p>中国古代玉器展</p>
    </div>
    <div class="grid-item">
        <img src="images/ancient_buddha_statue.png" alt="">
        <p>中国古代佛造像展</p>
    </div>
    <div class="grid-item">
        <img src="images/ancient_food.png" alt="">
        <p>中国古代饮食文化展</p>
    </div>
    <div class="grid-item">
        <img src="images/ancient_painting.png" alt="">
        <p>中国古代书画展</p>
    </div>
</div>
<!--底部标签栏模块-->
<div class="tabbar">
    <ul class="tab-list">
        <li>
            <!--图标-->
            <img src="images/tab_home.png" alt="">
            <!--标签名-->
            <a class="current" href="#">首页</a>
            </li>
        <li>
```

```
            <!--图标-->
                <img src="images/tab_classification.png" alt="">
                <!--标签名-->
                <a href="#">精品分类</a>
            </li>
            <li>
                <!--图标-->
                <img src="images/tab_video.png" alt="">
                <!--标签名-->
                <a href="#">视频讲解</a>
            </li>
            <li>
                <!--图标-->
                <img src="images/tab_info.png" alt="">
                <!--标签名-->
            <a href="#">博物馆简介</a>
          </li>
        </ul>
    </div>
</body>
</html>
```

2. 创建首页 HTML 的 CSS3 文件

在 chapter03 文件夹中创建一个名为 rem_grid.css 的文件，在该文件中使用媒体查询、Rem 布局和 Grid 布局设置线上博物馆首页的样式，具体代码如下所示：

```
/* 首先定义初始化 html 文字大小 */
html{
    font-size: 50px;
}
/* 根据浏览器中一些常见的屏幕尺寸，设置 html 的文字大小，其中页面划分的份数为 15 */
@media screen and(min-width: 320px){
    html{
        font-size: 21.3px;    /* 字体大小为页面元素值 / 划分的份数(15) */
    }
}
@media screen and(min-width: 360px){
    html{
        font-size: 24px;
```

```
    }
}
@ media screen and( min-width: 375px) {
    html{
        font-size: 25px;
    }
}
@ media screen and( min-width: 390px) {
    html{
        font-size: 26px;
    }
}
@ media screen and( min-width: 414px) {
    html{
        font-size: 27. 6px;
    }
}
@ media screen and( min-width: 480px) {
    html{
        font-size: 32px;
    }
}
@ media screen and( min-width: 540px) {
    html{
        font-size: 36px;
    }
}
@ media screen and( min-width: 750px) {
    html{
        font-size: 50px;
    }
}
/* 取消页面默认边距 */
*{
    margin: 0;
    padding: 0;
}
ul > li{
    list-style: none;
```

```
}
a{
        text-decoration: none;
}
/* 设置整个 body 页面 */
body{
        min-width: 320px;    /* 规定最小宽度和最大宽度 */
        max-width: 750px;
        width: 15rem;    /*设置宽度的 rem 值, 页面元素值 / html 字体大小(该页面为 50px) */
        line-height: 1. 5;
        margin: 0 auto;
        background-color: #f2f2f2;
        }
        /* 顶部搜索框模块 */
. search{
        display: flex;            /* 指定为 Flex 布局 */
        min-width: 320px;    /* 规定最小宽度和最大宽度 */
        max-width: 750px;
        width: 15rem;
        height: 1. 3rem;
        background-color: rgb(253, 194, 138);
        position: fixed;    /* 添加固定定位 */
        top: 0;
        left: 50%;            /* 距离左侧偏移 50% */
        transform: translateX( -50%);    /* 向左位移自身 50% 宽度 */
        z-index: 99;
        }
/* 输入框的父元素 */
. search. text{
        display: flex;
        position: relative;    /* 添加相对定位 */
        flex: 1;    /* 得到搜索框模块的所有剩余空间 */
        height: 0. 8rem;
        background-color: rgb(250, 250, 250, . 3);
        margin: 0. 2rem 0. 5rem 0. 2rem 1. 2rem;
        border-radius: 0. 4rem;
        overflow: hidden;    /* 消除添加圆角之后的异常问题 */
}
/* 放大镜图标 */
```

```
. search. text. glass{
    display: inline-block;
    width: 0. 6rem;
    height: 0. 6rem;
    background: url( 'images/glass. png' ) no-repeat;
    background-size: 100% 100%;
    margin: 0. 1rem 0. 25rem;
}
/* 输入框 */
. search. text input{
    flex: 1;
    height: 100%;
    background-color: transparent;   /* 背景颜色设置为透明 */
    outline: none;   /* 取消点击文本框时的边框效果 */
    border: 0;   /* 取消边框 */
    font-size: 0. 38rem;
}
/* 扫一扫 */
. search. sao{
    width: 0. 7rem;
    height: 0. 7rem;
    margin: 0. 25rem 0. 4rem;
    background: url( "images/sao. png") no-repeat;
    background-size: 100% 100%;
}
/* 广告模块 */
. banner{
    width: 15rem;
    height: 8. 2rem;
}
/* 广告模块中的图片 */
. banner img{
    width: 100%;
    height: 100%;
    vertical-align: middle;   /* 清除图片底部空白间隙 */
}
/* 栏目分类模块 */
. column{
    width: 15rem;
```

```
    display: flex;  /* 指定为 Flex 布局 */
    border-bottom: 1px solid #ccc;
}
/* 栏目分类模块中的<a>超链接 */
. column a{
    width: 3. 75rem;
    height: 2. 6rem;
    text-align: center;
    text-decoration: none;  /* 取消文本修饰 */
    background-color: #fff;
}
/* 超链接中的图片 */
. column a img{
    display: block;   /* 转为块元素 */
    width: 1. 25rem;
    height: 1. 25rem;
    margin: 0. 28rem auto 0. 1rem;
}
/* 超链接中的文字 */
. column a span{
    display: block;
    font-size: 0. 4rem;
    font-weight: bolder;
    color: #6c6f78;
}
/* 标题 */
h4{
    text-align: center;        /* 文本居左 */
    padding: 10px 10px;   /* 添加上下内边距 */
    background-color: #fff;
    font-size: 0. 60rem;
}
/* 专题展览模块 */
. grid-container {
    display: grid;
    grid-template-columns: repeat( auto-fit, minmax( 200px, 1fr) ) ;
    gap: 10px;  /* 网格项目之间的间隙 */
    padding: 10px;
    margin-bottom: 90px;
```

```
    justify-content: center;   /* 居中显示网格项目(如果需要) */
    background-color: #fff;
}
.grid-item {
    display: flex;
    flex-direction: column;
    align-items: center;   /* 垂直居中图片和描述(如果需要) */
    text-align: center;    /* 文本居中显示 */
}
.grid-item img {
    width: 100%;    /* 使图片宽度填满容器 */
    height: auto;   /* 保持图片原始宽高比 */
    display: block; /* 移除图片下方的默认间隙 */
}
.grid-item p {
    margin-top: 10px;  /* 图片和描述之间的间距 */
    font-size: 20px;   /* 描述文字的字体大小 */
    color: #333;       /* 描述文字的颜色 */
}
/* 响应式布局调整 */
@media(max-width: 600px) {
    .grid-container {
        grid-template-columns: repeat(2, 1fr);  /* 在小屏幕上改为两列 */
    }
}
@media(max-width: 400px) {
    .grid-container {
        grid-template-columns: 1fr;  /* 在更小的屏幕上改为单列 */
    }
}
/* 底部标签栏模块 */
.tabbar{
    min-width: 320px;  /* 规定最小宽度和最大宽度 */
    max-width: 750px;
    width: 15rem;
    height: 1.8rem;
    background-color: #9C8B83;
    position: fixed;   /* 添加固定定位 */
    bottom: 0;
    left: 50%; /* 距离左侧偏移 50% */
```

```
    transform: translateX( -50%);    /* 向左位移自身50%宽度 */
    z-index: 99;
}
.tabbar.tab-list{
    width: 15rem;
    height: 1.8rem;
    display: flex;
    justify-content: space-around;   /* 主轴方向上,每个项目两侧的间隔相等 */
}
.tabbar.tab-list > li{
    display: flex;
    flex-direction: column;
    justify-content: center;   /* 主轴方向上,居中对齐 */
    align-items: center;       /* 交叉轴方向上,居中对齐 */
}
.tab-list > li > img{
    width: 0.8rem;
    height: 0.8rem;
    vertical-align: middle;
}
.tab-list > li > a{
    color: #000000;
    font-size: 0.4rem;
}
.tab-list > li > a.current{
    color: #b56e12;
}
```

项目小结

在实现移动端线上博物馆首页的过程中，使用百分比布局完成首页的基础布局；使用Flex布局重新布局首页，并为首页添加扫一扫和搜索功能；使用媒体查询、Rem布局和Grid布局重新布局首页，并添加底部导航栏和展览名称信息。通过对本项目的学习，读者可以掌握网页布局的基本原则和技巧，提高响应式网页设计的能力。

习　题

一、填空题

1. 网页模块的命名避免使用________字符。
2. 一般移动设备的浏览器都默认添加一个viewport元标签用于设置________。

3. 任何一个容器都可以使用________属性指定为 Flex 布局。

4. ________布局主要是为了解决字体随屏幕变化的问题，实现高度和宽度等比例缩放。

5. ________属性定义项目的排列顺序。

二、选择题

1. 下列选项中，(　　) 命名方式是每个单词之间用“_”连接。

A. 驼峰式　　B. 帕斯卡

C. 首字母大写　　D. 英文和中文混合

2. 在 Flex 布局中，决定交叉轴的方向的属性是（　　）。

A. flex-direction　　B. flex-flow

C. align-items　　D. align-content

3. 在 CSS3 中，以 html 为参照物的 font-size 的单位是（　　）。

A. rem　　B. em

C. px　　D. %

4. 下列不属于 Flex 布局的容器属性的是（　　）。

A. flex-direction　　B. flex-flow

C. flex-grow　　D. justify-content

5. 下列选项中，不属于 viewport 的属性值的是（　　）。

A. width = device-width　　B. initial-scale = 1. 0

C. user-scalable = no　　D. UTF-8

三、简答题

1. 简述网页模块命名时需遵循的三大核心原则。

2. 简述 Rem 布局的作用和优点。

项目 4

科技资讯网制作

视频

项目 4　科技资讯网制作

- 任务 1　实现科技资讯网首页的导航栏与下拉菜单
- 任务 2　实现科技资讯网首页的广告栏与城市商业信息
- 任务 3　实现科技资讯网首页的热门推荐与资讯

学习目标

知识目标

- 掌握 JavaScript 的 3 种引入方式
- 掌握标识符的命名规则、常用的关键字与保留字
- 掌握常量、变量和数据类型的定义
- 掌握 JavaScript 函数的语法格式
- 掌握获取 HTML 元素的常用方法的使用
- 掌握流程控制语句与数组的使用
- 理解 BOM 对象中提供的 5 个浏览器内置对象
- 掌握连续定时器与延迟定时器的使用
- 掌握事件的对象、调用和处理
- 掌握 ECMAScript 6.0 的新特性

技能目标

- 熟练使用 JavaScript 的基础知识实现科技资讯网首页的导航栏与下拉菜单
- 熟练使用流程控制、数组、BOM 对象和定时器实现科技资讯网首页的广告栏与城市商业信息
- 熟练使用常用的 JavaScript 事件实现科技资讯网首页的热门推荐与资讯

素质目标

- 在 JavaScript 技术学习中不断追求卓越、提升自我
- 培养持续学习和探索新技术的习惯，关注 JavaScript 及其相关技术的最新发展

项目描述

本项目将带领大家使用 JavaScript 的基础知识、DOM 对象、DOM 节点、DOM 的基础操作、BOM 对象、定时器、事件对象、事件的调用与处理，以及常用的 JavaScript 事件实现科技资讯网首页的效果。该项目旨在通过互联网技术手段，将科技资讯网首页的城市商业发展信息与旅游景点发展信息展示给用户，通过城市商业发展中科技创新对经济发展的推动作用，激发读者的创新意识和创业精神，同时提高读者的审美能力，培养环保意识。

科技资讯网主要以首页为例，使用不同的 JavaScript 知识实现首页的不同部分，首页展示的内容主要包括导航栏、广告栏、公告信息、城市商业信息、热门推荐、热门资讯和页面版权信息。通过对科技资讯网首页实现过程的学习，读者将掌握 JavaScript 的基础、DOM 对象、DOM 节点、DOM 的基础操作、BOM 对象、定时器、事件对象、事件的调用

与处理、常用的 JavaScript 事件，以及 ECMAScript 6.0 新特性等知识的运用。

视频　JavaScript 语法基础

视频　JavaScript 函数

视频　JavaScript 事件

任务1　实现科技资讯网首页的导航栏与下拉菜单

需求分析

科技资讯网首页的导航栏包含指向网站主要页面的链接，如首页、资讯、商业、数码、家电、汽车、娱乐、体育等。将光标悬浮在每个链接的文字上方时，文字的背景颜色会由黑色变为黄色。此处以资讯链接为例展示下拉菜单的效果，将光标悬浮在资讯文字上方时，会弹出一个下拉菜单，菜单中会显示国内新闻、国际新闻和科技新闻等信息，除了这些之外，导航栏左上方还需要展示科技资讯网的 logo 图标。科技资讯网首页的导航栏与下拉菜单的效果如图 4-1 所示。

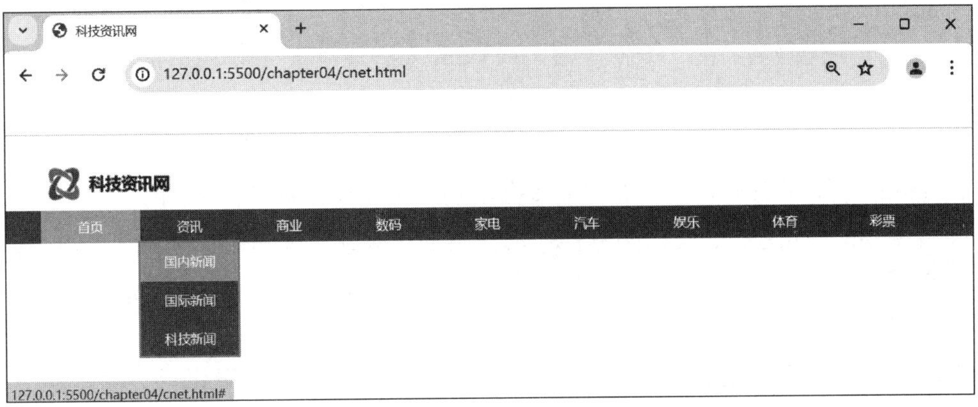

图 4-1　科技资讯网首页的导航栏与下拉菜单的效果

知识储备

在实现科技资讯网首页的导航栏与下拉菜单的效果之前，我们首先需要了解一些 JavaScript 的基础知识，包括 JavaScript 的引入方式、标识符、关键字、保留字、常量、变量、数据类型、JavaScript 函数、DOM 对象等。

一、JavaScript 简介

JavaScript 是一种轻量级、解释型的 Web 开发语言，是可与 HTML 文件相融合的一种脚本语言。它获得了各种浏览器的支持，如谷歌、IE、火狐等，是目前广泛应用的编程语言之一，可以呈现网页内容的交互式数据行为。当用户在客户端浏览该网页时，浏览器会执行 JavaScript 程序，用户可通过交互操作去改变网页的内容。

JavaScript 可以在 <script> </script>标签中直接编写，也可以通过 <script src ='目标文档的 URL'> </script>链接外部的 JS 文件。

1. JavaScript 语言的特性

（1）解释型。

解释型语言的程序不需要在运行前编译，只需在运行程序时编译即可，如 JavaScript、PHP 等属于解释型语言。解释型语言的优点是可移植性较好，只要有解释环境，就可在不同的操作系统上运行。代码修改后即可运行，无须编译，上手方便、快速；缺点是需要解释环境，运行起来比编译型语言慢，占用资源多，代码效率低。

（2）弱类型。

JavaScript 只有一种类型 var，当其为变量赋值时会自动判断类型并进行转换，因此 JavaScript 是弱类型语言。弱类型语言的优点是易于学习、语言表达简单易懂、代码更优雅、开发周期更短、更加偏向逻辑设计；缺点是程序可靠性差、调试烦琐、变量不规范、性能低下。

（3）动态性。

动态性语言是指在变量定义时不一定进行赋值操作，只需在使用时进行赋值操作即可。这种方式使代码更灵活、方便。在 JavaScript 中有多处会用到动态性，如获取元素、原型等。

（4）事件驱动。

JavaScript 可以直接对用户或客户输入做出响应，无须经过 Web 程序。它对用户的响应以事件驱动的方式进行，即由某种操作动作引起相应的事件响应，如单击、拖动窗口、选择菜单等。

（5）跨平台。

JavaScript 依赖于浏览器本身，与操作环境无关。只要计算机可以运行浏览器，并且浏览器支持 JavaScript 即可正确执行，从而实现“编写一次，走遍天下”。

2. JavaScript 的构成

JavaScript 的构成分为 3 个部分，分别是 ECMAScript（简称 ES）、DOM（Document Object Model，文档对象模型）和 BOM（Browser Object Model，浏览器对象模型），如图4－2所示。

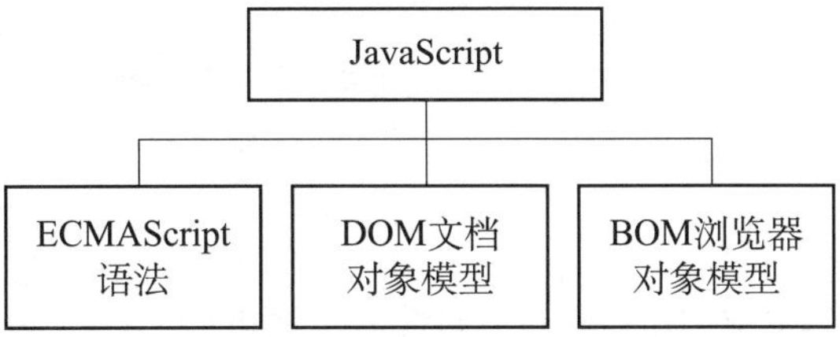

图 4－2　JavaScript 的构成

ECMAScript 是 JavaScript 语言的规范，是 JavaScript 的核心内容。ECMAScript 是由 ECMA 国际（原欧洲计算机制造商协会）进行标准化的一门编程语言，这种语言在万维网上应用广泛，它往往被称为 JavaScript 或 JScript。ECMAScript 描述了 JavaScript 语言的基本语法和数据类型等，并规范了 JavaScript 的编码方式和语言特性，是浏览器厂商共同遵守的一套 JavaScript 语法工业标准。

DOM 文档对象模型是 W3C 组织推荐的处理可扩展标记语言（HTML 或 XML）的标准编程接口（API）。通过 DOM 提供的接口可以对页面上的各种元素进行操作。

BOM 浏览器对象模型是对浏览器窗口进行访问和操作的功能接口，如弹出新的浏览器窗口、获取浏览器信息等。

需要注意的是，BOM 是作为 JavaScript 的一部分而不是作为 W3C 组织的标准，每款浏览器都有自己的实现方式，这会导致 BOM 代码的兼容性不如 ECMAScript 和 DOM 代码的兼容性好。

二、JavaScript 的引入方式

与 CSS 在 HTML 中的引入方式类似，JavaScript 在 HTML 中的引入方式也有 3 种，分别是行间引入方式（行内式）、内部引入方式（内嵌式）和外部引入方式（外链式）。

1. 行间引入方式

行间引入方式（行内式）是通过 HTML 标签的属性进行操作，一般不推荐使用，因为它违背了 Web 标准中规定的结构、样式、行为三者分离开发的原则。

下面使用 alert( ) 函数演示 JavaScript 的行间引入方式。首先在 chapter04 程序的 example 文件夹中创建 inter_line. html 文件，在该文件中使用 <div> 标签显示一个“新闻”文本，设置 <div> 标签的 onclick 属性的值为 JavaScript 代码“alert（'科技跨界融合，创新引领未来。'）”，具体代码如下所示：

```
<! doctype html >
< html >
```

```
3.  < head >
4.  < meta charset = "utf-8" >
5.  < title > JavaScript 的行间引入方式 < /title >
6.  < /head >
7.  < body >
8.  < div onclick = "alert( '科技跨界融合,创新引领未来。' ) " > 新闻 < /div >
9.  < /body >
10. < /html >
```

上述代码中，第 8 行代码中的 onclick 属性表示 < div > 标签的单击事件，alert( ) 函数表示弹出警告框，该函数传递的信息为警告框中显示的文本信息。当单击 < div > 标签时，会弹出一个显示“科技跨界融合，创新引领未来。”文本信息的警告框。

运行 inter_line. html 文件，单击页面中的“新闻”文本，会弹出一个警告框，如图 4 - 3 所示。

图 4 - 3　行间引入方式弹出的警告框

2. 内部引入方式

内部引入方式（内嵌式）是在 HTML 文件中通过 < script > 标签的方式设置 JavaScript 代码，类似于 CSS 中的 < style > 标签的内部引入方式。

下面使用 alert( ) 函数演示 JavaScript 的内部引入方式。首先在 chapter04 程序的 example 文件夹中创建 internal. html 文件，在该文件中使用 < script > 标签设置 JavaScript 代码，具体代码如下所示：

```
< ! DOCTYPE html >
< html >
< head >
< meta charset = "utf-8" >
< title > JavaScript 的内部引入方式 < /title >
< /head >
< body >
< script >
```

```
// 弹出窗口
alert('智慧融合创新,科技点亮生活。');
</script>
</body>
</html>
```

上述代码中，<script>标签可以放在HTML文件中的任意位置，如<head>标签或<body>标签中。

运行internal. html文件，会弹出一个警告框，如图4-4所示。

图4-4　内部引入方式弹出的警告框

需要注意的是，alert()函数会阻止后续代码的执行，因此当不单击警告框中的“确定”按钮时，程序会一直显示加载状态，单击“确定”按钮后，页面加载完成。

3. 外部引入方式

外部引入方式（外链式）也是通过<script>标签来设置JavaScript代码的，但是在HTML文件中通过src属性引入外部JavaScript文件的链接地址，类似于CSS中的<link>标签的引入方式。在HTML文件中引入外部JavaScript文件的示例代码如下：

```
<script src="js/hello.js"></script>
```

三、标识符、关键字与保留字

JavaScript的标识符、关键字与保留字是JavaScript语法规则中的重要组成部分，了解这3个部分内容对于编写清晰、有效且可维护的JavaScript代码至关重要。

1. 标识符

标识符是JavaScript编程中用于给变量、函数、数组、对象等命名的符号，它们就像是代码中的“标签”，让程序能够引用和操作这些元素。标识符命名的规则有以下几点：

（1）可以包含字母、数字、下画线（_）和美元符号（$）。

（2）不能以数字开头。

（3）区分大小写。

（4）不能是JavaScript的关键字、保留字或true、false、null。

2. 关键字

关键字是编程语言中已经被赋予特殊含义的单词。它们被保留用于执行特定的操作或表达特定的概念。例如，在 JavaScript 中，var 用于声明变量，function 用于定义函数，if 用于开始一个条件语句等。关键字是编程语言语法的一部分，因此不能用作标识符。如果尝试将关键字用作标识符，编译器或解释器将会报错。JavaScript 中提供了很多关键字，常见的关键字如表 4－1 所示。

表 4－1　JavaScript 中的常见关键字

break	do	instanceof	var
case	else	new	void
catch	finally	return	while
continue	for	switch	with
debugger	function	this	delete
default	if	throw	
in	try	typeof	

3. 保留字

保留字是 JavaScript 预留的，未来可能会作为关键字使用。尽管在当前版本的 JavaScript 中，可以使用某些保留字作为标识符，但这并不是一个好习惯，因为它可能会导致与未来 JavaScript 版本的兼容性问题。JavaScript 中常见的保留字如表 4－2 所示。

表 4－2　JavaScript 中常见的保留字

abstract	enum	int	short
boolean	export	interface	static
byte	extends	long	super
char	final	native	synchronized
class	float	package	throws
const	goto	private	transient
double	import	public	

四、常量、变量与数据类型

常量、变量与数据类型是 JavaScript 编程中不可或缺的基础知识，它们共同构成了程序的骨架，使得程序能够处理和操作数据，实现各种复杂的功能。

1. 常量

在 JavaScript 中，const 关键字用于声明常量，一旦常量被赋值后，它的值就不能被再次修改。如果尝试修改常量的值，JavaScript 会抛出错误。

声明常量的示例代码如下：

```
const PI = 3.14;
// PI = 3.14159; //这行代码会抛出错误，因为 PI 是一个常量，不能修改其值
```

需要注意的是，const 关键字是 ECMAScript 6.0 中新增的关键字。

2. 变量

在 JavaScript 中，可以使用 var、let 关键字来声明变量，声明的变量可以用来存储文本值（如用户名称）、数字、日期、图片等。当使用 var 声明一个变量时，其作用域是函数作用域或全局作用域（在函数外部声明时）；当使用 let 声明一个变量时，这个变量是一个块级作用域的局部变量，如可以用于 for 循环等代码块中。

声明变量的示例代码如下：

```
var name = "Alice";
let age = 30;
```

需要注意的是，let 关键字是 ECMAScript 6.0 中新增的关键字。

3. 数据类型

JavaScript 是一种动态类型语言，不需要在声明变量时指定变量的数据类型。变量的数据类型会在程序运行时根据赋给变量的值自动确定。在 JavaScript 中把变量不同类型的值称为数据类型，JavaScript 的数据类型分为 6 种，分别是 number、string、boolean、object、undefined、null。

（1）number 类型表示数字类型，用于存储数字。数字可分为整型（int）和浮点型（float），整型用于表示整数，浮点型用于表示小数，示例代码如下：

```
var foo = 123;// 数字类型的整型
var bar = 3.14;// 数字类型的浮点型
```

（2）string 类型表示字符串类型。字符串是由 Unicode 字符集子集构成的序列，在 JavaScript 中用来表示文本的数据类型，示例代码如下：

```
var foo = 'hello';//字符串类型
var bar = '123'; //字符串类型
```

注意，字符串类型的值必须添加引号，例如，'123'表示字符串类型，而 123 则表示数字类型。引号可以是单引号也可以是双引号，一般采用单引号定义 JavaScript 中的字符串，而双引号一般用于定义 HTML 的属性值。

（3）boolean 类型表示布尔值类型。布尔值表示真假值，只有两个可选值，即真值（true）和假值（false），示例代码如下：

```
var foo = true; //布尔值类型
var bar = false;//布尔值类型
```

（4）object 类型表示对象类型，对象是各种值的集合。在后续内容中涉及的数组、函数、各种内置对象都属于对象类型。

（5）undefined 类型表示未定义类型。如果 var 关键字声明一个变量，但并没有对其进行赋值，则无法判断变量的数据类型，此时变量数据类型是 undefined，示例代码如下：

```
var foo; //未定义类型
```

（6）null 类型表示空类型，表示当前为空值，示例代码如下：

```
var foo  = null;// 空类型
```

视频

JavaScript 函数（动画）

数据类型还可划分为原始类型、合成类型和特殊类型，原始类型包括 number、string、boolean；合成类型包括 object，特殊类型包括 undefined、null。

五、JavaScript 函数

JavaScript 函数是一段可以重复使用的代码块，它实现了特定的功能。JavaScript 函数的基本语法格式如下所示：

```
function 函数名(参数 1,参数 2,...){
   函数体
}  // 定义函数
函数名(参数 1,参数 2,...)   // 调用函数
```

上述语法格式中，function 为固定语法格式，函数名为自定义字符，中间用空格隔开。小括号（）与大括号｛｝也为固定写法，小括号中的是参数，大括号中的是函数体，即一个代码集合，用于实现函数功能的语句。

通常在函数中可以不添加参数，也可以添加多个参数，一个函数最多可以有 255 个参数。在定义函数中添加的参数称为形式参数，简称形参；而在调用函数中添加的参数称为实际参数，简称实参。当调用函数时，就是实参赋值给形参的过程。

需要注意的是，除了使用 JavaScript 函数的基本语法格式来定义函数之外，JavaScript 还提供了许多内置函数，例如，可以在页面中弹出警告框的 alert( ) 函数、弹出确认框的 confirm( ) 函数和弹出对话框的 prompt( ) 函数。

六、DOM 对象

DOM（Document Object Model）对象即文档对象模型，该对象是由 W3C 制定的用于操作 HTML 和 XML 的标准。DOM 是 HTML 和 XML 文档的编程接口，其提供了对文档的结构化表述，并定义了一种方式可以使用程序对文档结构进行访问，从而改变文档的结构、样式和内容。

在 Web 前端开发中，只需要关注 HTML DOM 标准即可。DOM 标准定义了对 HTML 元素的新增、删除、查询、修改的标准。实际上，HTML 只是一个带有格式的文本，经过浏览器解析后，会变成一棵 DOM 树，除了根节点（Document）之外，树上的其他节点都是 DOM 节点。

DOM 提供了一系列方法对 HTML 文档节点进行操作，并对文档中的每个元素节点又

做了细分：

- Document 对象，是 HTML 文档的根节点，使用该对象可以对 HTML 页面中的所有元素进行访问。
- Element 对象，HTML 中的元素对象，是 Document 对象所有子节点的集合，包括元素节点、文本节点、注释节点等。
- Attributes 对象，是 HTML 元素的属性对象。

HTML 页面的 DOM 树结构如图 4－5 所示。

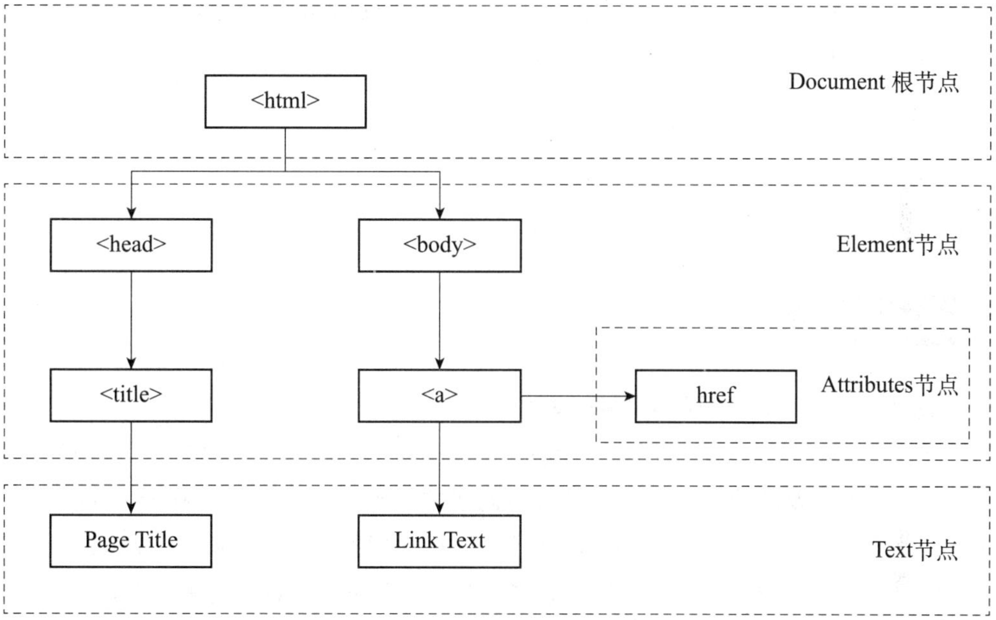

图 4－5 HTML 页面的 DOM 树结构

Document 对象提供了获取 HTML 元素的方法，常用的方法有：

- document. getElementById( )，返回文档中拥有指定 id 的元素。
- document. getElementsByName( )，返回文档中带有指定名称的对象集合。
- document. getElementsByClassName( )，返回文档中所有指定类名的元素集合。
- document. getElementsByTagName( )，返回文档中带有指定标签名的对象集合。
- document. querySelector( )，返回指定选择器的一个元素。
- document. querySelectorAll( )，返回指定选择器的多个元素。
- document. images( )，返回文档中所有 image 对象的引用。
- document. links( )，返回文档中所有 Area 和 Link 对象的引用。

需要注意的是，getElementsByName( )方法仅用于 input、radio、checkbox 等元素对象。

使用 Document 对象的方法获取 HTML 元素的示例代码如下：

```
<div>
    <a id="link"href="http://www.baidu.com">跳转</a>
```

```
<div>
<script>
    var aEle = document.getElementById('link');
    aEle.innerText = '前往百度首页';
</script>
```

上述代码中，通过修改 DOM 节点的 innerText 属性，可以改变页面中展示的超链接文本内容。

除获取 HTML 元素的常用方法之外，还可以获取 HTML 的根元素和 body 元素。

DOM 获取 HTML 根元素的示例代码如下：

```
var h1 = document.documentElement
```

DOM 获取 body 元素的示例代码如下：

```
varb1 = document.body
```

任务实现

1. 创建科技资讯网首页的 HTML 文件

首先在 chapter04 文件夹中创建一个名为 cnet.html 的文件，该文件用于实现科技资讯网首页，将页面需要的图片 logo.png 导入新创建的 images 文件夹中，在 cnet.html 文件中使用<div>标签、<img>标签、<ul>标签、<li>标签和<a>标签等显示首页导航栏左上方的 logo 图片、导航栏中的超链接、文本和下拉菜单等信息，具体代码如下所示：

```
<!doctype html>
<html>
<head>
<meta charset="utf-8">
<title>科技资讯网</title>
<link href="css/cnet.css" rel="stylesheet" type="text/css"/>
<script type="text/javascript" src="js/cnet.js"></script>
</head>
<body>
<!--logo 图片-->
<div class="head">
    <div class="left"><img src="images/logo.png"/></div>
</div>
<!--导航栏-->
<div id="nav">
    <ul class="nav">
```

```
            <li><a href="#" class="color_in">首页</a></li>
            <li class="dropdown">
                <a href="#" class="dropbtn">资讯</a>
                <ul class="dropdown-content">
                    <li><a href="#">国内新闻</a></li>
                    <li><a href="#">国际新闻</a></li>
                    <li><a href="#">科技新闻</a></li>
                </ul>
            </li>
            <li><a href="#">商业</a></li>
            <li><a href="#">数码</a></li>
            <li><a href="#">家电</a></li>
            <li><a href="#">汽车</a></li>
            <li><a href="#">娱乐</a></li>
            <li><a href="#">体育</a></li>
            <li><a href="#">彩票</a></li>
        </ul>
</div>
</body>
</html>
```

2. 创建科技资讯网首页的 CSS3 文件

在 chapter04 文件夹中创建一个名为 css 的文件夹，在该文件夹中创建名为 cnet. css 的文件，在该文件中设置科技资讯网首页导航栏、下拉菜单与 logo 图片的样式，具体代码如下所示：

```
@charset "utf-8";
/* CSS Document */
* {
    margin: 0;
    padding: 0;
    list-style: none;
    outline: none;
    border: 0;
    background: none;
}
body {
     font-size: 14px;
     font-family: "微软雅黑";
}
a: link, a: visited {
```

```
        color: #fff;
        text-decoration: none;
}
a: hover {
        text-decoration: none;
}
/ * logo * /
. head {
        width: 980px;
        margin: 0  auto;
        height: 50px;
        padding-top: 30px;
}
. head. left {
        float: left;
}
/ * 导航栏 * /
#nav {
        width: 100% ;
        background: #000;
}
. nav {
        width: 980px;
        height: 35px;
        line-height: 35px;
        margin: 0  auto;
        text-align: center;
        font-size: 14px;
}
. nav  li {
        float: left;
        position: relative;    / *  设置下拉菜单的位置  * /
}
. nav  a {
        display: inline-block;
        padding: 0 40px;
}
. nav  a: hover {
        background: #e3da35;
}
. nav. color_in {
```

```
    background: #e3da35;
}
/* 下拉菜单样式 */
.dropdown-content {
    display: none;
    position: absolute;
    background-color: #0b0b0b;
    min-width: 105px;
    z-index: 1;
}
.dropdown-content a {
    color: rgb(255, 255, 255);
    padding: 3px 26px;
    text-decoration: none;
    display: block;
    text-align: left;
}
```

3. 创建科技资讯网首页的 JavaScript 文件

在 chapter04 文件夹中创建一个名为 js 的文件夹，在该文件夹中创建名为 cnet.js 的文件，在该文件中设置科技资讯网首页导航栏中的下拉菜单，当光标悬浮在导航栏中的“资讯”文字上方时，资讯文字下方会弹出一个下拉菜单。具体代码如下所示：

```
document.addEventListener('DOMContentLoaded', function() {
    // 获取所有可能的下拉菜单触发器
    var dropdownTriggers = document.querySelectorAll('.dropdown');
    // 为每个触发器添加光标进入和离开事件
    dropdownTriggers.forEach(function(trigger) {
        trigger.addEventListener('mouseover', function() {
            // 光标进入时显示下拉菜单
            var dropdownContent = this.querySelector('.dropdown-content');
            dropdownContent.style.display = 'block';
        });
    trigger.addEventListener('mouseout', function() {
            // 光标离开时隐藏下拉菜单
            var dropdownContent = this.querySelector('.dropdown-content');
            dropdownContent.style.display = 'none';
        });
    });
});
```

上述代码中，光标的进入和离开事件会在本单元的任务 3 中详细讲解。

任务 2 实现科技资讯网首页的广告栏与城市商业信息

需求分析

科技资讯网首页的导航栏下方需要显示广告栏和城市商业信息，广告栏主要显示一些广告图片，每隔3秒当前显示的广告图片会切换到下一张广告图片，也就是广告图片的轮播效果。城市商业信息包含了寿光繁华街的介绍信息和一个向左无缝滚动城市图片的效果，在城市商业信息的上方还显示一个公告栏，在公告栏中展示向左滚动的公告信息。科技资讯网首页的广告栏与城市商业信息的效果如图 4-6 所示。

图 4-6　科技资讯网首页的广告栏与城市商业信息的效果

知识储备

在实现科技资讯网首页的广告栏与城市商业信息的效果之前，我们首先需要掌握 JavaScript 中的流程控制、数组、BOM 对象和定时器等知识点，通过使用这些知识点可实现广告栏与城市商业信息的效果。

一、流程控制

JavaScript 中的流程控制语句与其他语言类似，一般可分为顺序结构、选择结构和循环结构 3 种。顺序结构是程序从上到下、从左到右依次执行。选择结构是按照给定的逻辑条件决定执行顺序，如 if 语句和 switch 语句。循环结构是根据代码的逻辑条件来判断是否重复执行某一段程序，如 for 循环、while 循环和 do... while 循环。

1. if 语句

if 语句是选择结构中运用最广泛的语句，一般可分为单向选择、双向选择和多向选择 3 种形式。

（1）单向选择。

单向选择只有 1 条选择语句，符合条件即选择，不符合条件即不选择，其语法格式如下所示：

```
if(逻辑条件){
    语句 1;
}
语句 2;
```

上述语法格式中，如果 if 语句的逻辑条件返回 true，则执行语句 1 和语句 2；如果 if 语句的循环条件返回 false，则只执行语句 2。

（2）双向选择。

双向选择有 2 条选择语句，符合条件选择 1 条语句，不符合条件即选择另 1 条语句，其语法格式如下所示：

```
if(逻辑条件){
    语句 1;
}
else{
    语句 2;
}
```

上述语法格式中，如果 if 语句的逻辑条件返回 true，则执行语句 1；如果 if 语句的逻辑条件返回 false，则执行 else 内的语句 2。

（3）多向选择。

多向选择有多条选择语句，进行多条判断，根据判断结构执行相应的语句，其语法格式如下所示：

```
if(逻辑条件 1){
    语句 1;
}
else if(逻辑条件 2){
    语句 2;
}
...
else{
    语句 n;
}
```

上述语法格式中，如果 if 语句的逻辑条件 1 返回 true，则执行语句 1；如果 if 语句的逻辑条件 1 返回 false，则执行 else if 中的逻辑条件 2，如果逻辑条件 2 返回 true，则执行语句 2。以此类推，如果上面的所有逻辑条件都返回 false，则执行 else 内的语句 n。

2. for 循环

for 循环是循环结构中常见的语句，同时也是使用最为广泛的循环语句，能够反复执行一段代码，提高代码的复用率，其语法格式如下所示：

```
for(初始化语句; 循环条件; 控制条件){
    循环体语句;
}
```

上述语法格式中，for 循环先执行初始化语句，再判断循环条件，如果循环条件返回 true，则执行循环体语句，否则直接退出循环，然后执行迭代语句，改变循环变量的值，完成 1 次循环。接着又进入下一次循环，直到循环条件返回 false，结束循环。

（1）break 语句。

break 语句用于跳出整体循环，停止后续循环操作。

下面演示使用 break 语句计算出 1 ~ 10 截止到能被 8 整除的整数之前所有整数的和。首先在 WEB 文件夹中创建一个名为 chapter04 的文件夹，用于存放项目 4 中的所有代码文件，然后在 chapter04 文件夹中创建一个名为 example 的文件夹，该文件夹用于存放项目 4 中的知识点案例，在 example 文件夹中创建一个名为 break. html 的文件，在该文件中演示 break 的使用，具体代码如下所示：

```
<!DOCTYPE html>
<html lang="en">
<head>
    <meta charset="UTF-8">
```

```
    <title>break</title>
</head>
<body>
<script>
    var s =0;
    for(var i=1;i<10;i++){
        if(i%8==0){    // 判断条件为能被 8 整除
          break;        // 终止当前循环,顺序执行循环后面的语句
        }
        s+=i;   //循环累加
        console.log("本次循环数值为"+i);//依次列出执行哪一个循环
    }
    console.log(s);//计算整数的和
</script>
</body>
</html>
```

break. html 文件的运行结果如图 4 -7 所示。

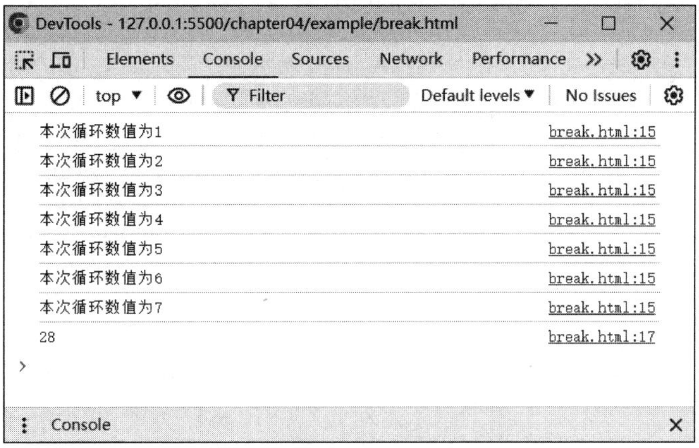

图 4 -7　break. html 文件的运行结果

（2）continue 语句。

continue 语句与 break 语句类似，但 continue 语句只跳出本次循环，不影响后续循环。

下面使用 continue 语句计算出 1 ~ 10 所有不能被 8 整除的整数和。首先在 example 文件夹中创建一个名为 continue. html 的文件，在该文件中演示 continue 的使用，具体代码如下所示：

```
<!DOCTYPE html>
<html lang="en">
<head>
```

```
        <meta charset="UTF-8">
        <title>continue</title>
    </head>
    <body>
    <script>
        var s =0;
        for(var i =1;i<10;i++){
            if(i%8==0){   //判断条件为能被 8 整除
                continue;       //跳出本次循环,进入下一次循环
            }
            s+=i;//循环累加
            console.log("本次循环数值为"+i);   //依次列出执行哪一个循环
        }
        console.log(s);//计算整数的和
    </script>
    </body>
    </html>
```

continue.html 文件的运行结果如图 4－8 所示。

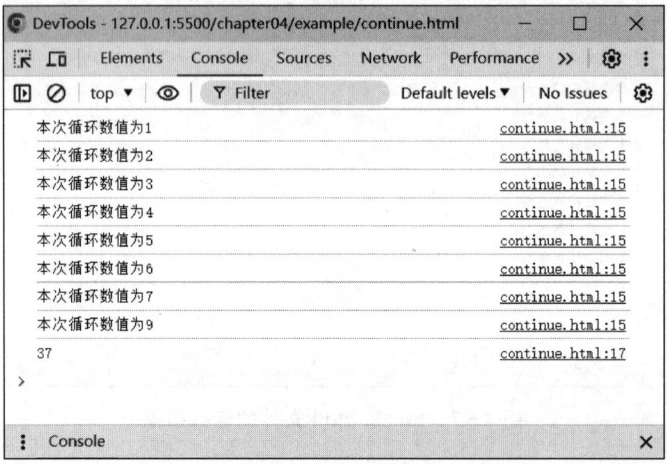

图 4－8　continue.html 文件的运行结果

由以上 2 个演示代码可知，相似的循环体系，break 语句和 continue 语句的不同运用，会达到不同的效果。break 语句可用于终止后面不必要的循环，continue 语句可用于筛选出不需要的循环，要根据实际情况做出合理选择，才能达到好的效果。

二、数组

数组是一种特殊的变量，能够一次存放 1 个以上的值，理论上数组最多可存放 65 535 个值。JavaScript 变量可以是对象，而数组是特殊类型的对象，在 JavaScript 中对数组使用

typeof 运算符会返回“object”。数组通常使用数字来访问其“元素”，通过引用索引号（下标号）来引用某个数组元素，数组索引从 0 开始，如［0］是数组中的第 1 个元素，［1］是第 2 个元素。

1. 创建数组

创建数组有 2 种方式，第 1 种方式是使用数组文本创建数组，第 2 种方式是使用 new 操作符创建数组。

（1）数组文本方式。

使用数组文本是创建 JavaScript 数组最简单的方法，其语法格式与示例如下：

```
var array-name = [item1, item2, ...];    //语法格式
var arr = [];                            // 创建一个空数组
var arr1 = [36, 18, 3, 34, 19];          // 创建一个带初始元素的数组
```

（2）new 操作符方式。

使用 new 操作符创建数组的语法格式与示例如下：

```
var array-name = new Array(item1, item2, ...);   //语法格式
var arr = new Array();                           // 创建一个空数组
var arr2 = new Array(25, 3, 15, 49, 6);          // 创建一个带初始元素的数组
```

以上 2 种方式效果完全一样，出于简洁、可读性和执行速度的考虑，通常使用数组文本方式创建数组。

2. 数组的操作

数组中常见的操作方法有添加、删除、转换、遍历等。

（1）添加、删除数组。

添加、删除数组是数组中常见的操作方法，主要有 push( )、unshift( )、shift( )、pop( )、slice( )、splice( )等方法。添加、删除数组方法的具体说明如表 4－3 所示。

表 4－3　添加、删除数组方法的具体说明

方法	说明
push( )	push( )方法在数组末端向数组添加一个或多个新元素，并返回新数组的长度
unshift( )	unshift( )方法在数组开头向数组添加一个或多个新元素，并返回新数组的长度
shift( )	shift( )方法从数组中删除起始元素，并返回该元素
pop( )	pop( )方法从数组中删除最后一个元素，并返回该元素
slice( )	slice(start, end）方法可截取数组，从开始参数选取元素，直到结束参数（不包括）为止。第 1 个参数为数组的起始位置，第 2 个参数为数组的结束位置，且不包括结束位置
splice( )	splice(start, length...）方法可删除数组。第 1 个参数为数组的起始位置，第 2 个参数为删除的个数，从第 3 个参数开始为要替换的新元素。返回删除的元素数组，splice( )方法会改变原数组

（2）转换数组。

将数组转换为字符串有 2 种操作方法，分别为 toString( )和 join( )方法，转换数组方法

的具体说明如表 4 - 4 所示。

表 4 - 4　转换数组方法的具体说明

方法	说明
toString( )	可将数组转换为字符串
join( )	以参数作为分隔符，将所有数组成员组成一个字符串返回。如果不提供参数，则默认用逗号分隔

join( )方法有 3 种用法：第 1 种用法是 join( )方法设置参数，以指定分隔符分隔，如 join（'/'）；第 2 种用法是 join( )方法不设置参数，以逗号（','）分隔，如 join( )；第 3 种用法是 join( )方法参数为空，没有分隔符分隔，如 join('')。

数组转换为字符串的具体示例代码如下：

```
<script>
    var arr1 = ['黄瓜', '西红柿', '辣椒', '生姜'];
    console.log(arr1.toString());    // 黄瓜,西红柿,辣椒,生姜
    console.log(arr1.join('/'));     // 黄瓜/西红柿/辣椒/生姜
    console.log(arr1.join(' '));     // 黄瓜 西红柿 辣椒 生姜 （参数为空格）
    console.log(arr1.join());        // 黄瓜,西红柿,辣椒,生姜
    console.log(arr1.join(''));      // 黄瓜西红柿辣椒生姜 （参数无内容）
</script>
```

（3）遍历数组。

遍历数组就是操作数组中的每一个元素，常见的遍历数组的方法有 for 循环、for... in 循环、for... of 循环、forEach( ) 遍历、map( ) 遍历、every( ) 遍历、some( ) 遍历、filter( ) 遍历等。遍历数组方法的具体说明如表 4 - 5 所示。

表 4 - 5　遍历数组方法的具体说明

方法	说明
for 循环	for 循环是使用频率最高且最简单的一种循环遍历方法，for 循环需要配合 length 属性和数组元素索引值来实现。如 for（i = 0；i < array. length；i + +）
for... in 循环	for... in 循环既可以用于遍历数组，也可以用于遍历对象，但效率低，其变量是元素的索引值。如 for（var index in array）
for... of 循环	for... of 循环在 ECMAScript 6.0 开始支持，不仅可以遍历数组，还可以遍历可迭代对象，能够正确响应 break、continue 和 return 语句。for... of 循环的变量是元素的值。如 for（var value of array）
forEach( )遍历	forEach( )遍历没有返回值，对原数组没有影响，不支持 IE。该方法传递进去的回调函数的执行次数是根据数组元素个数决定的。回调函数的可选参数有 3 个，value 为数组元素的值，index 为元素的索引值，array 为原数组。如 arr. forEach（function（value，index，array）{... }）
map( )遍历	map( )遍历为数组的每个元素依次调用指定的回调函数，根据函数结果返回一个新数组，能为数组元素添加元素。如 arr. map（function（value，index，array）{... }）

续表

方法	说明
every( )遍历	every( )遍历可以确定数组的所有元素是否都满足指定测试。该方法为数组的每个元素依次调用指定的回调函数，如果回调函数中的所有数组元素返回 true，则 every( ) 遍历返回值为 true，否则返回值为 false。如 arr. every （function （value，index，array） {...})
some( )遍历	some( )遍历可以确定数组的元素是否有满足指定的测试。该方法为数组的每个元素依次调用指定的回调函数，如果回调函数中至少有一个数组元素返回 true，则 some( )遍历返回值为 true，否则返回值为 false。如 arr. some （function （value，index，array） {...})
filter( )遍历	filter( )遍历可以返回数组中满足指定条件的元素，具有筛选元素的效果。该方法为数组的每个元素依次调用指定的回调函数，如果回调函数中数组元素返回 true，则 filter( ) 遍历返回值为数组中所有返回值是 true 的元素，组成一个新数组，不会改变原数组。如 arr. filter （function （value，index，array） {...})

三、BOM 对象

BOM（Browser Object Model）对象是浏览器对象模型，开发者可以使用 BOM 对象提供的接口实现与浏览器窗口的交互。目前还没有任何一个公共组织为 BOM 对象制定标准，因为 BOM 对象属于浏览器提供的接口标准，所以开发者要根据用户使用的不同浏览器而选择不同的 BOM 对象标准，这就导致开发者编写的代码不能兼容所有的浏览器。但是，目前主流浏览器的 BOM 对象的内容大致上是一致的，开发者只需要关注部分不同的地方即可。

BOM 对象提供了与浏览器窗口交互的能力，其包含了一些处理窗口的方法，如打开新窗口、监听窗口改变、弹出警告框等，这些方法可以使用 window 对象来调用，window 对象也是浏览器下的全局对象。使用 window 对象调用浏览器方法的示例代码如下：

```
window.location.href = 'http://www.baidu.com';   // 打开新网址
window.onload = function(){};                     // 监听窗口加载完毕
window.open('http://www.baidu.com');              // 打开新窗口
window.alert('Hello World');                      // 弹出警告框
```

虽然目前 BOM 对象没有公开的统一标准，但是有 5 个浏览器内置对象是所有浏览器都支持的。

- window 对象，浏览器的全局对象，表示浏览器中打开的窗口，是 BOM 的操作入口。
- screen 对象，包含有关客户端显示屏幕的信息，如屏幕的高度、宽度、颜色分辨率等。
- history 对象，包含用户在浏览器中访问过的 URL 记录。
- location 对象，包含当前浏览器窗口中的 URL 信息。
- navigator 对象，包含所有浏览器的信息，如浏览器的名称、版本、代码名等。

上述5个浏览器内置对象中提供了一系列的属性和方法，方便开发者操作浏览器窗口，从而实现复杂的用户交互特效。

四、定时器

window 对象表示一个浏览器窗口或一个框架。在客户端 JavaScript 中，window 对象是全局对象，所有的表达式都在当前的环境中计算。也就是说，要引用当前窗口根本不需要特殊的语法，可以把当前窗口的属性作为全局变量来使用。例如，可以只写 document，而不必写 window. document。一般来说，window 对象的方法都是对浏览器窗口或框架进行某种操作。

在 JavaScript 中，BOM 的 window 对象有 2 种设置定时器的方法，即设置连续定时器和延迟定时器，主要由 window. setInterval( ) 和 window. setTimeout( ) 2 个函数实现，它们负责向任务队列添加定时任务。由于 window 对象是全局对象，可以省略 window 前缀。

1. 连续定时器

setInterval( ) 函数可设置连续定时器，在指定的毫秒数后执行指定的代码，即通过设定一个时间间隔，每隔一段时间去执行 JavaScript 的操作。setInterval( ) 函数的语法格式如下所示：

```
setInterval( code, millisec) ;
```

上述语法格式中，setInterval( ) 函数接收 2 个参数，第 1 个参数 code 表示要调用的函数或要执行的 JavaScript 代码串，第 2 个参数 millisec 表示周期性执行或调用 code 之间的时间间隔，单位为毫秒（ms）。

在 JavaScript 中，可通过 clearInterval( ) 函数清除 setInterval( ) 函数设定的定时器，即把要清除的定时器赋值给一个变量，调用 clearInterval( ) 函数执行清除对应定时器的操作。清理定时器不仅可以暂停该定时器，还可以释放内存，清除对后续代码的影响。

clearInterval( ) 函数清除定时器的语法格式如下所示：

```
clearInterval( 定时器对象) ;
```

下面演示如何制作一个连续定时器。首先在 chapter04 程序的 example 文件夹中创建 continuous_timer. html 文件，在该文件中制作一个连续定时器，每隔 1 秒输出一次文本信息，当输出 4 次信息后，定时器停止，具体代码如下所示：

```
<!DOCTYPE html>
<html lang="en">
<head>
    <meta charset="UTF-8">
    <title>连续定时器</title>
</head>
<body>
```

```
<script>
    var i =0;
    var timer1 = setInterval( show, 1000) ; //每隔 1 秒调用 1 次定时器中的函数
    function show() {
        i + +;
        console. log( "教育领域在不断探索科技与教学的融合" + i) ;
        if( i = =4) {   //当 i =4 时, 清除定时器
          clearInterval( timer1) ;
        }
    }
</script>
</body>
</html>
```

continuous_timer. html 文件的运行结果如图 4 -9 所示。

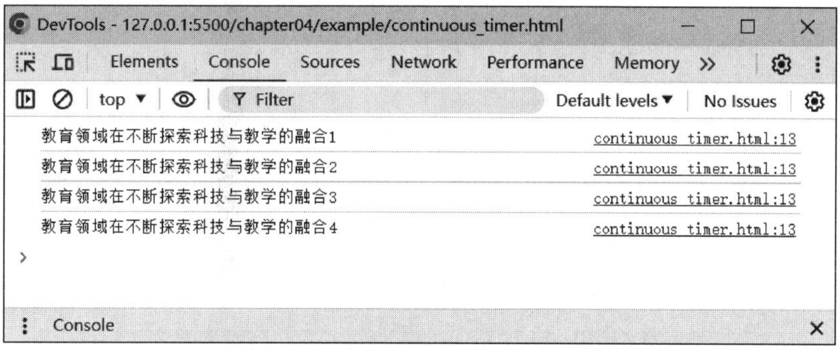

图 4 -9　continuous_timer. html 文件的运行结果

2. 延迟定时器

setTimeout( ) 函数可设置延迟定时器，按照指定的周期（以毫秒计）来调用函数或计算表达。setTimeout( ) 函数只执行代码一次，如果要多次调用，需使用 setInterval( ) 函数或者让代码自身再次调用 setTimeout( ) 函数。setTimeout( ) 函数的语法格式如下所示：

```
setTimeout( code, millisec) ;
```

上述语法格式中，setTimeout( ) 函数接收 2 个参数，第 1 个参数 code 表示要调用的函数或要执行的 JavaScript 代码串，第 2 个参数 millisec 表示在执行代码前需等待的毫秒数。

在 JavaScript 中，可通过 clearTimeout( ) 函数清除 setTimeout( ) 函数设定的定时器，即把要清除的定时器赋值给一个变量，调用 clearTimeout( ) 函数执行清除对应定时器的操作。clearTimeout( ) 函数与 clearInterval( ) 函数用法类似，但延时定时器只执行一次，一般清除定时器会在延迟没有执行定时器时去调用，从而不执行延时定时器内的代码。

clearTimeout( ) 函数清除定时器的语法格式如下所示：

```
clearTimeout( 定时器对象) ;
```

下面演示如何制作一个延时定时器。首先在 chapter04 程序的 example 文件夹中创建 delay_timer. html 文件，在该文件中制作一个延时定时器，当程序运行 1 秒后调用 1 次定时器中的函数，在调用的函数中首先输出 1 次文本信息，然后调用 clearTimeout( ) 清除定时器，释放内存。具体代码如下所示：

```
1.  <!DOCTYPE html>
2.  <html lang="en">
3.  <head>
4.      <meta charset="UTF-8">
5.      <title>延时定时器</title>
6.  </head>
7.  <body>
8.  <script>
9.      var timer2 = setTimeout(show, 1000);   //运行 1 秒后调用 1 次定时器中的函数
10.     function show(){
11.        console.log("教育领域在不断探索科技与教学的融合");
12.        clearTimeout(timer2);   //清除定时器
13.     }
14. </script>
15. </body>
16. </html>
```

delay_timer. html 文件的运行结果如图 4 - 10 所示。

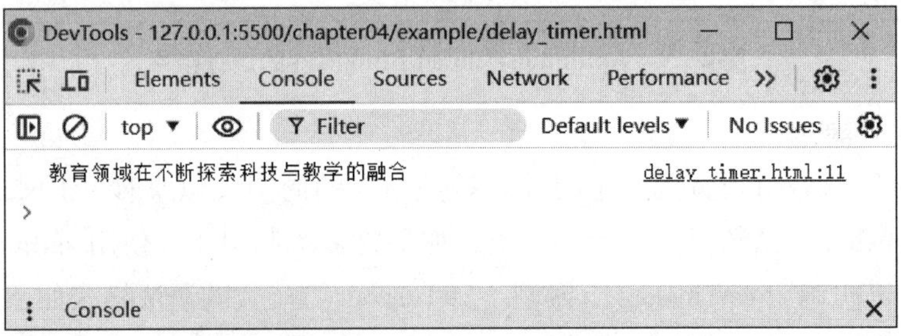

图 4 - 10　delay_timer. html 文件的运行结果

由图 4 - 10 可知，控制台中只输出了一条文本信息，说明延时定时器只执行了一次。若将上述代码中第 12 行代码移至第 13 行下方，定时器将不会被执行。

setInterval( ) 函数主要用来实现周期性执行代码，不受任务队列的限制，会简单地每隔一定时间重复执行一次动作，如果前面的任务还没有执行完毕，setInterval( ) 函数可能会插队以便按时执行动作。而 setTimeout( ) 函数主要用来延迟代码执行，该函数不会间隔固定时间执行一次动作，它受 JavaScript 任务队列的影响，只有前面没有任务时，才会按时延迟执行动作。这 2 种函数都可以设计周期性动作，其中 setInterval( ) 函数适合定时执行某个动作，而 setTimeout( ) 函数适合不定时执行某个动作。

任务实现

1. 搭建科技资讯网首页的广告栏与商业城市信息布局

首先将广告栏与商业城市信息需要显示的图片 icon. gif、city. png、banner01. png、banner02. png、banner03. png、city01. png、city02. png、city03. png、city04. png 导入 images 文件夹中，然后在 cnet. html 文件中添加 <div>标签、<img>标签、<ul>标签、<li>标签、<ol>标签、<marquee>标签、<h2>标签、<dl>标签、<dt>标签、<dd>标签和<a>标签等显示广告栏信息、公告信息和商业城市信息，在 cnet. html 文件中添加的代码如下所示：

```
...
<!--广告栏-->
<div class="banner">
    <ul class="banner_pic" id="banner_pic">
        <li class="current"><img class="one" src="
        images/banner01.png"/></li>
        <li class="pic"><img class="one" src="images/banner02.png"/></li>
        <li class="pic"><img class="one" src="images/banner03.png"/></li>
    </ul>
    <ol id="button">
        <li class="current"></li>
        <li class="but"></li>
        <li class="but"></li>
    </ol>
</div>
  <!--公告-->
<div class="stages">
<div class="stages_title">公告</div>
<div class="stages_con">
    <marquee>
        <ul>
            <li><a href="#">【活动资讯】钧瓷世家发起轻松筹 开辟传承古老技法新思路
            </a></li>
            <li><a href="#">【奖品公告】2024年体育彩票获奖名查看!!!</a></li>
        </ul>
    </marquee>
</div>
</div>
```

```
<! --城市商业模块 -- >
< div id = "city" >
    < h2 >城市商业 < /h2 >
    < dl >
        < dt > < /dt >
        < dd class = "txt1" >寿光繁华街 < /dd >
         < dd class = "txt2" >寿光市的繁华街区以其智能、时尚、绿色的消费形式,以及线上线下融合的服务消费,成为城市的魅力所在和特色名片。寿光市近年来全力发展城市经济,通过创新消费形式和赋予文化内涵,打造了多处集“吃行游玩”为一体的特色街区。这些街区不仅吸引了众多市民和游客,还成了深受欢迎的打卡地。例如,现代繁华世界街景特色区,以其创意主题街为特色,汇集了全国特色名吃和最受欢迎的新消费业态,同时配备了文创、日常用品、网红直播等业态。 < /dd >
    < /dl >
    < div class = "imgbox" id = "imgbox" >
        < span >
            < a href = "#" > < img src = "images/city01. png" / > < /a >
            < a href = "#" > < img src = "images/city02. png" / > < /a >
            < a href = "#" > < img src = "images/city03. png" / > < /a >
            < a href = "#" > < img src = "images/city04. png" / > < /a >
        < /span >
    < /div >
< /div >
...
```

2. 设置广告栏与城市商业信息的样式

在 cnet. css 文件中设置广告栏与城市商业信息的展示样式，具体代码如下所示：

```
...
/ * 广告栏 * /
. banner {
    width: 1000px;
    height: 285px;
    margin: 13px auto 15px auto;
    position: relative;
    overflow: hidden;
}
. banner. banner_pic. pic {
    display: none;
}
. banner. banner_pic. current {
```

```
        display: block;
}
. banner ol {
        position: absolute;
        left: 460px;
        bottom: 26px;
}
. banner ol. but {
        float: left;
        width: 10px;
        height: 10px;
        margin-right: 12px;
        background: #fff;
        opacity: 0. 5;
        border-radius: 50%;
}
. banner ol li {
        cursor: pointer;
}
. banner ol. current {
        color: #fff;
        background: #627de8;
        float: left;
        width: 10px;
        height: 10px;
        margin-right: 12px;
        text-align: center;
        line-height: 22px;
        font-size: 14px;
        font-weight: bold;
        border-radius: 50%;
}
/ * 公告 * /
. stages {
        margin: 0px auto;
        padding: 0px;
        border: 1px solid #c4c4c4;
        height: 30px;
        width: 998px;
```

```
    line-height: 30px;
    vertical-align: middle;
    text-align: left;
    overflow: hidden;
}
. stages_title {
    width: 96px;
    text-align: center;
    border-right: 1px solid #c4c4c4;
    float: left;
}
. stages_con {
    width: 900px;
    float: left;
}
. stages_con ul li {
    float: left;
}
. stages_con ul li a {
    background: url(. . /images/icon. gif) no-repeat left center;
    padding: 0px 0px 0px 8px;
    margin: 0px 40px 0px 0px;
    width: 3px;
    height: 5px;
    line-height: 30px;
    vertical-align: middle;
    color: #212121;
}
/ * 城市商业模块 * /
#city {
    width: 980px;
    margin: 0 auto;
}
h2 {
    font-weight: blod;
    font-size: 24px;
    color: #585858;
    padding: 20px 0;
    border-bottom: 7px solid #ececec;
```

```
}
#city dl {
    width: 980px;
    height: 200px;
}
#city dt {
    width: 263px;
    height: 166px;
    padding: 10px;
    background: url(. . /images/city. png) center center no-repeat;
    float: left;
}
#city dd {
    width: 660px;
    padding: 10px 0 0 20px;
    float: left;
}
#city. txt1 {
    font-size: 24px;
    color: #e3da35;
}
#city. txt2 {
    color: #6b6862;
    line-height: 24px;
}
/ * 城市图片展示 * /
. imgbox {
    width: 940px;
    padding: 0 20px;
    white-space: nowrap;
    overflow: hidden;
}
. imgbox img {
    width: 200px;
    height: 140px;
    padding: 2px;
}
. imgbox a {
    margin-right: 10px;
}
```

3. 设置广告栏的轮播效果与城市图片的无缝滚动效果

在 cnet. js 文件中设置广告栏的轮播效果与城市图片的无缝滚动效果，具体代码如下所示：

```
...
//焦点图轮播
window. onload = function( ) {
//顶部的焦点图切换
function hotChange( ) {
    var current_index = 0;
    window. setInterval( autoChange, 3000) ;
    var button_li = document. getElementById( "button") . getElementsByTagName(
    "li") ;
    var pic_li = document. getElementById( "banner_pic") .
    getElementsByTagName( "li") ;
    function autoChange( ) {
        + + current_index;
        if( current_index = = button_li. length) {
            current_index = 0;
        }
        for( var i = 0; i < button_li. length; i + + ) {
            if( i = = current_index) {
                button_li[ i] . className = "current";
                pic_li[ i] . className = "current";
            } else{
                button_li[ i] . className = "but";
                pic_li[ i] . className = "pic";
            }
        }
    }
}
hotChange( ) ;
//城市图片展示
function school( ) {
    //定义滚动速度
    var speed  =  50;
    //获取 < div id = "imgbox" > 元素
    var imgbox  =  document. getElementById( "imgbox") ;
    //复制一个 < span > , 用于无缝滚动
    imgbox. innerHTML + =  imgbox. innerHTML;
    //获取两个 < span > 元素
```

```
var span = imgbox.getElementsByTagName("span");
//启动定时器，调用滚动函数
window.setInterval(marquee, speed);
//滚动函数
function marquee(){
    //当第 1 个 <span> 被完全卷出时
    if(imgbox.scrollLeft > span[0].offsetWidth){
            //将被卷起的内容归 0
            imgbox.scrollLeft = 0;
    }else{
            //否则向左滚动
             ++imgbox.scrollLeft;
    }
}
}
school();//启动整个滚动过程
}
```

任务 3　实现科技资讯网首页的热门推荐与资讯

需求分析

科技资讯网首页的热门推荐展示比较热门的旅游景点和商业街，景点和商业街的图片每隔 3 秒会切换一次，当光标悬浮在景点或商业街图片对应的描述信息上方时，描述信息的背景颜色会进行切换，同时左侧显示对应的景点或商业街图片。热门资讯主要以列表的形式显示热门信息，当光标悬浮在任意一条热门信息上方时，热门信息的背景会切换为黄色。除此之外，在页面底部还添加了页脚信息，主要用于展示版权信息。科技资讯

视频

网页背景设计制作

网首页的热门推荐与资讯的效果如图 4－11 所示。

图 4－11　科技资讯网首页的热门推荐与资讯的效果

知识储备

在实现科技资讯网首页的热门推荐与资讯的效果之前，我们首先需要掌握 JavaScript 中的事件对象、事件的调用和处理、常用的 JavaScript 事件，以及 ECMAScript 6.0 新特性等知识点，通过使用这些知识点实现热门推荐与资讯的效果。

一、事件对象

在 JavaScript 中，事件是用户或浏览器自身执行的特定动作，如单击鼠标、按下键盘按键、加载页面等，这些事件可以由 JavaScript 代码监听并做出响应。事件通常包括事件的类型和事件发生时相关的上下文信息，其中事件类型主要包括鼠标单击事件、页面加载事件、键盘按下事件等，事件发生时相关的上下文信息包括触发事件的元素、事件发生的具体时间等。

事件对象是传递事件发生时上下文信息的载体，它包含了与事件相关的所有信息。当事件发生时，浏览器会创建一个事件对象，并将其作为参数传递给事件处理函数。这个对象包含了关于事件的详细信息，这些信息主要有以下几种：

- type：事件的类型（如“click”）。

- target：触发事件的元素。
- currentTarget：当前正在处理事件的元素（在事件捕获或冒泡阶段可能不同于 target）。
- preventDefault( )：阻止事件的默认行为，例如，阻止事件是可取消的。
- stopPropagation( )：阻止事件进一步传播，即停止事件冒泡或捕获。

二、事件的调用和处理

在 JavaScript 中，可以通过两种主要方式调用或监听事件，一种是使用 HTML 属性，另一种是调用 addEventListener( )方法。

1. 使用 HTML 属性

直接在 HTML 元素上使用事件属性（如 onclick、onload 等）来指定当事件发生时应该执行的 JavaScript 代码，示例代码如下：

```
<button onclick = "alert('按钮被单击了!')">单击我</button>
```

这种方式不推荐使用，因为它将 JavaScript 代码与 HTML 标签混合在一起，不利于代码的维护和可读性。

2. 调用 addEventListener( ) 方法

addEventListener(event，function，useCapture）方法用于为元素添加事件监听器，以便在事件发生时执行指定的函数。addEventListener( )方法中传递的参数 event 表示事件类型（如"click"），参数 function 表示处理事件的函数，参数 useCapture 是一个可选的布尔值，当该值为 true 时，表示在捕获阶段处理事件，为 false（默认值）时，表示在冒泡阶段处理事件。其示例代码如下：

```
var button = document.getElementById("myButton");
button.addEventListener("click",function(){
    alert("按钮被单击了!");
});
```

在 DOM 中，JavaScript 的事件处理有两个阶段，分别是捕获阶段和冒泡阶段。

- 捕获阶段：事件从根元素（通常是 document 对象）开始，然后沿着 DOM 树向下传播到目标元素。在捕获阶段，事件不会触发目标元素上的任何事件监听器，除非特别指定在捕获阶段处理事件。
- 冒泡阶段：事件从目标元素开始，然后沿着 DOM 树向上传播到根元素。在冒泡阶段，事件会触发沿途经过的每个元素上注册的事件监听器。

三、常用的 JavaScript 事件

JavaScript 是基于对象的脚本语言，它的一个最基本的特征就是采用事件驱动。例如，当光标经过某个按钮或者用户在文本框中输入某些信息时，都可以设置相应的 JavaScript 事件来完成某些特殊效果。常用的 JavaScript 事件包括鼠标事件、键盘事件、表单事件和页面加载事件。

1. 鼠标事件

鼠标事件是指通过鼠标动作触发的事件，鼠标事件有很多，JavaScript 中常见的鼠标事件如表 4-6 所示。

表 4-6　JavaScript 中常见的鼠标事件

类别	事件说明
onclick	鼠标单击时触发此事件
ondblclick	鼠标双击时触发此事件
onmousedown	鼠标按下时触发此事件
onmouseup	鼠标弹起时触发此事件
onmouseover	鼠标移动到某个设置了此事件的元素上时触发此事件
onmousemove	鼠标移动时触发此事件
onmouseout	鼠标从某个设置了此事件的元素上离开时触发此事件

表 4-6 中，类别一列是设置鼠标事件对应的 HTML 页面中的属性名称，当这些属性名称去掉前面的字母“on”时，是 JavaScript 中的鼠标事件类型，如单击事件的类型为 click，该事件类型通常通过 addEventListener() 方法添加到 DOM 元素上。

使用 addEventListener() 方法实现鼠标单击事件的示例代码如下：

```
document.getElementById("myButton").addEventListener("click",
function(){
    console.log("鼠标单击元素");// 当鼠标单击元素时执行的代码
});
```

在 HTML 元素上设置该元素的鼠标单击事件的示例代码如下：

```
// 页面元素设置
<div id="myButton" onclick="handleMouseClick()">按钮</div>
//鼠标单击事件的脚本代码
<script>
function handleMouseClick(){
    console.log("鼠标单击元素");
}
</script>
```

2. 键盘事件

键盘事件是指用户在使用键盘时触发的事件。例如，用户按“Enter”键直接完成页面的登录功能、按“Esc”键关闭打开的状态栏等。JavaScript 中常见的键盘事件如表 4-7 所示。

表 4-7　JavaScript 中常见的键盘事件

类别	事件说明
onkeydown	当键盘上的某个按键被按下时触发此事件
onkeyup	当键盘上的某个按键被按下后弹起时触发此事件
onkeypress	当输入有效的字符按键时触发此事件

表 4 - 7 中去掉每个类别前面的字母“on”时，是 JavaScript 中的键盘事件类型。

下面演示如何监听键盘按键被按下、被弹起和被按下并产生字符（不包括功能键），示例代码如下：

```
document. addEventListener( 'DOMContentLoaded', function( ) {
    var keyEventsDiv = document. getElementById( 'keyEvents' );
    // 监听键盘按键被按下
    keyEventsDiv. addEventListener( 'keydown', function( event) {
        console. log( 'KeyDown: ' + event. key);
    });
    // 监听键盘按键被弹起
    keyEventsDiv. addEventListener( 'keyup', function( event) {
        console. log( 'KeyUp: ' + event. key);
    });
    // 监听键盘按键被按下并产生字符( 不包括功能键)
    keyEventsDiv. addEventListener( 'keypress', function( event) {
        console. log( 'KeyPress: ' + event. key);
    });
    keyEventsDiv. focus( ); // 使 div 元素获得焦点
});
```

3. 表单事件

表单事件是指对 Web 表单操作时发生的事件。例如，表单提交前对表单的验证，表单重置时的确认操作等。JavaScript 中常见的表单事件如表 4 - 8 所示。

表 4 - 8　JavaScript 中常见的表单事件

类别	事件说明
onblur	当前元素失去焦点时触发此事件
onchange	当前元素失去焦点且元素内容发生改变时触发此事件
onfocus	当某个元素获得焦点时触发此事件
onreset	当表单被重置时触发此事件
onsubmit	当表单被提交时触发此事件

下面演示表单事件中的提交事件，示例代码如下：

```
document. getElementById( 'myForm' ). addEventListener( 'submit',
function( event) {
    event. preventDefault( ); //阻止表单的默认提交行为
    //此处可以添加验证逻辑
    console. log( '表单提交事件被触发' );
});
```

4. 页面加载事件

页面加载事件在 Web 开发中非常重要，因为它允许程序在页面内容加载的不同阶段执行 JavaScript 代码。页面加载事件可以确保 DOM 元素已经加载完成或页面上的所有资源（如图片、样式等）都已经加载完成。JavaScript 中与页面加载事件对应的是页面卸载事件，这两个事件的具体说明如表 4 - 9 所示。

表 4 - 9　JavaScript 中常见的页面事件

类别	事件说明
onload	当页面加载完成时触发此事件
onunload	当页面卸载完成时触发此事件

下面演示页面加载事件，示例代码如下：

```
window. addEventListener( 'load', function( ) {
    console. log( '页面所有资源加载完成。' );
    //此处执行依赖于所有资源加载完成的代码
});
```

四、ECMAScript 6. 0 新特性

ECMAScript 6. 0（简称 ES6）已在 2015 年 6 月正式发布。ECMAScript 6. 0 的目标是让 JavaScript 语言能够用来编写复杂的大型应用程序，成为企业级开发语言。ES6 既是一个历史名词，也是一个泛指，含义是 5. 1 版以后的 JavaScript 的下一代标准，涵盖了 ES2015、ES2016、ES2017 等版本。ES6 的正式名称是 ECMAScript 2015（简称 ES2015），它是 ES6 发布时的正式版本名称。

ES6 引入了许多新特性，主要有以下 6 个：

1. let 与 const

let 用于声明一个块作用域局部变量，与 var 不同，let 声明的变量不会在全局作用域中创建，且不允许重复声明。const 用于声明一个只读的常量，一旦声明，其值就不能被改变。

下面列举 let 与 var 定义变量的不同，示例代码如下：

```
<script>
    {
      var foo = 10;
    }
    console. log( foo) ;      // 10
    {
      let bar = 20;
    }
    console. log( bar) ;      // 报错
</script>
```

下面列举 const 定义常量的方式，一般用大写的方式来定义常量，示例代码如下：

```
<script>
    const FOO = 'hello';
    FOO = 'hi';           // 报错
</script>
```

2. 解构赋值

解构赋值允许从数组或对象中提取数据，并将其赋值给声明的变量，这种方式使代码更加简洁和易读。

通过解构赋值为数组的方式来定义变量，具体示例代码如下：

```
<script>
    var [a, b, c] = [1,2,3];
    console.log(a);   // 1
    console.log(b);   // 2
    console.log(c);   // 3
</script>
```

解构赋值为对象的方式来定义变量，具体示例代码如下：

```
<script>
    var {myName: a, myAge: b} ={myName: "hello", myAge: "20"};
    console.log(a);   // 'hello'
    console.log(b);   // '20'
</script>
```

解构赋值也可以嵌套使用，将数组方式与对象方式混合使用，具体示例代码如下：

```
<script>
    var [a, {x}, b ] = [111,{ x: 222 }, 333 ];
    console.log(a);   // 111
    console.log(x);   // 222
    console.log(b);   // 333
</script>
```

解构赋值可以针对字符串类型，但是不支持数字类型和布尔值类型，具体示例代码如下：

```
<script>
    var [foo] = 'hello';
    var [bar] = 123;
    var [baz] = true;
```

```
    console.log(foo);   // h
    console.log(bar);   // 报错
    console.log(baz);   // 报错
</script>
```

3. 模板字符串

ECMAScript 6.0 中提供了字符串模板的写法，对字符串拼接进行简化。字符串模板写法需要使用反引号引入字符串，并且通过 ${} 方式来添加变量，具体示例代码如下：

```
<script>
    var foo = 'world';
    var bar = `hello ${foo} !!!`;
    console.log(bar);              // 'hello world !!!'
</script>
```

除了字符串模板以外，还提供一些新的字符串方法。

（1）includes()：判断是否包含相关的字符串，返回布尔值。具体示例代码如下：

```
<script>
    var foo = 'hello world';
    console.log(foo.includes('wor'));   // true
</script>
```

（2）startsWith() 和 endsWith()：判断起始和结束位置，返回布尔值。具体示例代码如下：

```
<script>
    var foo = 'hello world'; console.log(foo.startsWith('he'));   // true
    console.log(foo.endsWith('he'));   // false
</script>
```

（3）repeat()：生成重复的字符串，具体示例代码如下：

```
<script>
    var foo = 'hello world';
    console.log(foo.repeat(3));   // 'hello worldhello worldhello world'
</script>
```

4. 箭头函数

箭头函数提供了一种更简洁的函数书写方式，其语法为参数 => 函数体。箭头函数不绑定自己的 this 值，会捕获其所在上下文的 this 值作为自己的 this 值。

下面列举 ES6 对比 ECMAScript 5.0（ES5）的写法，以便于理解箭头函数的写法，具体示例代码如下：

```
<script>
    // ES5
    var foo = function(x){
        return x;
    };
    // ES6 箭头
    var foo = x => x;
    // ES5
    var bar = function(x, y){
        return x + y;
    };
    // ES6 箭头
    var bar = (x, y) => x + y;
    // ES5
    var baz = function(x, y){
        x = x * x;
        y = y * y;
        return x + y;
    };
    // ES6 箭头
    var fun = (x, y) => {
        x = x * x;
        y = y * y;
        return x + y;
    };
</script>
```

5. 对象字面量扩展

ES6 允许在对象字面量中直接使用属性名作为变量名，以及使用更简洁的方式定义方法。使用属性名作为变量名的示例代码如下：

```
const propName = 'name';
const obj = {
    [propName]: 'LiLei',          // 使用变量 propName 作为属性名
    age: 30
};
console.log(obj.name);            // 输出: LiLei
console.log(obj[propName]);       // 同样输出: LiLei
```

使用更简洁的方式定义方法，示例代码如下：

```
const person = {
  name: 'LiLei',
  age: 30,
  greet: function() { // ES5 及之前的方式
    console.log(`Hello, my name is ${this.name}`);
  },
  greetES6: () => {
    // 此处的 this 不指向 person 对象
    console.log(`Hello, my name is ${this.name}`);
  },
  // 正确的 ES6 简洁方法定义
  greetConcise: () {
    console.log(`Hello, my name is ${this.name}`);   // this 指向 person 对象
  }
};
person.greet();              // 正确输出
// person.greetES6();   // 此行代码将不会按预期工作,因为 this 不指向 person 对象
person.greetConcise();   // 正确输出
```

6. 默认参数和剩余参数

ES6 允许在函数定义时为参数指定默认值，同时也引入了剩余参数语法（...），允许将一个不定数量的参数表示为一个数组。

rest 参数也称不定参数或剩余参数，形式为“... 变量名”，用于获取函数或解构中的多余参数，具体示例代码如下：

```
<script>
    var [a, b, ... c] = [1, 2, 3, 4, 5];
    console.log(a);   //1
    console.log(b);   //2
    console.log(c);   //[3, 4, 5]
</script>
```

上述示例代码中，变量 c 会打印出［3，4，5］，即剩余参数，rest 参数一定出现在定义变量的最后，而不能出现在其他位置。

带有默认参数的示例代码如下：

```
function greet(name = 'World', greeting = 'Hello') {
    console.log(`${greeting}, ${name}!`);
}
//示例调用
greet();                    //输出: Hello, World!
```

```
greet('LiLei');              // 输出: Hello, LiLei!
greet('XiaoMing', 'Hi');     // 输出: Hi, XiaoMing!
```

上述示例代码中，如果调用 greet() 函数时没有提供 name 参数的值，则 name 参数的默认值为'World'，如果没有提供 greeting 参数的值，则 greeting 参数的默认值为'Hello'。

任务实现

1. 搭建科技资讯网首页的热门推荐与资讯布局

首先将热门推荐与资讯需要显示的图片 tour_01. png、tour_02. png、tour_03. png、tour_info_bg1. png、tour_info_bg2. png、tour_info_bg3. png、tour_info_01. png、tour_info_02. png、tour_info_03. png 导入 images 文件夹中，然后在 cnet. html 文件中添加 <div>标签、<span>标签、<a>标签、<img>标签、<ul>标签和<li>标签等显示热门推荐图片与信息、热门资讯信息和页脚信息，在 cnet. html 文件中添加的代码如下所示：

```
...
<!--热门推荐与热门资讯-->
<div id="hot_recomm">
  <h2>热门推荐</h2>
  <div class="list0">
    <div id="SwitchBigPic">
      <span class="sp"><a href="#"><img src="images/tour_01.png"/></a></span>
      <span><a href="#"><img src="images/tour_02.png"/></a></span>
      <span><a href="#"><img src="images/tour_03.png"/></a></span>
    </div>
    <ul id="SwitchNav">
      <li><a class="txt_img1" href="#"></a></li>
      <li><a class="txt_img2" href="#"></a></li>
      <li><a class="txt_img3" href="#"></a></li>
    </ul>
  </div>
  <div class="hot_news">
    <h2>热门资讯</h2>
    <ul class="hot-news-list">
      <li class="news-item">
        <a href="#">气候峰会召开:全球共商减排,应对气候变化</a>
      </li>
      <li class="news-item">
```

```
                <a href="#">康加科技助力智慧健康产业发展</a>
            </li>
            <li class="news-item">
                <a href="#">科技创新奖揭晓: 多家企业获奖, 推动行业发展</a>
            </li>
            <li class="news-item">
                <a href="#">冬奥会筹备进展: 场馆建设顺利, 期待精彩赛事</a>
            </li>
            <li class="news-item">
                <a href="#">太空探索新发现: 火星存在水迹, 生命或可期</a>
            </li>
            <li class="news-item">
                <a href="#">新型吸尘机器人 360 Vis Nav 登陆中</a>
            </li>
            <li class="news-item">
                <a href="#">高考改革方案出: 综合素质评价, 减轻应试压力</a>
            </li>
        </ul>
    </div>
</div>
<!-- 页脚 -->
<div class="footer">2024 科技资讯网版权所有</div>
...
```

2. 设置热门推荐、热门资讯与页脚的样式

在 cnet. css 文件中设置热门推荐、热门资讯与页脚的样式，具体代码如下所示：

```
...
/*热门推荐*/
#hot_recomm {
    width: 980px;
    height: 545px;
    margin: 0 auto;
}
/* Table 切换 */
.list0 {
    width: 638px;
    margin-top: 25px;
    float: left;
    position: relative;
```

```
}
#SwitchBigPic {
    border: 1px solid #ddd;
}
#SwitchBigPic span {
    display: none;
}
#SwitchBigPic img {
    width: 448px;
    height: 375px;
}
#SwitchBigPic. sp {
    display: block;
}
#SwitchNav {
    width: 190px;
    position: absolute;
    top: 0px;
    left: 447px;
}
#SwitchNav li {
    width: 190px;
    height: 125px;
    margin-bottom: 1px;
}
#SwitchNav a {
    display: block;
    width: 190px;
    height: 125px;
    background: url(. . /images/tour_info_bg1. png) no-repeat;
}
#SwitchNav. txt_img2 {
    background: url(. . /images/tour_info_bg2. jpg) no-repeat;
}
#SwitchNav. txt_img3 {
    background: url(. . /images/tour_info_bg3. png) no-repeat;
}
#SwitchNav. txt_img1: hover {
    background: url(. . /images/tour_info_01. png) no-repeat;
```

```
}
#SwitchNav. txt_img2: hover {
    background: url(../images/tour_info_02. png) no-repeat;
}
#SwitchNav. txt_img3: hover {
    background: url(../images/tour_info_03. png) no-repeat;
}
/* 热门资讯 */
. hot_news {
    width: 316px;
    height: 375px;
    float: right;
    margin-top: 25px;
    background-color: #f4f4f4; /* 背景色 */
    border-radius: 8px;
    padding: 0 10px 0 10px;
}
. hot-news-list {
    list-style-type: none; /* 移除列表项的默认样式 */
    padding: 10px 0 0 0; /* 设置列表顶部内边距 */
}
. news-item {
    margin-bottom: 10px; /* 每条资讯项之间的间距 */
}
. news-item a {
    display: inline-block;
    margin: 0; /* 移除段落的默认外边距 */
    font-size: 14px; /* 内容的字体大小 */
    color: #333; /* 内容的颜色 */
}
. news-item a: hover {
    background: #e3da35;
}
/* 页脚 */
. footer {
    width: 100%;
    height: 60px;
    line-height: 60px;
    text-align: center;
```

```
    background: #000;
    color: #FFF;
}
```

3. 设置热门推荐中图片的轮播效果与光标悬浮事件

在 cnet. js 文件中设置热门推荐中图片的轮播效果与光标悬浮事件，具体代码如下所示：

```
...
window. onload = function( ) {
...
    function tableChange( ) {
        //获得#SwitchNav 中所有的 < li > 元素
        let lis  =  document. getElementById( "SwitchNav") . getElementsByTagName(
        "li") ;
        //获得#SwitchBigPic 中所有的 < a > 元素
        let spans = document. getElementById( "SwitchBigPic") .
        getElementsByTagName( "span") ;
        //保存当前焦点元素的索引
        let current_index = 0;
        //启动定时器
        let timer  =  setInterval( autoChange, 3000) ;
        //遍历 lis, 为各 < li > 元素添加事件
        for( let i = 0; i < lis. length; i +  + ) {
            // < li > 的光标移入事件
            lis[ i] . onmouseover  =  function( ) {
                //定时器存在时清除定时器
                if( timer) {
                    clearInterval( timer) ;
                }
                //遍历 lis
                for( let i = 0; i < lis. length; i +  + ) {
                    //设置当前焦点元素的样式
                    if( lis[ i]  =  = this) {
                        spans[ i] . className  =  "sp";
                        //保存当前索引, 当恢复自动切换时继续切换
                        current_index  =  i;
                    //设置非当前焦点元素的样式
                    } else{
                        spans[ i] . className  =  "";
                    }
```

```
                }
            }
            //<li>的光标移出事件
            lis[i].onmouseout = function(){
                //启动定时器,恢复图片自动切换
                timer = setInterval(autoChange, 3000);
            }
        }
        //定时器周期函数 - 图片自动切换
        function autoChange(){
            //自增索引
            ++current_index;
            //当索引自增达到上限时,索引归 0
            if(current_index == lis.length){
                current_index = 0;
            }
            //遍历 lis,将所有元素取消焦点样式
            for(let i = 0; i < lis.length; i++){
                spans[i].className = "";
            }
            //为当前索引元素添加焦点样式
            spans[current_index].className = "sp";
        }
    }
    tableChange();
}
```

项目小结

在实现科技资讯网首页的过程中，使用 JavaScript 的基础与 DOM 对象实现首页的导航栏与下拉菜单；使用流程控制、数组、BOM 对象和定时器实现首页的广告栏与城市商业；使用事件对象、事件的调用和处理，以及常用的 JavaScript 事件实现首页的热门推荐、热门资讯和版权信息。通过对本项目的学习，读者可以掌握 JavaScript 基础知识的运用，为后续开发 Web 项目奠定基础。

习　题

一、填空题

1. JavaScript 在 HTML 中的引入方式有 3 种，分别是行间引入方式（行内式）、________

和________。

2. ________是 JavaScript 编程中用于给变量、函数、数组、对象等命名的符号。

3. 在 JavaScript 中，________关键字用于声明常量。

4. if 语句一般可分为单向选择、________和________3 种形式。

5. ________函数可设置延迟的定时器，按照指定的周期来调用函数或计算表达。

二、选择题

1. 下列关于标识符命名规则的描述，错误的是（　　）。

A. 可以包含字母、数字、下画线（_）和美元符号（$）

B. 不能以数字开头

C. 不区分大小写

D. 不能是 JavaScript 的关键字、保留字或 true、false、null

2. 下列关于数据类型的描述正确的是（　　）。

A. number 类型表示数字类型，用于存储数字

B. string 类型表示字符串类型

C. boolean 类型表示布尔值类型，布尔值表示真假值

D. object 类型表示对象类型，对象是一个值

3. 下列选项中，用于返回文档中拥有指定 id 元素的方法是（　　）。

A. getElementById( )　　B. getElementsByName( )

C. getElementsByClassName( )　　D. querySelector( )

4. 下列选项中，可以创建数组的方式是（　　）。

A. 使用 let 关键字　　B. 使用 const 关键字

C. 使用 var 关键字　　D. 使用 new 操作符

5. 下列选项中，可将数组转换为字符串的方法是（　　）。

A. join( )　　B. toString( )

C. slice( )　　D. splice( )

三、简答题

1. 简述 JavaScript 的 3 种引入方式。

2. 简述 ES6 的新特性。

项目 5

山东多彩生活网制作

视频

项目 5　山东多彩生活网制作

- 任务 1　搭建山东多彩生活网首页
- 任务 2　搭建山东多彩生活网蔬菜产业页面
- 任务 3　搭建山东多彩生活网风筝文化页面
- 任务 4　搭建山东多彩生活网旅游指南页面
- 任务 5　搭建山东多彩生活网科技发展页面
- 任务 6　搭建山东多彩生活网关于我们页面

学习目标

知识目标

- 理解项目结构与文件夹结构
- 理解项目页面效果的设计

技能目标

- 熟练使用 CSS 样式与 JavaScript 代码实现山东多彩生活网的首页
- 熟练使用 CSS 定位与浮动实现山东多彩生活网的蔬菜产业页面
- 熟练使用 CSS 定位与浮动实现山东多彩生活网的风筝文化页面
- 熟练使用 CSS 定位与基础样式实现山东多彩生活网的旅游指南页面
- 熟练使用内边距、外边距与 CSS 基础样式实现山东多彩生活网的科技发展页面
- 熟练使用虚线样式与 CSS 基础样式实现山东多彩生活网的关于我们页面

素质目标

- 通过展示风筝文化，增强对中华传统文化的认同感
- 通过团队讨论和集思广益，促进知识的共享与碰撞，激发创造力和想象力

项目描述

本项目将带领大家使用 HTML5、CSS3 与 JavaScript 的基础知识实现山东多彩生活网项目。本项目主要展现山东的多彩魅力，包括蔬菜产业之绿、风筝文化之韵、旅游指南之美、科技发展之光，通过蔬菜的绿色发展讲述生态文明理念，风筝文化的传承弘扬家国情怀，旅游指南的引导体验历史文化与底蕴，科技发展的展示激发创新思维与科学精神。

山东多彩生活网项目包含 6 个页面，分别是首页、蔬菜产业页面、风筝文化页面、旅游指南页面、科技发展页面和关于我们页面，这些页面分别展示了山东的蔬菜、风筝文化、旅游和科技发展方面的信息。通过对本项目的学习，读者将熟练掌握 HTML5、CSS3 与 JavaScript 基础知识的应用。

任务1　搭建山东多彩生活网首页

需求分析

山东多彩生活网首页的导航栏包含指向网站主要页面的链接，如首页、蔬菜产业、风筝文化、旅游指南、科技发展、关于我们等。将光标悬浮在每个链接的文字上方时，文字的背景颜色会由蓝色变成红色。导航栏下方以轮播图的效果展示广告图片，以连续滚动的效果展示公告栏中的公告信息，以Tab切换的效果展示蔬菜专区与风筝展示，除此之外，还展示了经典景点展示、风筝传统文化、旅游信息、旅游景点、科技发展、科技数据统计和页脚（显示版权所有信息）。山东多彩生活网首页的效果如图5－1所示。

(a) 首页1

(b) 首页2

图 5－1　山东多彩生活网首页的效果

项目准备

一、项目结构

山东多彩生活网项目主要包括 6 个页面，分别是首页、蔬菜产业页面、风筝文化页面、旅游指南页面、科技发展页面和关于我们页面。这些页面使用不同的 CSS 样式展示不同的页面效果，使用 JavaScript（JS）代码实现轮播图与 Tab 切换的效果。山东多彩生活网项目结构如图 5－2 所示。

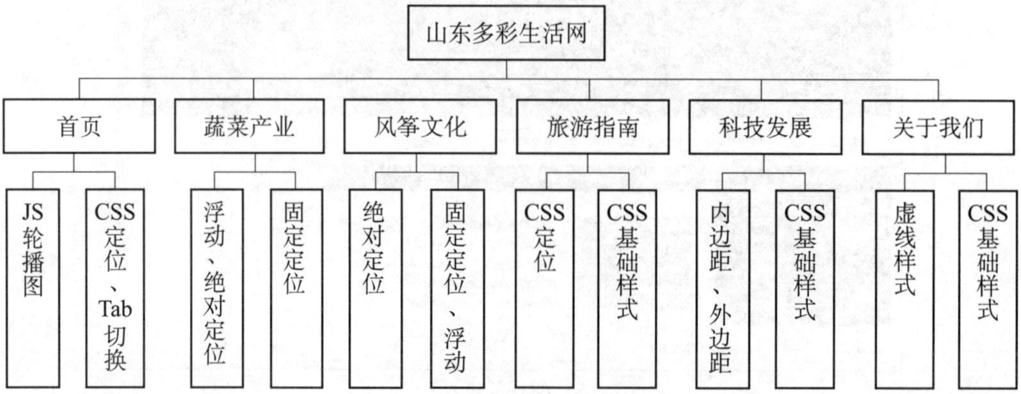

图 5－2　山东多彩生活网项目结构

二、项目文件夹结构

一个清晰规范的项目文件夹结构，能方便开发者快速找到页面对应的 HTML 文件、CSS 文件与 JS 文件，同时方便开发者对网页进行后期的管理和维护。本项目的根目录文件夹命名为 chapter05，在根目录文件夹中分别创建了 css 文件夹、images 文件夹、js 文件夹和各个页面对应的 HTML 文件。山东多彩生活网项目的文件夹结构如图 5－3 所示。

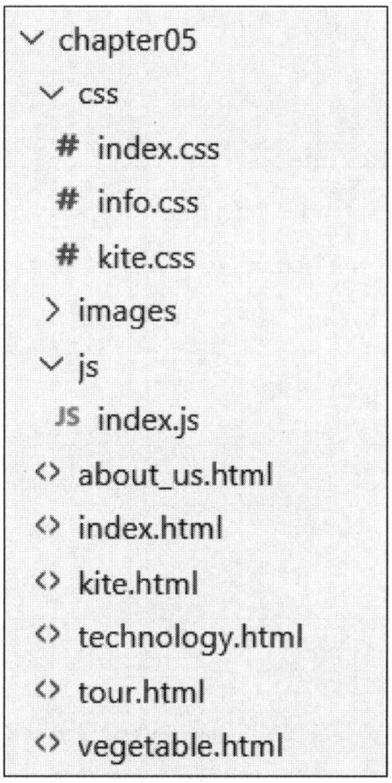

图 5－3　山东多彩生活网项目的文件夹结构

项目文件夹结构中的主要文件与文件夹的说明如下：

（1）css：存放样式的文件夹，包含 index. css、info. css 和 kite. css 文件。

（2）images：存放项目图片资源的文件夹。

（3）js：JavaScript 脚本文件夹，包含 index. js 文件。

（4）about_us. html：关于我们页面。

（5）index. html：首页。

（6）kite. html：风筝文化页面。

（7）technology. html：科技发展页面。

（8）tour. html：旅游指南页面。

（9）vegetable. html：蔬菜产业页面。

任务实现

1. 创建首页的 HTML 文件

首先在 WEB 文件夹中创建一个名为 chapter05 的文件夹，在该文件夹中创建一个名为

index. html 的文件，此文件用于实现山东多彩生活网的首页；然后将页面需要的图片导入创建的 images 文件夹中，在 index. html 文件中使用 <div>标签、<img>标签、<ul>标签、<li>标签和<a>标签等显示首页导航栏、广告栏、公告栏、经典景点展示、蔬菜专区与风筝展示、风筝传统文化、旅游信息、旅游景点、科技数据统计、科技发展与页脚。index. html 文件中的具体代码如下所示：

```
<!doctype html>
<html>
<head>
    <meta charset="utf-8">
    <title>山东多彩生活网</title>
    <link href="css/index.css" rel="stylesheet" type="text/css">
    <script type="text/javascript" src="js/index.js"></script>
</head>
<body>
    <!--top begin-->
    <div class="top">
        <div class="logo"><img src="images/logo.png"/></div>
    </div>
    <div id="nav">
        <ul class="nav">
            <li><a href="#" class="color_in">首页</a></li>
            <li><a href="vegetable.html">蔬菜产业</a></li>
            <li><a href="kite.html">风筝文化</a></li>
            <li><a href="tour.html">旅游指南</a></li>
            <li><a href="technology.html">科技发展</a></li>
            <li><a href="about_us.html">关于我们</a></li>
        </ul>
    </div>
    <!--nav end-->
    <!--banner begin-->
    <div class="content_page">
        <div class="banner">
            <div class="banner_pic" id="banner_pic">
                <div class="current"><img src="images/banner01.png"
                alt=""/></div>
                <div class="pic"><img src="images/banner02.png"
                alt=""/></div>
                <div class="pic"><img src="images/banner03.png"
```

```
                alt = "" / > </div >
                <div class = "pic" > <img src = "images/banner04. png"
                alt = "" / > </div >
            </div >
            <ol id = "button" >
                <li class = "current" > </li >
                <li class = "but" > </li >
                <li class = "but" > </li >
                <li class = "but" > </li >
            </ol >
        </div >
        <! --banner end -- >
        <! --stages begin -- >
        <div class = "stages" >
            <div class = "stages_title" >公告栏 </div >
            <div class = "stages_con" >
                <marquee >
                    <ul >
                        <li > <a href = "#" >【文化和旅游资讯】“潍坊味道· 香溢泉城”潍坊
                        美食周 在山东大厦举办 </a > </li >
                        <li > <a href = "#" >【科技资讯】以改革“冲击钻”打通“0 到 N”创新链!
                        </a > </li >
                    </ul >
                </marquee >
            </div >
        </div >
        <! --stages end -- >
        <! --content begin -- >
        <div class = "content" >
            <div class = "line1" >
                <! --left begin -- >
                <div class = "left" >
                <div class = "module" >
                    <div class = "title" >
                        <div class = "title_left" > </div >
                        <div class = "title_right" >
                            <span > </span >经典景点展示
                        </div >
                        <div class = "title_bottom" > </div >
```

```
                </div>
                <div class="title_img"><a href="#">
                <img src="images/home_tour.png" /></a></div>
            </div>
            <div class="tour">
                <div class="tour_title">
                    <span></span>旅游信息
                </div>
                <div class="tour_con">
                    <ul>
                        <li><span></span><a href="#">泰山:五岳之首,
                        雄伟壮观</a></li>
                        <li><span></span><a href="#">趵突泉:天下第一泉,
                        清澈甘甜</a></li>
                        <li><span></span><a href="#">青岛海滨:美丽沙滩,
                        欧式建筑</a></li>
                        <li><span></span><a href="#">曲阜三孔:儒家文化
                        发源地</a></li>
                        <li><span></span><a href="#">崂山:海上第一名山,
                        道教圣地</a></li>
                    </ul>
                </div>
            </div>
        </div>
        <!--left end-->
        <!--center begin-->
        <div class="center">
          <div class="message">
              <div class="message_title">
                  <ol id="m_essage">
                      <li class="current"><a href="#">蔬菜专区</a></li>
                      <li><a href="#">风筝展示</a></li>
                  </ol>
              </div>
              <div id="message_con">
                  <dl class="current">
                      <dt class="message_left"></dt>
                      <dd class="message_right">
                          <ul class="left_ul">
```

```
                        <li> <span> </span> <a href = "#" >潍坊蔬菜
                种植面积稳居全省第一 - 潍坊市农业农村局数据 </a> </li>
                        <li> <span> </span> <a href = "#" >寿光是全国
                        最大蔬菜集散中心 - 寿光市政府官网 </a> </li>
                        <li> <span> </span> <a href = "#" >潍坊蔬菜年
                        产量超1300万吨 - 潍坊市农业农村局数据 </a> </li>
                        <li> <span> </span> <a href = "#" >寿光蔬菜物
                        联网应用率超80% - 寿光市农业部门统计 </a> </li>
                        <li> <span> </span> <a href = "#" >潍坊蔬菜品
                        质优,畅销国内外 - 寿光蔬菜出口数据 </a> </li>
                    </ul>
                </dd>
            </dl>
            <dl>
                <dt class = "message_left1" > </dt>
                <dd class = "message_right" >
                    <ul class = "left_ul" >
                        <li> <span> </span> <a href = "#" >传统龙形风筝,
                        气势磅礴 - 传统文化的象征 </a> </li>
                        <li> <span> </span> <a href = "#" >色彩缤纷儿童
                        风筝,童趣十足 - 适合亲子互动 </a> </li>
                        <li> <span> </span> <a href = "#" >现代创意风筝,
                        设计独特 - 融合现代艺术元素 </a> </li>
                        <li> <span> </span> <a href = "#" >巨型风筝翱翔
                        天际,壮观非凡 - 吸引眼球 </a> </li>
                        <li> <span> </span> <a href = "#" >夜光风筝闪耀
                        夜空,梦幻浪漫 - 增添节日氛围 </a> </li>
                    </ul>
                </dd>
            </dl>
        </div>
    </div>
    <div class = "scenic_spot" >
        <div class = "scenic_spot_title" >
            <span> </span>旅游景点
        </div>
        <div class = "scenic_spot_con" >
            <ul>
                <li>
```

```
                        <div><a href="#"><img src="
                        images/home_tour01.png" /></a></div>
                        <div class="name"><a href="#">蓬莱阁风景区
                        </a></div>
                    </li>
                    <li>
                        <div><a href="#"><img src="images/
                        home_tour02.png" /></a></div>
                        <div class="name"><a href="#">泰山风景区
                        </a></div>
                    </li>
                    <li>
                        <div><a href="#"><img src="images/
                        home_tour03.png" /></a></div>
                        <div class="name"><a href="#">沂蒙山风景区
                        </a></div>
                    </li>
                </ul>
            </div>
        </div>
    </div>
    <!--center end-->
    <!--right begin-->
    <div class="right">
        <div class="culture">
          <h3>风筝传统文化</h3>
          <ul>
              <li><span></span><a href="#">风筝故乡,技艺传承
              </a></li>
              <li class="culture_2"><span></span><a href="#">
              放飞希望,祈福纳祥</a></li>
              <li class="culture_3"><span></span><a href="#">
              图案精美,色彩鲜艳</a></li>
              <li class="culture_4"><span></span><a href="#">
              历史悠久,文化瑰宝</a></li>
              <li class="culture_5"><span></span><a href="#">
              国际闻名,风筝之都</a></li>
          </ul>
        </div>
```

```
            <div class="kite_pic">
                <a href="#"><img src="images/home_kite_pic.png" /></a>
            </div>
        </div>
        <!-- right end -->
    </div>
    <div class="line2">
        <!-- data begin -->
        <div class="data">
            <div class="data_title"><span></span>数据统计</div>
            <div class="data_con">
                <div class="con_border">
                    <a href="#"><img src="images/data_pic01.png" /></a>
                    <a href="#"><img src="images/data_pic02.png" /></a>
                    <a href="#"><img src="images/data_pic03.png" /></a>
                    <a href="#"><img src="images/data_pic04.png" /></a>
                </div>
            </div>
        </div>
        <!-- data end -->
        <!-- technology begin -->
        <div class="technology">
            <div class="technology_title"><span></span>科技发展</div>
            <div class="technology_con">
                <ul>
                    <li>
                        <div><a href="#"><img src="images/
                        technology01.png" /></a></div>
                        <div class="name"><a href="#">智慧科技馆
                        </a></div>
                    </li>
                    <li>
                        <div><a href="#"><img src="images/
                        technology02.png" /></a></div>
                        <div class="name"><a href="#">“鲁”力前行
                        </a></div>
                    </li>
                    <li>
                        <div><a href="#"><img src="images/
```

```
                                technology03. png" / > </a > </div >
                                < div class = "name" > < a href = "#" >山东赛尔化工科技
                                </a > </div >
                        </li >
                  </ul >
            </div >
            </div >
            <! --technology end -- >
        </div >
    </div >
</div >
<! --content end -- >
<! --footer begin -- >
< div class = "footer" >
    < div class = "btn" >
        < div > < a href = "#" > < img src = "images/top_btn. gif" / > </a > </div >
        < div > < a href = "#" >Top </a > </div >
    </div >
    < div class = "footer_con" >
        < p >版权所有 &copy; 2018 - 2024 山东多彩生活网 </p >
    </div >
  </div >
  <! --footer end -- >
</body >
</html >
```

2. 创建首页的 CSS3 文件

在 chapter05 文件夹中创建一个名为 css 的文件夹，在该文件夹中创建名为 index. css 的文件，在该文件中设置首页导航栏、logo 图片、广告栏、公告栏、经典景点展示、蔬菜专区与风筝展示、风筝传统文化、旅游信息、旅游景点、科技数据统计、科技发展与页脚的样式。由于样式代码比较多，我们以模块的方式分开展示。

（1）首页基础样式与导航栏样式。

首页基础样式与导航栏样式的具体代码如下所示：

```
/* CSS Document */
/*重置浏览器的默认样式*/
body, ul, li, ol, dl, dd, dt, p, h1, h2, h3, h4, h5, h6, form, img { margin: 0; padding: 0; border: 0; list-style: none; }
/*全局控制*/
body{ font-family: Arial, Helvetica, sans-serif, "宋体"; font-size: 12px; }
```

```
/* 未点击和点击后的样式 */
a:link, a:visited{color:#222; text-decoration:none;}
/* 光标上移时的样式 */
a:hover{color:#ee3350;}
/* top */
.top{
    margin:5px auto 0px auto;
    padding:0px;
    width:1000px;
    height:83px;
    text-align:left;
}
.logo{
    width:307px;
    height:61px;
    float:left;
    margin-top:10px;
}
/* 导航栏 */
#nav {
margin:9px 0px 0px 0px;
    padding:0px;
    width:100%;
    height:40px;
    line-height:40px;
    background:url(../images/nav_bg.gif);
    vertical-align:middle;
    text-align:left;
}
.nav {
    width:980px;
    height:35px;
    line-height:35px;
    margin:0 auto;
    text-align:center;
    font-size:14px;
}
.nav li {
    float:left;
```

```
}
. nav a {
    display: inline-block;
    padding: 0px 40px 0px 40px;
    height: 40px;
    color: #fff;
    text-align: center;
}
. nav a: hover {
    color: #fff;
    background: url( . . /images/nav_bg1. gif) ;
}
. nav. color_in {
    background: url( . . /images/nav_bg1. gif) ;
}
. nav ul li. no1{ background: url( . . /images/nav_bg. gif) ; }
. nav ul li. choose{ background: url( . . /images/nav_bg1. gif) ; }
/ * nav * /
```

（2）首页广告栏与公告栏样式。

首页广告栏与公告栏样式的具体代码如下所示：

```
/ * banner * /
. banner{
    width: 1000px;
    height: 285px;
    margin: 13px auto 15px auto;
    position: relative;
    overflow: hidden;
}
. banner. banner_pic. pic{ display: none; }
. banner. banner_pic. current{ display: block; }
. banner ol{
    position: absolute;
    left: 460px;
    bottom: 26px;
}
. banner ol. but{
    float: left;
    width: 10px;
```

```
    height: 10px;
    margin-right: 12px;
    background: #fff;
    opacity: 0. 5;
    border-radius: 50% ;
}
. banner ol li{ cursor: pointer; }
. banner ol. current{
    color: #fff;
    background: #ee3350;
    float: left;
    width: 10px;
    height: 10px;
    margin-right: 12px;
    text-align: center;
    line-height: 22px;
    font-size: 14px;
    font-weight: bold;
    border-radius: 50% ;
}
/ * banner * /
/ * stages * /
. stages{
    margin: 0px auto;
    padding: 0px;
    border: 1px solid #c4c4c4;
    height: 30px;
    width: 998px;
    line-height: 30px;
    vertical-align: middle;
    text-align: left;
    overflow: hidden;
}
. stages_title{
    width: 96px;
    text-align: center;
    border-right: 1px solid #c4c4c4;
    float: left;
}
```

```
. stages_con{
    width: 900px;
    float: left;
}
. stages_con ul li{ float: left; }
. stages_con ul li a{
    background: url( . . /images/icon6. gif) no-repeat left center;
    padding: 0px 0px 0px 8px;
    margin: 0px 40px 0px 0px;
    width: 3px;
    height: 5px;
    line-height: 30px;
    vertical-align: middle;
    color: #212121;
}
/ * stages * /
```

（3）首页经典景点展示与旅游信息样式。

首页经典景点展示与旅游信息样式的具体代码如下所示：

```
/ * left * /
. content{
    margin: 15px auto 0px auto;
    padding-bottom: 15px;
    width: 1000px;
}
. line1{
    margin: 0px;
    padding: 0px;
    overflow: hidden;
}
. line1. left{
    margin: 0px;
    padding: 0px;
    width: 233px;
    float: left;
}
. line1. left. module{
    margin: 0px;
    padding: 0px;
```

```
    width: 233px;
    height: 210px;
    background: #000;
    overflow: hidden;
}
. module. title{
    margin: 0px;
    padding: 0px;
    width: 233px;
    height: 35px;
}
. module. title_left{
    margin: 0px;
    padding: 0px;
    float: left;
    width: 5px;
    height: 35px;
    background: #ee3350;
}
. module. title_right{
    margin: 0px;
    padding: 0px;
    float: left;
    width: 228px;
    height: 35px;
    background: url(. . /images/nav_bg. gif) ;
    text-align: left;
    line-height: 35px;
    color: #FFF;
    font-family: "黑体";
    font-weight: bold;
    font-size: 12px;
    overflow: hidden;
}
. module. title_bottom{
    clear: both;
    background: url(. . /images/icon8. gif) no-repeat 51px 0;
    width: 233px;
    height: 8px;
```

```
}
. module. title_right span{
    background: url(. . /images/icon_bg. gif) no-repeat 0-60px;
    width: 11px;
    height: 11px;
    float: left;
    margin: 12px 7px 0px 13px;
}
. title_img{
    width: 233px;
    height: 200px;
    background-color: #fdfdfd;
}
. tour{
    margin: 15px 0px;
    padding: 0px;
}
. tour_title{
    background: url(. . /images/title_bg. gif) repeat-x;
    width: 231px;
    height: 30px;
    line-height: 30px;
    text-align: left;
    border: 1px solid #d6d6d6;
    border-bottom: 1px solid #808080;
    color: #393939;
    font-family: "宋体";
    font-size: 12px;
    font-weight: bold;
}
. tour_title span{
    background: url(. . /images/icon_bg. gif) no-repeat 0-150px;
    float: left;
    width: 16px;
    height: 14px;
    display: inline;
    margin: 8px 7px 0 11px;
}
. tour_con{
```

```
    margin: 0px;
    padding: 16px 0px 16px 15px;
    text-align: left;
}
.tour_con ul{
    margin: 0px;
    padding: 0px;
    list-style: none;
}
.tour_con ul li{
    margin: 10px 0px;
    padding: 0px;
}
.tour_con ul li span{
    background: url(../images/icon_bg.gif) no-repeat-60px-30px;
    width: 10px;
    height: 13px;
    float: left;
    display: inline;
    margin-right: 13px;
}
/* left */
```

(4) 首页蔬菜专区、风筝展示与旅游景点样式。

首页蔬菜专区、风筝展示与旅游景点样式的具体代码如下所示：

```
/* center */
.line1.center{
    margin: 0px 0px 0px 12px;
    padding: 0px;
    float: left;
    text-align: left;
    width: 510px;
    overflow: hidden;
}
.message_title{
    margin: 0px;
    padding: 0px 0px 0px 5px;
    width: 505px;
    height: 35px;
```

```
    overflow: hidden;
    background: url(. . /images/nav_bg. gif) ;
}
. message_title ol li{ float: left; }
. message_title ol a{
    color: #fff;
    font-weight: bold;
    line-height: 35px;
    padding: 0px 20px;
}
. message_title ol. current a{
    background: url(. . /images/nav_bg1. gif) ;
    float: left;
    padding: 0px 20px;
}
#message_con{
    margin: 0px;
    padding: 30px 0px 0px 17px;
    overflow: hidden;
    height: 160px;
}
#message_con dl{ display: none; }
#message_con dl. current{ display: block; }
. message_left{
    background: url(. . /images/home_vegetable. png) no-repeat left top;
    width: 155px;
    height: 125px;
    text-align: center;
    padding: 4px 0px;
    float: left;
}
. message_left1{
    background: url(. . /images/home_kite. png) no-repeat left top;
    width: 155px;
    height: 125px;
    text-align: center;
    float: left;
}
. message_right{
```

```
        float: left;
        margin: 0px 0px 0px 14px;
        padding: 0px 13px 0px 0px;
        width: 310px;
}
. message_right ul. left_ul{ float: left; }
. message_right ul. left_ul li, . message_right ul. right_ul li{
line-height: 26px; }
. message_right ul. left_ul li span{
        background: url(. . /images/icon_bg. gif) no-repeat 0-120px;
        width: 3px;
        height: 3px;
        float: left;
        margin: 10px 7px 0 0;
}
. message_right ul. right_ul li a{ color: #aaaaaa; }
. message_right ul. right_ul{
        margin: 0px;
        padding: 0px;
        list-style: none;
        float: right;
}
. scenic_spot{
        padding: 0px;
        width: 510px;
        clear: both;
}
. scenic_spot_title{
        background: url(. . /images/title_bg. gif) repeat-x;
        width: 508px;
        height: 24px;
        border: 1px solid #d6d6d6;
        border-bottom: 1px solid #808080;
        color: #393939;
        font-family: "宋体";
        font-size: 12px;
        font-weight: bold;
        padding: 6px 0px 0px 0px;
        position: relative;
```

```
        overflow: hidden;
}
.scenic_spot_title span{
        background: url(../images/icon_bg.gif) no-repeat 0-180px;
        width: 17px;
        height: 15px;
        float: left;
        margin: 0px 10px 0 9px;
}
.scenic_spot_title img{
        float: right;
        display: inline;
}
.scenic_spot_title a{
        margin: 0px 0px 0px 0px;
        float: right;
        position: relative;
        right: 10px;
        top: 0;
}
.scenic_spot_con{
        width: 510px;
        margin: 0px;
        padding: 18px 0px 15px 10px;
        overflow: hidden;
}
.scenic_spot_con ul li{
        margin: 3px 2px 0px 2px;
        padding: 0px;
        float: left;
        text-align: center;
}
.scenic_spot_con ul li.name{ margin: 10px 0px 0px 0px; }
.scenic_spot_con ul li.name a{ color: #535353; }
/* center */
```

（5）首页风筝传统文化与风筝图片样式。

首页风筝传统文化与风筝图片样式的具体代码如下所示：

```
/* right */
.line1.right{
```

```
    margin: 0px;
    padding: 0px;
    width: 233px;
    float: right;
}
. culture{
    width: 220px;
    height: 303px;
    background-image: url(. . /images/culture_bg. png) ;
    padding: 27px 0 0 13px;
    margin: 0px;
    text-align: left;
}
. culture h3{
    font-size: 12px;
    color: #393939;
    height: 40px;
}
. culture h3 span{
    font-weight: normal;
    padding-left: 6px;
    font-family: Arial, Helvetica, sans-serif;
    font-size: 11px;
}
. culture ul li{
    width: 203px;
    height: 40px;
    border: 1px solid #e8e8e8;
    margin-bottom: 10px;
    background: #FFF;
}
. culture ul li span{
    width: 30px;
    height: 30px;
    float: right;
    margin: 7px 8px 0 0;
}
. culture. culture_2 span{ background-position: 0 –240px; }
. culture. culture_3 span{ background-position: 0 –270px; }
```

```
. culture. culture_4 span{ background-position: -30px 0px; }
. culture. culture_5 span{ background-position: -30px -30px; }
. culture ul li a{
    display: block;
    height: 19px;
    border-left: 4px solid #0080db;
    margin-top: 10px;
    line-height: 19px;
    padding-left: 15px;
    margin-left: -1px;
}
. culture. culture_2 a{ border-left: 4px solid #e2f199; }
. culture. culture_3 a{ border-left: 4px solid #f28fad; }
. culture. culture_4 a{ border-left: 4px solid #f1ade0; }
. culture. culture_5 a{ border-left: 4px solid #f9c8a2; }
. kite_pic{ margin-top: 15px; }
/ * right * /
```

(6）首页科技数据统计与科技发展样式。

首页科技数据统计与科技发展样式的具体代码如下所示：

```
/ * line2 * /
. line2{
    margin: 0px;
    padding: 0px;
    clear: both;
    text-align: left;
    overflow: hidden;
}
. data{
    margin: 0px;
    padding: 0px;
    width: 233px;
    float: left;
}
. data_title{
    margin: 0px;
    padding: 0px;
    width: 231px;
    height: 30px;
```

```
        line-height: 30px;
        background: url(. . /images/title_bg. gif) repeat-x;
        border: 1px solid #d6d6d6;
        border-bottom: 1px solid #808080;
        color: #393939;
        font-weight: bold;
}
. data_title span{
        background: url(. . /images/icon_bg. gif) no-repeat-30px-60px;
        width: 22px;
        height: 18px;
        float: left;
        margin: 8px 5px 0 10px;
}
. data_con{
        margin: 0px;
        padding: 0px;
        background: #f7f7f7;
}
. con_border{
        border: 1px solid #ebebeb;
        border-top: none;
        margin: 0px;
        height: 210px;
        padding: 25px 8px 10px 8px;
}
. data_con a{
        display: block;
        width: 87px;
        height: 87px;
        float: left;
        margin: 0 10px 18px; }
. technology{
        float: left;
        margin: 0px 0px 0px 12px;
        padding: 0px;
        width: 755px;
        display: inline;
        overflow: hidden;
```

```
}
. technology_title{
        margin: 0px;
        padding: 0px;
        width: 753px;
        height: 30px;
        line-height: 30px;
        font-weight: bold;
        color: #393939;
background: url(../images/title_bg.gif) repeat-x;
        border: 1px solid #d6d6d6;
        border-bottom: 1px solid #808080;
        vertical-align: middle;
        overflow: hidden;
}
. technology_title span{
        background: url(../images/icon_bg.gif) no-repeat-30px-90px;
        width: 16px;
        height: 12px;
        float: left;
        margin: 8px 7px 0px 13px;
}
. technology_con{
        border: 1px solid #ebebeb;
        border-top: none;
        margin: 0px;
        height: 245px;
        background: #f7f7f7;
        width: 755px;
        overflow: hidden;
}
. technology_con ul{
        margin: 20px 0 0 24px;
        overflow: hidden;
}
. technology_con ul li{
        float: left;
        text-align: center;
        margin: 0px 14px 13px 0;
```

```
}
. technology_con ul li p{ margin-top: 5px; }
. technology_con ul li. name{  margin: 15px 0px 0px 0px; }
/ * line2/
```

（7）首页页脚样式。

首页页脚样式的具体代码如下所示：

```
/ * footer * /
. footer{
    width: 100% ;
    background: url( . . /images/nav_bg. gif) ;
    clear: both;
    padding-bottom: 25px;
}
. footer. btn{
    margin: 0px auto;
    width: 906px;
    text-align: left;
    padding-left: 94px;
}
. footer. btn a{
    color: #fff;
    text-decoration: none;
    font-family: Arial, Helvetica, sans-serif;
    font-size: 10px;
    letter-spacing: 1px;
}
. footer_con p{
    line-height: 22px;
    text-align: center;
    color: #fff;
    font-family: "微软雅黑";
}
/ * footer * /
```

3. 创建首页的 JavaScript 文件

在 chapter05 文件夹中创建一个名为 js 的文件夹，在该文件夹中创建名为 index. js 的文件，在该文件中设置首页广告图轮播效果、蔬菜专区与风筝展示的 Tab 切换效果，具体代码如下所示：

```
window. onload = function( ) {
```

```
//实现轮播效果
var current_index = 0; //保存当前焦点元素的索引
//5000 表示调用周期,以毫秒为单位,5000 毫秒就是 5 秒
var timer = window. setInterval( autoChange, 5000) ;
//获取所有轮播按钮
var button_li = document. getElementById( "button") . getElementsByTagName(
"li") ;
//获取所有 banner 图
var pic_div = document. getElementById( "banner_pic") . getElementsByTagName(
"div") ;
//遍历元素
for( var i = 0; i < button_li. length; i + + ) {
//添加光标滑过事件
button_li[ i] . onmouseover = function( ) {
    //定时器存在时清除定时器
    if( timer) {
        clearInterval( timer) ;
    }
    //遍历元素
    for( var j = 0; j < pic_div. length; j + + ) {
        //将当前索引对应的元素设为显示
        if( button_li[ j]  = = this) {
            current_index = j; //从当前索引位置开始
            button_li[ j] . className = "current";
            pic_div[ j] . className = "current";
        } else{
            //将所有元素改变样式
            pic_div[ j] . className = "pic";
            button_li[ j] . className = "but";
    }
}
}
//光标移出事件
button_li[ i] . onmouseout = function( ) {
    //启动定时器,恢复自动切换
    timer = setInterval( autoChange, 5000) ;
}
}
function autoChange( ) {
//自增索引
```

```
+ + current_index;
//当索引自增达到上限时,索引归 0
if( current_index = = button_li. length) {
    current_index = 0;
}
for( var i = 0; i < button_li. length; i + + ) {
    if( i = = current_index) {
        button_li[ i] . className = "current";
        pic_div[ i] . className = "current";
    } else{
        button_li[ i] . className = "but";
        pic_div[ i] . className = "pic";
    }
}
}
//实现 Tab 切换
var m_essage_li = document. getElementById( "m_essage") . getElementsByTagName(
"li") ;
//获取所有 Tab 栏内容
var message_con_dl = document. getElementById( "message_con") .
getElementsByTagName( "dl") ;
//遍历元素
for( var c = 0; c < m_essage_li. length; c + + ) {
//添加光标滑过事件
m_essage_li[ c] . onmouseover = function( ) {
    //遍历元素
    for( var b = 0; b < message_con_dl. length; b + + ) {
        //将当前索引对应的元素设为显示
        if( m_essage_li[ b] = = this) {
            m_essage_li[ b] . className = "current";
            message_con_dl[ b] . className = "current";
        } else{
            //将所有元素改变样式
            m_essage_li[ b] . className = "";
            message_con_dl[ b] . className = "";
        }
    }
  }
  }
}
```

任务 2 搭建山东多彩生活网蔬菜产业页面

需求分析

单击首页导航栏中的“蔬菜产业”链接，页面会跳转到蔬菜产业页面。该页面主要包含标题栏、蔬菜广告图片、寿光集团简介、推荐产品与页脚，其中推荐产品主要展示一些市场上热门与高质量的蔬菜图片与信息。蔬菜产业页面效果如图 5-4 所示。

图 5-4　蔬菜产业页面效果

任务实现

1. 创建蔬菜产业页面的 HTML 文件

首先在 chapter05 文件夹中创建一个名为 vegetable. html 的文件，该文件用于实现蔬菜产业页面，然后将页面需要的图片导入 images 文件夹中；在 vegetable. html 文件中使用 <h1>标签、<div>标签、<img>标签、<h2>标签、<hr>标签、<ul>标签、<li>标签和<p>标签等显示蔬菜产业页面中的标题、蔬菜广告图片、寿光集团简介、推荐的蔬菜图片与名称，以及页脚等信息。vegetable. html 文件中的具体代码如下所示：

```
<!DOCTYPE html>
<html lang="en">
<head>
    <meta charset="UTF-8">
    <meta name="viewport" content="width=device-width, initial-scale=1.0">
    <title>蔬菜产业</title>
    <link href="css/info.css" rel="stylesheet" type="text/css">
</head>
<body>
    <header>
        <h1>蔬菜产业</h1>
    </header>
    <main>
    <!--主要内容区域-->
    <div class="banner">
        <img src="images/banner01.png" alt="蔬菜图片">
    </div>
    <h2>寿光集团简介</h2>
    <hr class="dotted-line">
    <p>寿光蔬菜产业控股集团总部坐落于著名的“中国蔬菜之乡”寿光，组建于 2009 年，专注蔬菜全产业链的资源整合与一体化运作，辖山东省寿光蔬菜产业集团、山东寿光蔬菜种业集团、北川维斯特农业科技集团、天津易特集团等 5 大业务板块，涵盖蔬菜种业研发推广、果菜品种权交易、高端蔬菜基地种植、国际农业专业人才培训、蔬菜生产加工配送、进出口贸易、电子商务、温室工程和农产品批发市场建设运营等蔬菜全产业链，是首批国家农业产业化重点龙头企业。
    </p>
    <h2>推荐产品</h2>
    <hr class="dotted-line">
    <!--推荐产品-->
    <div class="info">
```

```
            <ul>
                <li>
                    <div class="pic"><a href="#"><img src="images/
                    vegetable01.png"/></a></div>
                    <div class="name"><a href="#">球形生菜</a></div>
                </li>
                <li>
                    <div class="pic"><a href="#"><img src="images/
                    vegetable02.png"/></a></div>
                    <div class="name"><a href="#">西红柿</a></div>
                </li>
                <li>
                    <div class="pic"><a href="#"><img src="images/
                    vegetable03.png"/></a></div>
                    <div class="name"><a href="#">红彩椒</a></div>
                </li>
                <li>
                    <div class="pic"><a href="#"><img src="images/
                    vegetable04.png"/></a></div>
                    <div class="name"><a href="#">黄彩椒</a></div>
                </li>
            </ul>
        </div>
    </main>
    <footer>
        <p>版权所有 &copy;2018 - 2024 山东多彩生活网</p>
    </footer>
</body>
</html>
```

2. 创建蔬菜产业页面的 CSS3 文件

在 css 文件夹中创建名为 info.css 的文件，在该文件中设置标题、蔬菜广告图片、寿光集团简介、推荐的蔬菜图片与名称，以及页脚等信息，具体代码如下所示：

```
/* CSS 样式可以放在 <style> 标签内或者外部的 CSS 文件中 */
body {
    font-family: Arial, sans-serif;
    margin: 0;
    padding: 0;
}
```

```
header {
  background-color: #333;
  color: #fff;
  text-align: center;
  height: 80px;
  padding-top: 2px;
  width: 100%;
}
h2 {
  padding-left: 20px;
  text-align: center;
  font: 400 24px "楷体"; /* 连写形式,设置字体的粗细、大小、名称 */
}
p {
  padding-left: 20px;
  padding-right: 20px;
  line-height: 30px;
}
div {
  padding-left: 20px;
  padding-right: 20px;
}
main{
  width: 1000px;
  height: auto;
  margin: 13px auto 15px auto;
  position: relative;
  overflow: hidden;
}
.dotted-line {
  border: none; /* 移除默认边框 */
  height: 2px; /* 分割线高度 */
  background-image: radial-gradient(circle, rgb(240, 135, 36) 1px,
  transparent 2px); /* 创建点线效果 */
  background-size: 10px 2px; /* 控制点与点之间的距离 */
  background-repeat: repeat-x; /* 水平重复 */
  margin: 20px 20px 20px 20px; /* 上、右、下、左外边距 */
}
/* 广告 banner */
```

```
. banner img{
  width: 100%;
  height: 200px;
}
/* 产品信息 */
. info{
  width: 100%;
  margin-bottom: 50px;
  padding: 0px 0px 5px 0px;
  overflow: hidden;
}
. info ul li{
  margin: 3px 2px 0px 12px;
  padding: 0px;
  float: left;
  text-align: center;
  list-style-type: none; /* 移除列表项前的默认项目符号 */
}
. info ul li. pic img{
  width: 170px;
  height: 120px;
}
. info ul li. name{ margin: 10px 0px 0px 0px; }
. info ul li. name a{
  color: #535353;
  text-decoration: none;
}
footer {
  background-color: #090909;
  text-align: center;
  position: fixed;
  bottom: 0;
  left: 0;
  width: 100%;
}
footer p{
  color: #888; /* 设置元素颜色 */
  line-height: 50px; /* 设置行高 */
  font: 200 18px "楷体"; /* 连写形式,设置字体的粗细、大小、名称 */
}
```

任务 3　搭建山东多彩生活网风筝文化页面

需求分析

单击首页导航栏中的“风筝文化”链接，页面会跳转到风筝文化页面。该页面主要包含标题栏、潍坊风筝介绍、风筝分类、艺术特色与页脚。风筝文化页面效果如图 5－5 所示。

图 5－5　风筝文化页面效果

任务实现

1. 创建风筝文化页面的 HTML 文件

首先在 chapter05 文件夹中创建一个名为 kite. html 的文件，该文件用于实现风筝文化页面，然后将页面需要的图片导入 images 文件夹中；在 kite. html 文件中使用 <h1>标签、<div>标签、<img>标签、<h2>标签和<p>标签等显示风筝文化页面中的标题、潍坊风筝介绍、风筝分类、艺术特色与页脚等信息。kite. html 文件中的具体代码如下所示：

```
<!DOCTYPE html>
<html lang="en">
<head>
    <meta charset="UTF-8">
    <meta name="viewport" content="width=device-width, initial-scale=1.0">
    <title>风筝文化</title>
    <link href="css/kite.css" rel="stylesheet" type="text/css">
</head>
<body>
    <header>
        <h1>风筝文化</h1>
</header>
<main>
        <div class="kite-info">
            <div class="image-container">
                <img src="images/kite1.png" alt="风筝图片">
            </div>
            <div class="description-container">
                <h2>潍坊风筝</h2>
                <p>潍坊是世界风筝的发源地,制作风筝的历史悠久,工艺精湛。其源头可以追溯到鲁国大思想家墨翟制作的第一只"木鸢",至今已有两千多年的历史。然而,潍坊风筝真正开始兴盛并走向民间是在明代,到清朝中叶,潍坊更是出现了专门从事风筝制作的民间艺人,风筝技艺得到了长足的发展。<br>潍坊风筝是山东潍坊的传统手工艺珍品,民间传统节日文化习俗,也是非物质文化遗产之一。2006 年 5 月,潍坊风筝被列入第一批国家级非物质文化遗产名录。此外,"国际风筝联合会"的会议总部也设定在了潍坊,这使得潍坊成为世界风筝文化交流的中心,被世界各国人民称为风筝的故乡。
                </p>
            </div>
        </div>
        <h2 class="kite-type">风筝分类</h2>
        <section class="kite-gallery">
```

```
            <div id = "card" class = "kite-item float-left" >
                <img src = "images/kite1. png" alt = "串式风筝" >
                <h2 > <a href = "http: //fzh. weifang. gov. cn/" target = "_blank" > 串式类风筝
                </a >
                    <h2 >
                        <p > 串式类风筝: 把数只相同或者不同的风筝像串糖葫芦似的拴在一根或
多根线上放飞的风筝。 </p >
                </div >
                <div class = "kite-item float-left" >
                    <img src = "images/kite2. png" alt = "硬翅类风筝" >
                    <h2 > <a href = "http: //fzh. weifang. gov. cn/" target = "_blank" > 硬翅类风筝
                    </a > </h2 >
                    <p > 硬翅类风筝: 这种风筝的翅子是固定的形式, 翅子范围以外的部分造型与
骨架结构则因题材不同而各不相同。 </p >
                </div >
                <div class = "kite-item float-left" >
                    <img src = "images/kite3. png" alt = "软翅类风筝" >
                    <h2 > <a href = "http: //fzh. weifang. gov. cn/" target = "_blank" > 软翅类风筝
                    </a > </h2 >
                    <p > 软翅类风筝: 它的升力片是用一根主翅条构成, 翅子的下端是软性的, 没有
依附主条。 </p >
                </div >
                <div class = "kite-item float-left" >
                    <img src = "images/kite4. png" alt = "板式类风筝" >
                    <h2 > <a href = "http：//fzh. weifang. gov. cn/" target = "_blank" > 板式类风筝
                    </a > </h2 >
                    <p > 板式类风筝：板式风筝的主体是由单层或双层的平面升力片构成，形成
稳固的板状结构，如菱形、方形、圆形等。 </p >
                </div >
                <div class = "clearfix" > </div >
            </section >
            <aside class = "absolute-position" >
                <h2 > 艺术特色 </h2 >
                <p > 潍坊风筝经过历史演变和横向传播, 逐渐形成了选材讲究、造型优美、扎糊精
巧、形象生动、绘画艳丽、起飞灵活的传统风格和艺术特色。这些风筝不仅被广泛用于放飞、比
赛、娱乐, 还成为美化人们生活的时尚装饰品。 </p >
            </aside >
        </main >
        <footer class = "fixed-bottom" >
```

```
                <p>版权所有 &copy; 2018 - 2024 山东多彩生活网</p>
            </footer>
</body>
</html>
```

2. 创建风筝文化页面的 CSS3 文件

在 css 文件夹中创建名为 kite. css 的文件，在该文件中设置标题、潍坊风筝介绍、风筝分类、艺术特色与页脚的样式，具体代码如下所示：

```
/* 通用样式 */
body {
  margin: 0;
  padding: 0;
}
header {
  background-color: #333;
  color: #fff;
  text-align: center;
  height: 80px;
  padding-top: 2px;
}
footer {
  background-color: #333;
  color: #fff;
  text-align: center;
  width: 100%;
  height: 20px;
}
img {
  width: 200px;
  height: 100px;
}
p{
  color: #888; /* 设置元素颜色 */
  line-height: 50px; /* 设置行高 */
  font: 200 18px "楷体";/* 连写形式,设置字体的粗细、大小、名称 */
  padding: 5px;
}
.kite-info {
  display: flex;/* 启用 Flexbox 布局 */
```

```
    align-items: center; /* 垂直居中子元素 */
    gap: 20px; /* 设置子元素之间的间隔 */
    padding: 10px;
}
. image-container img {
    width: 100%; /* 或者你想要的固定宽度,确保图片适应其容器 */
    height: auto; /* 保持图片的原始宽高比 */
}
. description-container {
    max-width: 640px;
}
. description-container p{
    line-height: 20px;
}
. kite-type {
    padding: 0 0 0 15px;
}
. kite-gallery{
    margin-bottom: 55px;
}
/* 浮动和清除浮动 */
. float-left {
    float: left;
    margin: 1rem;
    padding: 1rem;
    border: 1px solid #ddd;
    width: 200px;
    height: 280px;
    text-align: center;
}
. clearfix: : after {
    content: "";
    display: table;
    clear: both;
}
/* 绝对定位 */
. absolute-position {
    position: absolute;
    top: 28%;
```

```
  right: 0;
  width: 160px;
  padding: 0. 5rem;
  margin-right: 5px;
  border: 1px solid #ddd;
  background-color: rgba(255, 255, 255, 0. 8);
}
/* 固定定位 */
. fixed-bottom {
  position: fixed;
  bottom: 0;
  left: 0;
  width: 100%;
  background-color: #333;
  color: #fff;
  text-align: center;
  height: 60px; /* 设置高度 */
  line-height: 60px; /* 行高等于高度以实现垂直居中 */
}
a{
  display: inline-block; /* 转化为内联块元素 */
  border: 1px solid #999; /* 添加边框 */
  border-radius: 30px; /* 添加圆角效果 */
  color: #1d64a2;
  font: 600 18px "楷体";
  text-decoration: none; /* 设置文本修饰,取消下画线 */
  padding: 8px 20px;   /* 添加上、下内边距为 8px,左、右内边距为 20px */
  margin: 0 32px 0; /* 添加上外边距为 0,左、右外边距为 32px,下外边距为 0 */
}
/* 光标移到超链接时 */
a: hover{
  color: #7b7373; /* 改变字体颜色 */
  cursor: pointer; /* 光标形状变为一只手 */
}
```

任务4　搭建山东多彩生活网旅游指南页面

需求分析

单击首页导航栏中的“旅游指南”链接，页面会跳转到旅游指南页面。该页面主要包含标题栏、旅游广告图片、山东景点介绍、景点欣赏与页脚，其中景点欣赏主要展示一些热门景点的图片与名称信息。旅游指南页面效果如图5-6所示。

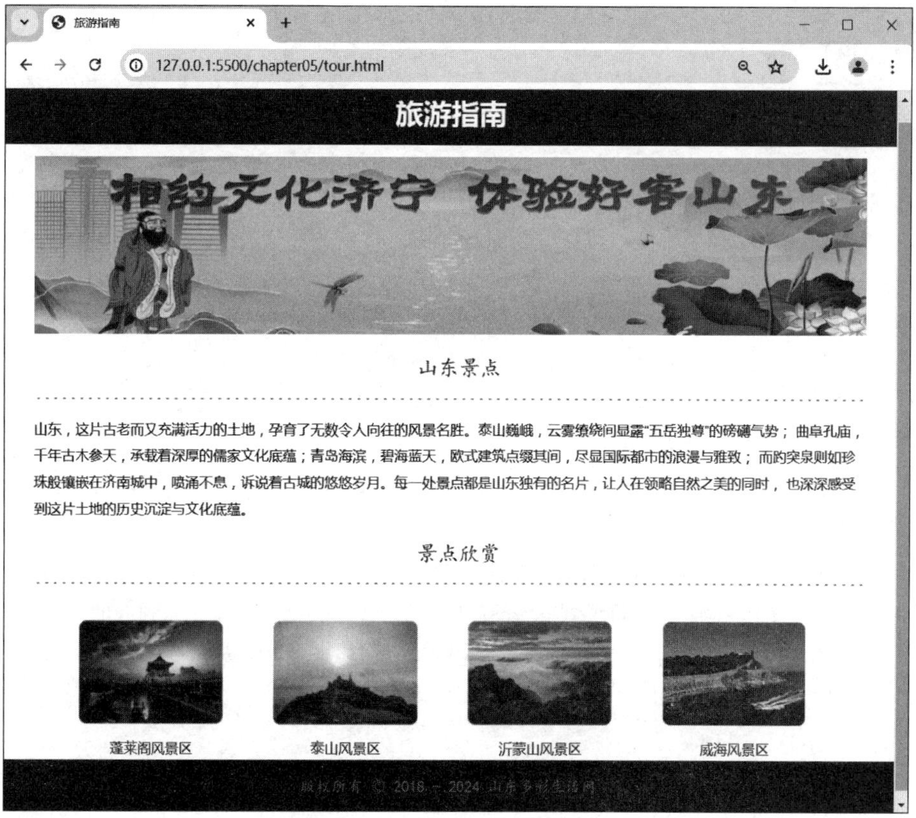

图5-6　旅游指南页面效果

任务实现

1. 创建旅游指南页面的 HTML 文件

首先在 chapter05 文件夹中创建一个名为 tour. html 的文件，该文件用于实现旅游指南页面，然后将页面需要的图片导入 images 文件夹中；在 tour. html 文件中使用 <h1>标签、<div>标签、<img>标签、<h2>标签、<hr>标签、<ul>标签、<li>标签和<p>标签等显示旅游指南页面中的标题、旅游广告图片、山东景点介绍、景点欣赏与页脚等信息。tour. html 文件中的具体代码如下所示：

```
<! DOCTYPE html>
<html lang="en">
<head>
    <meta charset="UTF-8">
    <meta name="viewport" content="width=device-width, initial-scale=1.0">
    <title>旅游指南</title>
    <link href="css/info.css" rel="stylesheet" type="text/css">
</head>
<body>
    <header>
        <h1>旅游指南</h1>
    </header>
  <main>
    <!--主要内容区域-->
    <div class="banner">
        <img src="images/banner03.png" alt="旅游图片">
      </div>
    <h2>山东景点</h2>
    <hr class="dotted-line">
    <p>山东,这片古老而又充满活力的土地,孕育了无数令人向往的风景名胜。泰山巍峨,云雾缭绕间显露"五岳独尊"的磅礴气势;曲阜孔庙,千年古木参天,承载着深厚的儒家文化底蕴;青岛海滨,碧海蓝天,欧式建筑点缀其间,尽显国际都市的浪漫与雅致;而趵突泉则如珍珠般镶嵌在济南城中,喷涌不息,诉说着古城的悠悠岁月。每一处景点都是山东独有的名片,让人在领略自然之美的同时,也深深感受到这片土地的历史沉淀与文化底蕴。</p>
    <h2>景点欣赏</h2>
    <hr class="dotted-line">
      <!--景点欣赏-->
      <div class="info">
```

```
            <ul>
                <li>
                    <div class="pic"><a href="#"><img src="images/
                    home_tour01.png" /></a></div>
                    <div class="name"><a href="#">蓬莱阁风景区</a></div>
                </li>
                <li>
                    <div class="pic"><a href="#"><img src="images/
                    home_tour02.png" /></a></div>
                    <div class="name"><a href="#">泰山风景区</a></div>
                </li>
                <li>
                    <div class="pic"><a href="#"><img src="images/
                    home_tour03.png" /></a></div>
                    <div class="name"><a href="#">沂蒙山风景区</a></div>
                </li>
                <li>
                    <div class="pic"><a href="#"><img src="images/
                    home_tour04.png" /></a></div>
                    <div class="name"><a href="#">威海风景区</a></div>
                </li>
            </ul>
        </div>
    </main>
    <footer>
        <p>版权所有 &copy; 2018 - 2024 山东多彩生活网</p>
    </footer>
</body>
</html>
```

2. 设置旅游指南页面的样式

由于设置旅游指南页面中的标题栏、旅游广告图片、山东景点介绍、景点欣赏与页脚的样式与蔬菜产业页面的样式是相同的，因此设置旅游指南页面的样式使用的也是 info.css 文件。

任务 5 搭建山东多彩生活网科技发展页面

需求分析

单击首页导航栏中的“科技发展”链接，页面会跳转到科技发展页面。该页面主要包含标题栏、科技广告图片、山东科技简介、科技展示与页脚，其中科技展示主要展示一些科技发展过程中的代表性图片和信息。科技发展页面效果如图 5－7 所示。

图 5－7　科技发展页面效果

任务实现

1. 创建科技发展页面的 HTML 文件

首先在 chapter05 文件夹中创建一个名为 technology. html 的文件，该文件用于实现科技发展页面，然后将页面需要的图片导入 images 文件夹中；在 technology. html 文件中使用 <h1>标签、<div>标签、<img>标签、<h2>标签、<hr>标签、<ul>标签、<li>标签和<p>标签等显示科技发展页面中的标题、科技广告图片、山东科技简介、科技展示与页脚等信息。technology. html 文件中的具体代码如下所示：

```
<!DOCTYPE html>
<html lang="en">
<head>
    <meta charset="UTF-8">
    <meta name="viewport" content="width=device-width, initial-scale=1.0">
    <title>科技发展</title>
    <link href="css/info.css" rel="stylesheet" type="text/css">
</head>
<body>
    <header>
        <h1>科技发展</h1>
    </header>
  <main>
    <!--主要内容区域-->
    <div class="banner">
        <img src="images/banner04.png" alt="科技图片">
      </div>
    <h2>山东科技</h2>
    <hr class="dotted-line">
    <p>山东,作为中国东部的重要省份,科技创新日新月异,展现出强劲的发展动力。从智能制造到信息技术,从生物医药到新能源领域,山东的科技产业遍地开花,不断突破技术瓶颈,引领产业升级。科研机构与企业紧密合作,创新成果层出不穷,为经济高质量发展注入了强劲动能。同时,山东还积极构建开放合作的科技创新体系,吸引全球创新资源汇聚,共同探索科技前沿,展现了山东科技创新的广阔前景和无限可能。</p>
    <h2>科技展示</h2>
    <hr class="dotted-line">
      <!--景点欣赏-->
      <div class="info">
```

```
            <ul>
                <li>
                    <div class="pic"><a href="#"><img src="images/
                    technology01.png" /></a></div>
                    <div class="name"><a href="#">智慧科技馆</a></div>
                </li>
                <li>
                    <div class="pic"><a href="#"><img src="images/
                    technology02.png" /></a></div>
                    <div class="name"><a href="#">"鲁"力前行</a></div>
                </li>
                <li>
                    <div class="pic"><a href="#"><img src="images/
                    technology04.png" /></a></div>
                    <div class="name"><a href="#">山东高速</a></div>
                </li>
                <li>
                    <div class="pic"><a href="#"><img src="images/
                    technology05.png" /></a></div>
                    <div class="name"><a href="#">"蓝鲸 2 号"</a></div>
                </li>
            </ul>
        </div>
    </main>
    <footer>
        <p>版权所有 &copy; 2018 - 2024 山东多彩生活网</p>
    </footer>
</body>
</html>
```

2. 设置科技发展页面的样式

由于设置科技发展页面中的标题、科技广告图片、山东科技简介、科技展示与页脚的样式与蔬菜产业页面的样式是相同的，因此设置科技发展页面的样式使用的也是 info. css 文件。

任务6　搭建山东多彩生活网关于我们页面

需求分析

单击首页导航栏中的“关于我们”链接，页面会跳转到关于我们页面。该页面主要包含广告图片、关于我们的介绍信息与页脚。关于我们页面效果如图5－8所示。

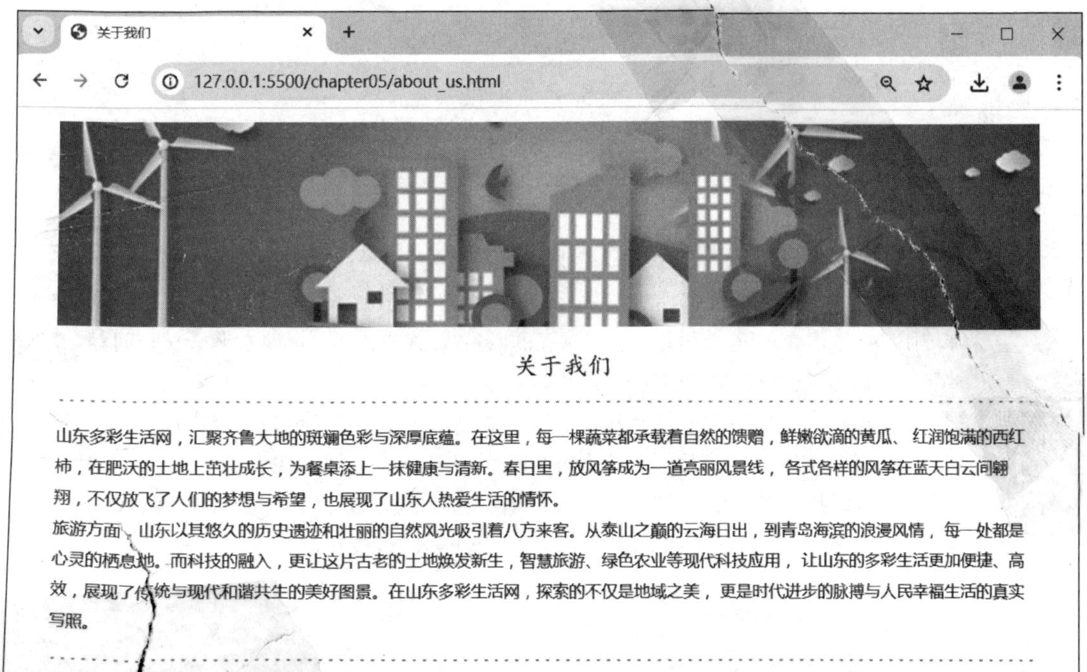

图5－8　关于我们页面效果

任务实现

1. 创建关于我们页面的 HTML 文件

首先在 chapter05 文件夹中创建一个名为 about_us. html 的文件，该文件用于实现关于我们页面，然后将页面需要的图片导入 images 文件夹中；在 about_us. html 文件中使用 <div> 标签、<img> 标签、<h2> 标签、<hr> 标签和 <p> 标签等显示关于我们页面中的广告图片、关于我们的介绍信息与页脚等信息。about_us. html 文件中的具体代码如下所示：

```
<!DOCTYPE html>
<html lang="en">
<head>
    <meta charset="UTF-8">
    <meta name="viewport" content="width=device-width, initial-scale=1.0">
    <title>关于我们</title>
    <link href="css/info.css" rel="stylesheet" type="text/css">
</head>
<body>
    <main>
        <!--主要内容区域-->
        <div class="banner">
            <img src="images/about_us.png" alt="关于我们">
        </div>
        <h2>关于我们</h2>
        <hr class="dotted-line">
        <p>山东多彩生活网，汇聚齐鲁大地的斑斓色彩与深厚底蕴。在这里，每一棵蔬菜都承载着自然的馈赠，鲜嫩欲滴的黄瓜、红润饱满的西红柿，在肥沃的土地上茁壮成长，为餐桌添上一抹健康与清新。春日里，放风筝成为一道亮丽风景线，各式各样的风筝在蓝天白云间翱翔，不仅放飞了人们的梦想与希望，也展现了山东人热爱生活的情怀。<br>旅游方面，山东以其悠久的历史遗迹和壮丽的自然风光吸引着八方来客。从泰山之巅的云海日出，到青岛海滨的浪漫风情，每一处都是心灵的栖息地。而科技的融入，更让这片古老的土地焕发新生，智慧旅游、绿色农业等现代科技应用，让山东的多彩生活更加便捷、高效，展现了传统与现代和谐共生的美好图景。在山东多彩生活网，探索的不仅是地域之美，更是时代进步的脉搏与人民幸福生活的真实写照。</p>
        <hr class="dotted-line">
    </main>
    <footer>
        <p>版权所有 &copy; 2018 - 2024 山东多彩生活网</p>
    </footer>
</body>
</html>
```

2. 设置关于我们页面的样式

由于设置关于我们页面中的广告图片、关于我们的介绍信息与页脚的样式与蔬菜产业页面中的部分样式是相同的，因此设置关于我们页面的样式使用的也是 info. css 文件。

项目小结

山东多彩生活网，融合蔬菜产业之绿、风筝文化之韵、旅游指南之美与科技发展之光。本项目采用 HTML5 构建丰富的页面结构，运用 CSS3 基础样式装点页面，赋予视觉盛宴；利用 JavaScript 基础知识增强互动体验，让用户在浏览中感受山东的魅力。通过对本项目的学习，读者可以巩固前面章节学习的 HTML5、CSS3 和 JavaScript 基础知识的应用。

参考文献

［1］王莉莉，杨海陆，尹芳．Web 前端开发实战 HTML5 + CSS3 + JavaScript + Vue + Bootstrap［M］．北京：清华大学出版社，2023.

［2］高莺，尤澜涛．Web 前端技术开发 HTML5 + CSS3 + JavaScript［M］．北京：中国铁道出版社，2024.

［3］杨楚玄．Web 前端开发 Debug 技巧［M］．北京：清华大学出版社，2022.

［4］辛普森，赵望野，梁杰．你不知道的 JavaScript：上卷［M］．北京：人民邮电出版社，2021.

［5］耿增民，洪颖，邵熹雯，等．网页设计与编程（HTML5 + CSS3 + JavaScript）［M］．北京：中国铁道出版社，2021.

［6］贾志杰．前端三剑客 HTML5 + CSS3 + JavaScript 从入门到实战［M］．北京：清华大学出版社，2023.